中国轻工业“十三五”规划立项教材
浙江工贸职业技术学院校企合作教材

眼镜结构分析

沈银焱 编著

中国轻工业出版社

图书在版编目(CIP)数据

眼镜结构分析/沈银淼编著.—北京:中国轻工业出版社,2024.10

ISBN 978-7-5184-2702-4

Ⅰ.①眼… Ⅱ.①沈… Ⅲ.①眼镜—结构分析 ②眼镜—零部件 Ⅳ.①TS959.6

中国版本图书馆CIP数据核字(2019)第245658号

责任编辑:李建华 杜宇芳
策划编辑:李建华 责任终审:滕炎福 封面设计:锋尚设计
版式设计:砚祥志远 责任校对:吴大朋 责任监印:张 可

出版发行:中国轻工业出版社(北京鲁谷东街5号,邮编:100040)
印　　刷:北京君升印刷有限公司
经　　销:各地新华书店
版　　次:2024年10月第1版第4次印刷
开　　本:720×1000 1/16 印张:16.25
字　　数:318千字
书　　号:ISBN 978-7-5184-2702-4 定价:50.00元
邮购电话:010-85119873
发行电话:010-85119832 010-85119912
网　　址:http://www.chlip.com.cn
Email:club@chlip.com.cn

241758J2C104ZBW

前　言

我国是眼镜消费大国，同时也是眼镜制造大国。我国的眼镜制造历史至少可追溯到宋代以前，但现代眼镜的制造却兴于欧洲。20 世纪 80 年代，随着我国改革开放政策的实施，大量外资眼镜企业进入到中国沿海地区，带动了我国眼镜制造业的发展，逐步形成了以广东（深圳、东莞）、福建（厦门）、浙江（温州、台州）和江苏（镇江）为核心的四大眼镜制造基地。

如今，全世界近 80%的眼镜架产自我国，但我国的眼镜制造业基本处于代加工的状态，位于产业链利润最低端。随着我国制造强国政策的实施，在各级政府政策的引导下，大批民营眼镜企业也加快了技术革新、产业升级的步伐。

眼镜行业的产业升级、高新技术的应用、自主品牌的建设，首先面临的就是人才的稀缺问题，而目前眼镜行业用于专业人才培养的教材基本是关于在验光配镜方面的，在眼镜设计和制造方面几乎是空白。

本书是浙江工贸职业技术学院眼视光技术专业编写的系列教材之一，此前多次修改并在校内试用及在企业作为培训资料，得到企业同行的高度认可。本书内容由浅入深，语言通俗易懂，从眼镜架基本结构入手，进行眼镜架典型结构分析，再到各类结构的眼镜架的综合分析，采用案例分析的方法，充分解析了各类眼镜架的零部件结构和规格、材料的选用原因和加工工艺、各设计要点及设计参数。本书既可以作为高职高专院校眼视光技术专业的教材，也可以作为眼镜生产企业的培训资料。本书内容对眼镜行业的贸易、设计、工程、销售、品管等人员均有较大的参考价值。

本书作者现为浙江工贸职业技术学院眼视光技术专业专任教师，具有眼镜制造企业十多年的工作经验并一直与企业保持紧密联系，书中案例很多来自企业生产一线。

书中部分插图来自学生作业，为此特别感谢浙江工贸职业技术学院眼视光技术专业（设计与贸易方向）2016 级学生朱汇铭同学。

作者

2019 年 9 月

目　录

第一章　眼镜架的结构分类及编号方法

本章内容要点

1. 常见的眼镜架结构及各部件名称。
2. 眼镜行业的相关术语。
3. 眼镜架的分类和编号方法。
4. 各类眼镜架的基本特点。
5. 眼镜架制造材料的相关知识。

第一节　眼镜架结构

一、眼镜架结构及各部件名称

普通眼镜架主要由三部分组成，即镜圈部分、中梁部分和镜脚部分。各部分相关零件及名称如图 1-1 所示。

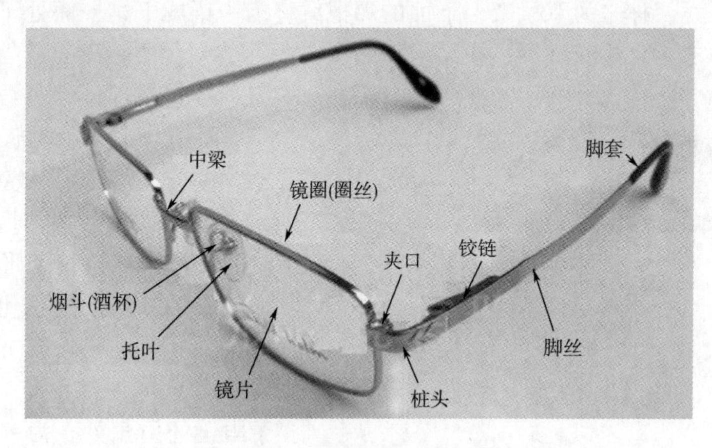

图 1-1　眼镜架基本结构

一般眼镜架均为对称性结构，所以除中梁（横梁、横眉等）外，其他零部件均为左右成对。眼镜架及所有眼镜零部件的左右之分是以眼镜佩戴者的左或右而定义的，处于佩戴者的左边即为左，反之即为右，与观察者的左右相反。

1. 镜圈部分

镜圈部分是指正视普通眼镜时位于佩戴者两眼周围的框状部件及其附件。普通金属眼镜架的镜圈部分由圈丝和夹口组成，附件有烟斗和托叶。

（1）圈丝　紧紧包围镜片的部件就是圈丝。镜圈的主要功能是固定镜片，因此在圈丝上有凹槽或凸筋；镜圈的形状和大小最能反映眼镜架的形态特征，就像人的脸一样。

（2）夹口　夹口又称锁块，位于镜圈的合口位置，原为一整体，焊接好后再切开分成上下两半，可以通过一个螺栓开合来装配和锁紧镜片。夹口一般处于眼镜的眉角位置，在镜圈的侧面，处于桩头底部，一般正视时不可见。只有全框眼镜才会有夹口。

（3）烟斗　位于中梁下方，镜圈底面有一对金属部件，其形状好似一个大烟斗，因此这个部件就称为烟斗。烟斗由两部分组成，即烟斗碗和烟斗脚。在温州等地烟斗也称为酒杯。烟斗的功能是支撑并固定托叶。

（4）托叶　托叶是安装在烟斗上的一对树叶状的硅胶部件。托叶的主要功能是佩戴时支撑眼镜架的重量。

2. 中梁部分

中梁为连接左右镜圈的中间部分，这部分的零部件包括中梁、上梁、眉毛等。中梁处于眼镜的中心位置，是连接左右镜圈的部件。中梁一般呈拱弧形，如同一座拱桥，这可能就是其名称的来历。有些眼镜架有上下两根梁连接左右镜圈，这种眼镜架称之为双梁架，下面的那根梁称为中梁或下梁，而处于上面的那根梁一般称之为上梁或横梁、横眉。如图 1-2 所示为双梁眼镜架。

图 1-2　双梁眼镜架

3. 镜腿部分

眼镜架的镜腿部分包括脚丝、桩头（角花）、铰链和脚套。

（1）脚丝　脚丝是眼镜佩戴时的支撑脚，呈长条形，为左右一对。在广东地区也叫作髀（bi）。

（2）桩头（角花）　桩头位于眼镜的眉角处，为一弯弧状的结构件。桩头后端与脚丝通过铰链连接，前端与圈焊接。角花的位置和功能均与桩头相同，二者没有明确的概念区分，一般角花形状和结构较桩头更为复杂。

（3）铰链　铰链是连接脚丝与桩头的部件。铰链的作用是为了镜腿能够折叠收起，以便于眼镜的存放和保管。

（4）脚套　指的是套在金属脚丝尾部的非金属部件。脚套的作用是避免人体直接与金属脚丝接触，使佩戴更舒服。因此非金属脚丝不会有脚套。

（5）镜片 镜片是镶卡在镜圈内的透明树脂片。普通光学眼镜架上的镜片一般称为定型片，主要作用是支撑镜圈，使之不易变形。而太阳镜及老花镜等镜片则具有具体的光学功能。

二、眼镜架结构名词介绍

1. 眼镜架尺寸

每副眼镜上都会有一组类似“52□19-135”的字样，这组数字表示的就是眼镜架的尺寸。其具体含义如下（尺寸长度单位均为mm）：

52—镜片水平尺寸大小。通常称之为A位尺寸。

19—两圈水平最小间距。通常称之为中梁尺寸。

135—脚丝长度。

2. 片型尺寸

镜片大小的测量方法一般有两种，即基准线法和方框法，国际通用的方法为方框法。使用方框法表示镜片大小的尺寸有3个：A位尺寸、B位尺寸和ED位尺寸。

（1）A位尺寸 镜片水平方向最大尺寸称为A位尺寸。

（2）B位尺寸 镜片垂直方向最大尺寸称为B位尺寸。

（3）ED位尺寸 镜片的最大尺寸就是ED位尺寸。

镜片各部位尺寸如图1-3所示。

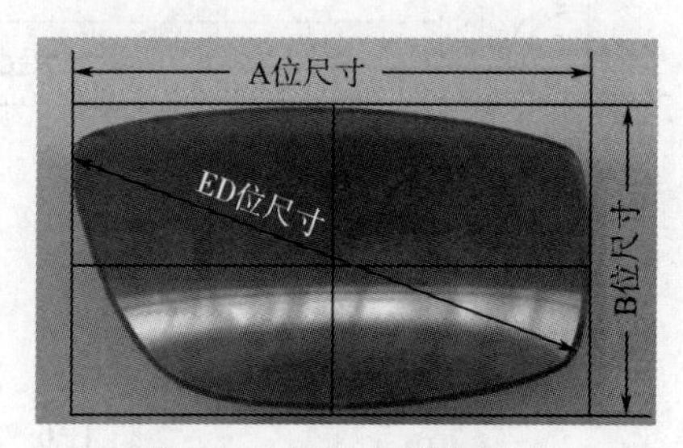

图1-3 镜片各部位尺寸

3. 中梁尺寸

两镜片水平方向的最小间距称为中梁尺寸（DBL）。对于全框眼镜，中梁尺寸的测量方法是测量两镜圈内侧的最小间距，然后减1mm。如图1-4所示，中梁测量尺寸为18mm，由于镜片卡入镜圈内槽约0.5mm，所以图中眼镜架的中梁尺寸为17mm。

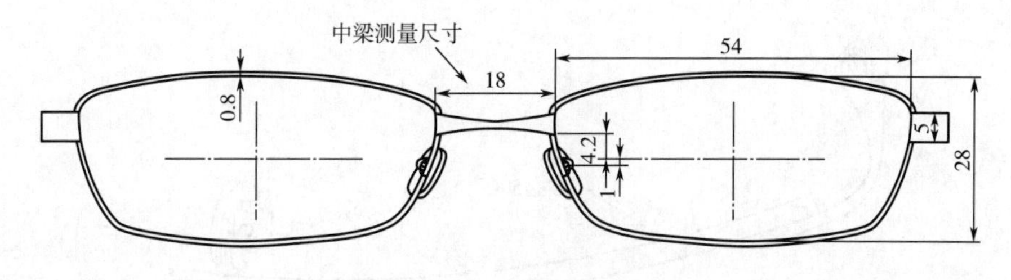

图1-4 中梁尺寸测量

4. 脚丝长度

脚丝长度是指脚丝铰链孔中心位置（亦为脚丝合口）至脚套尾总长（直线长度），如图 1–5 所示。

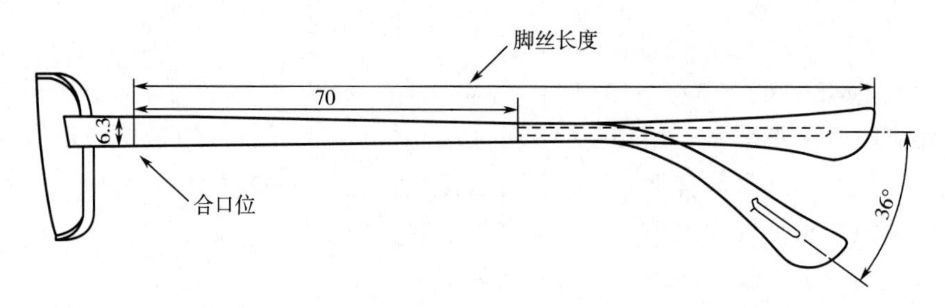

图 1–5　脚丝长度测量

5. 倾角

倾角指的是脚丝相对镜片的倾斜角度。倾角越大，表示脚丝越倾斜。一般光学眼镜架的倾角度数为 7°。眼镜架倾角如图 1–6 所示。

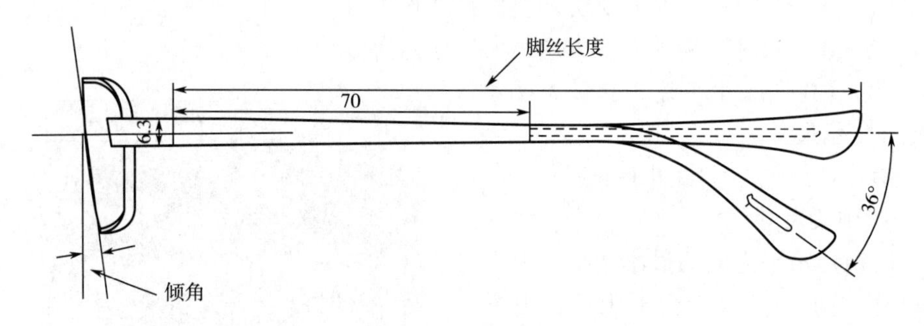

图 1–6　眼镜架倾角

6. 镜片弯度

镜片通常为球面，镜片弯度就是表示镜片球面曲率的参数，简称镜弯。眼镜架的镜圈打弯形状必须与镜片弯度吻合。镜片弯度如图 1–7 所示。

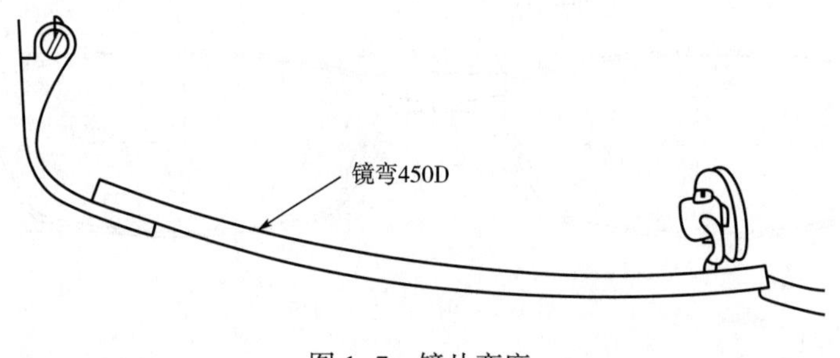

图 1–7　镜片弯度

在眼镜制造工程中，镜片弯度用 C 或 D 表示，1C = 100D。镜片弯度与镜片球面半径 R 的关系为：$R = 52300/D$（或 $= 523/C$），单位为 mm。图 1-7 中镜片弯度为 450D，其球面半径 $R = 52300/450 = 116$（mm）。

7. 架形弯度

架形弯度是表示眼镜架两镜圈所在弧面半径大小的一个参数，简称架弯。在眼镜工程图上眼镜架的架形弯度一般用镜圈俯视倾斜角度 β 表示。普通光学眼镜架一般架弯角度为 6°~7°，如图 1-8 所示。

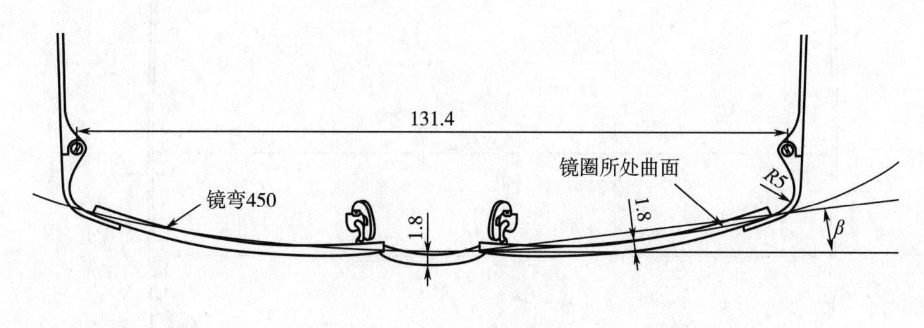

图 1-8　架形弯度

8. 镜架宽度

镜架宽度是指正视眼镜架总的宽度，如图 1-9 所示。

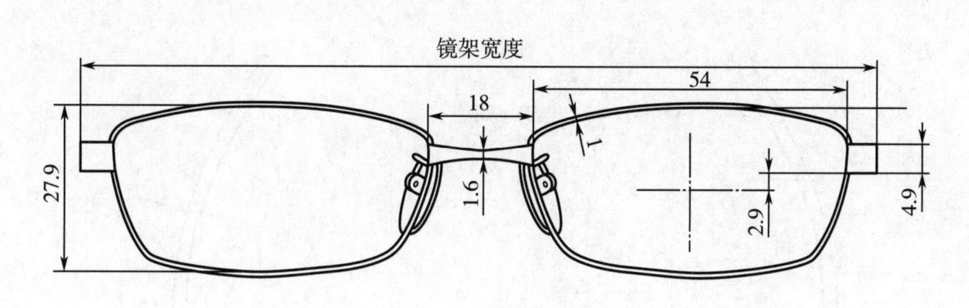

图 1-9　镜架宽度

9. 髀（bi）中宽度

髀中宽度是指眼镜架两脚完全张开时两脚丝中间位最大的间距。眼镜架髀中宽度如图 1-10 所示。

10. 髀尾间距

髀尾间距是指眼镜架两脚完全张开时两脚套尾部的间距。成人眼镜架一般髀尾间距在 90~100mm。眼镜架髀尾间距如图 1-11 所示。

11. 铰孔中心距离

眼镜架左右两脚丝铰链孔中心（或螺丝孔）距离。成人眼镜架铰孔中心距离一般约为 130mm，如图 1-12 所示。

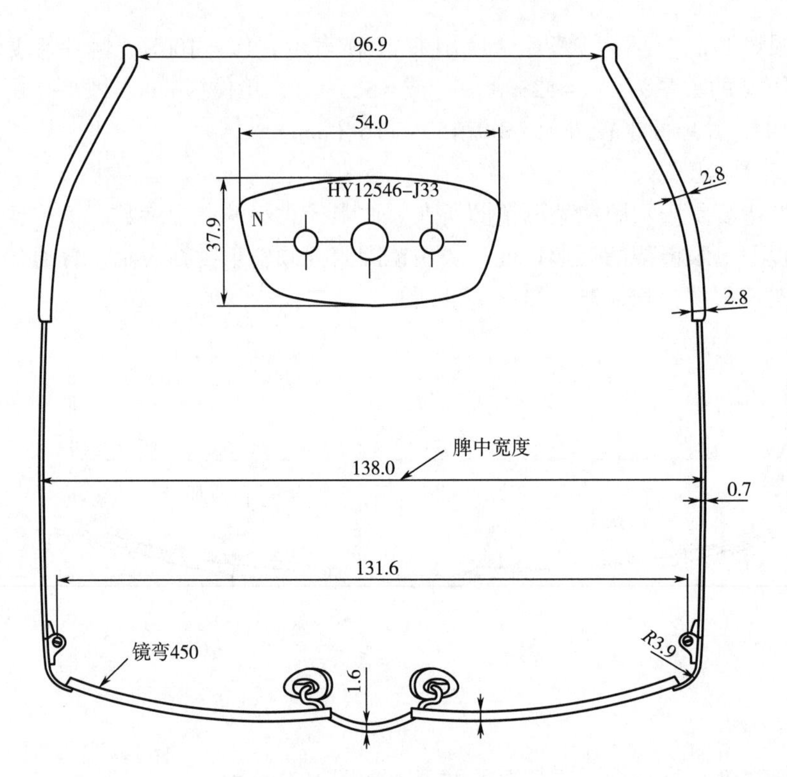

图 1-10　眼镜架脾中宽度

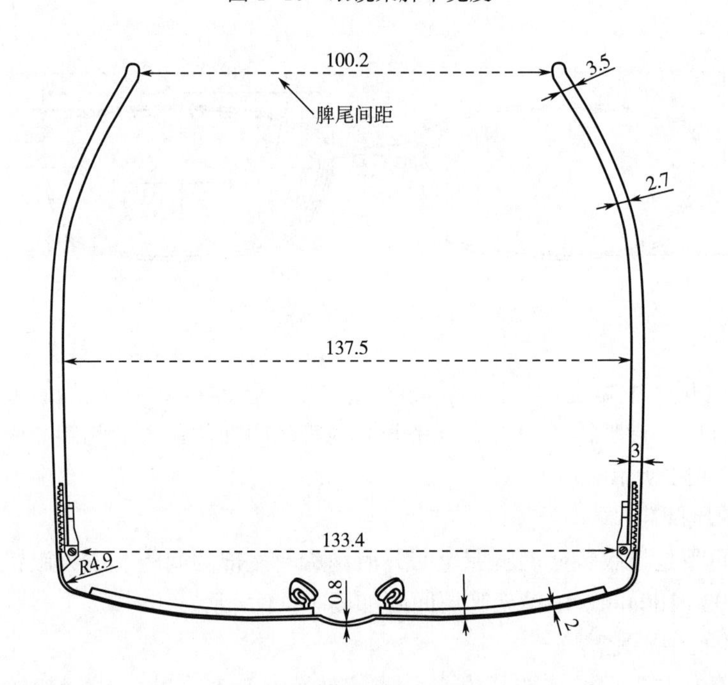

图 1-11　眼镜架脾尾间距

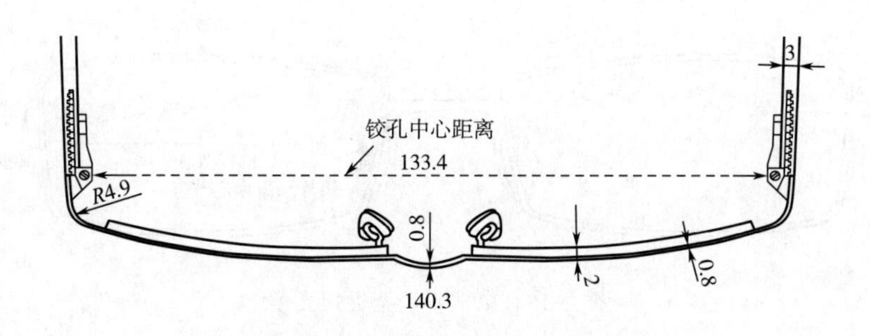

图 1-12　眼镜架铰孔中心距离

12. 桩头弯度

桩头弯度是指眼镜架桩头打弯后弯位内弧半径，如图 1-13 所示。

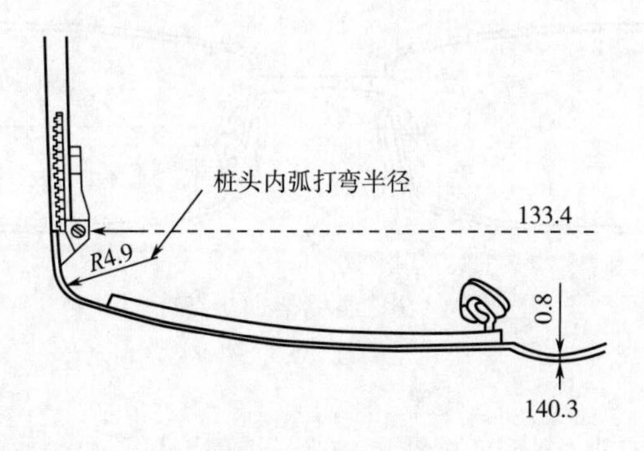

图 1-13　桩头弯度

13. 中梁高度

中梁高度是指眼镜架中梁焊接点的最高位置至镜片水平中心线的垂直距离，如图 1-14 所示。

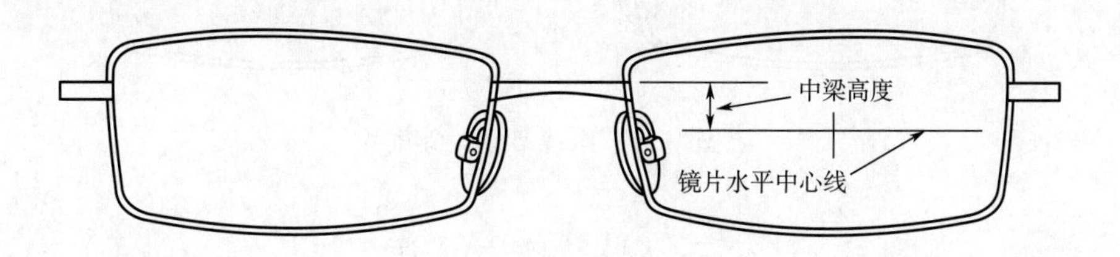

图 1-14　眼镜架中梁高度

14. 夹口高度

夹口高度是指全框眼镜架夹口的合口位置至镜片水平中心线的垂直距离，如图 1-15 所示。

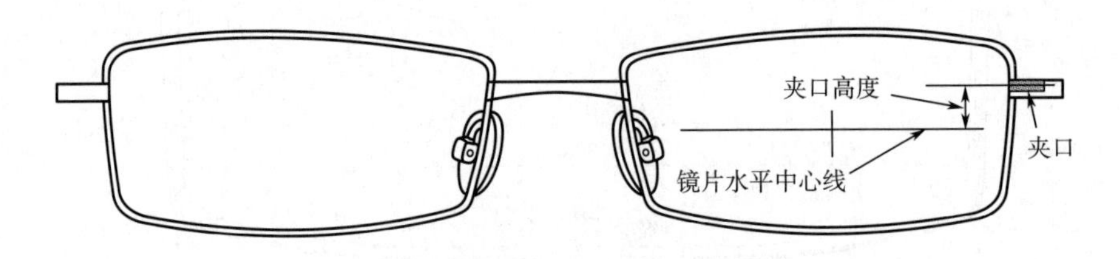

图 1-15　全框眼镜架夹口高度

15. 烟斗高度

烟斗高度是指烟斗碗螺丝孔（或烟斗夹凹位）中心位置至镜片水平中心线的垂直距离，如图 1-16 所示。

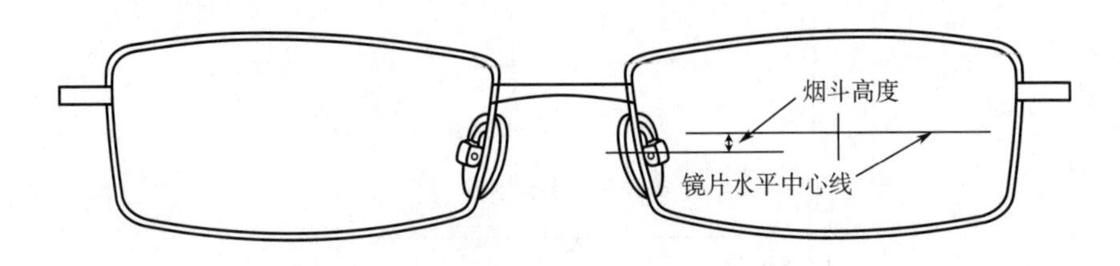

图 1-16　眼镜架烟斗高度

16. 桩头高度

桩头高度是指桩头焊接点的最高位置至镜片水平中心线的垂直距离，如图 1-17 所示。

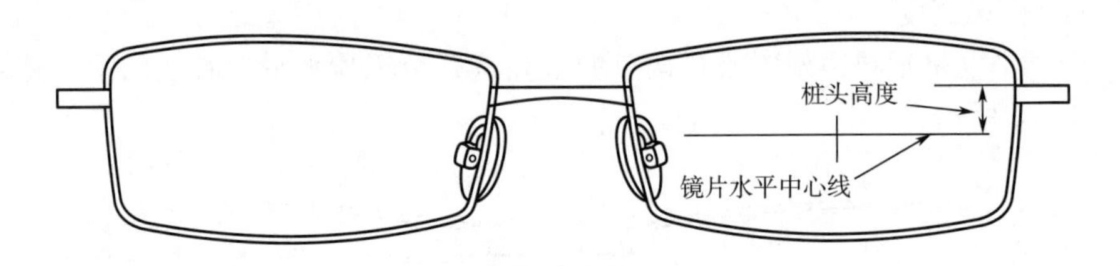

图 1-17　眼镜架桩头高度

三、眼镜架结构术语

1. “飞”“挂”

“飞”，也叫翘，是指镜圈、桩头或夹口等正视时有向上翘起的感觉。“挂”，也称下垂，是与“飞”相对应的，是指镜圈、桩头或夹口等正视时有向下斜的感觉，“飞”“挂”现象如图 1-18 所示。

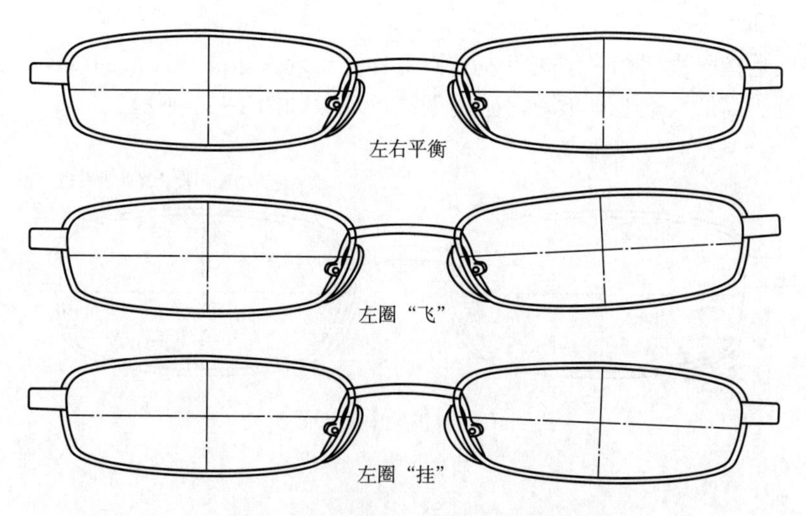

图 1-18　眼镜架“飞”“挂”现象

2. 前后圈

前后圈是指眼镜架左右两镜圈不在同一弧面内，即俯视眼镜架左右镜圈不在同一弧面内，如图 1-19 所示。

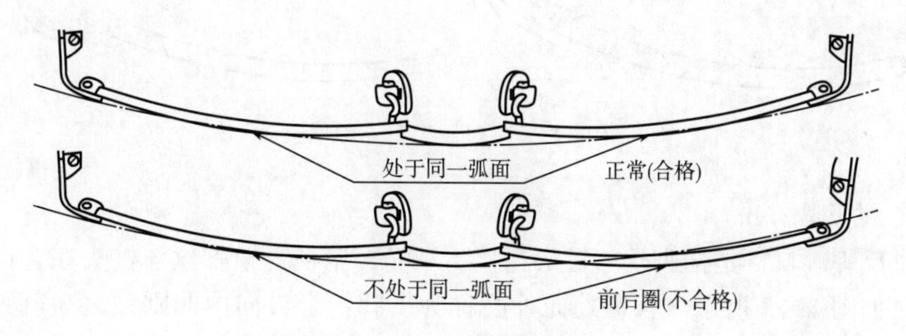

图 1-19　眼镜架前后圈结构

3. 拍位

拍位也称作排位，是指镜架两脚丝收拢后的位置。眼镜架质量要求标准是两脚收拢后重叠或稍向下对称交叉，正确拍位状况如图 1-20 所示。

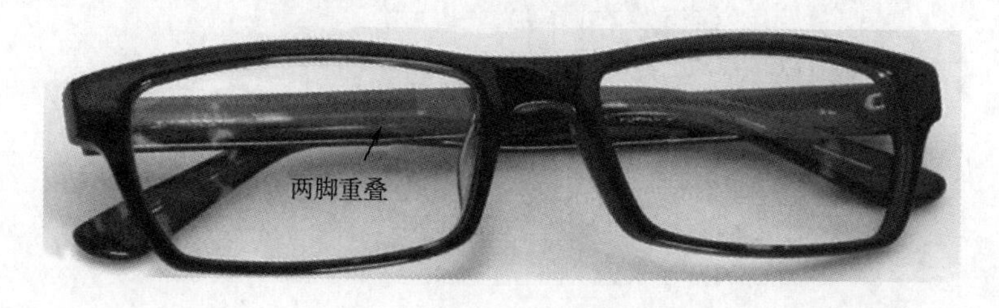

图 1-20　正确拍位状况

4. 高低

高低是指眼镜架相应结构点左右不对称，出现一边高一边低的现象，如中梁高低、桩头高低、烟斗高低等。眼镜架高低现象如图 1-21 所示。

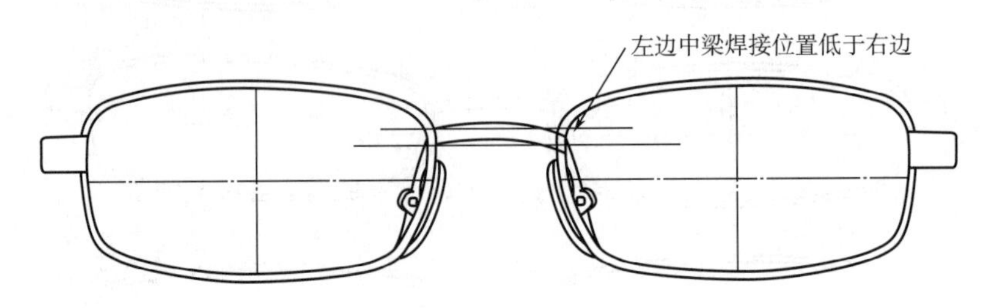

图 1-21　眼镜架中梁高低现象

5. 翻

翻有两种情况：一种情况是指与镜圈连接的其他配件和镜圈不在同一个球面；另一种情况是指镜圈的侧面与镜圈所在球面不垂直。翻又分为内翻和外翻，夹口及桩头外翻现象如图 1-22 所示。

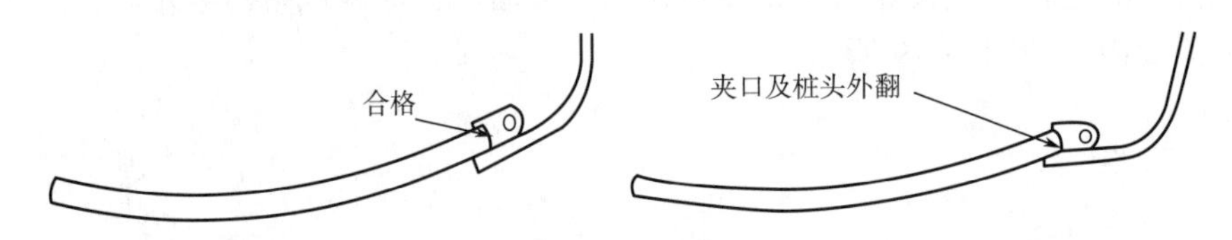

图 1-22　夹口及桩头外翻现象

6. 拱反脾（bi）

拱反脾（bi）是指脚丝与桩头连接不顺畅，俯视镜架脚丝与桩头在合口处有死角，如图 1-23 所示。合口处向外凸称为拱脾；合口向内凹则称之为反脾。一般脚丝要求可以微拱（1°~2°）或与桩头齐平，但不可以有反脾现象。

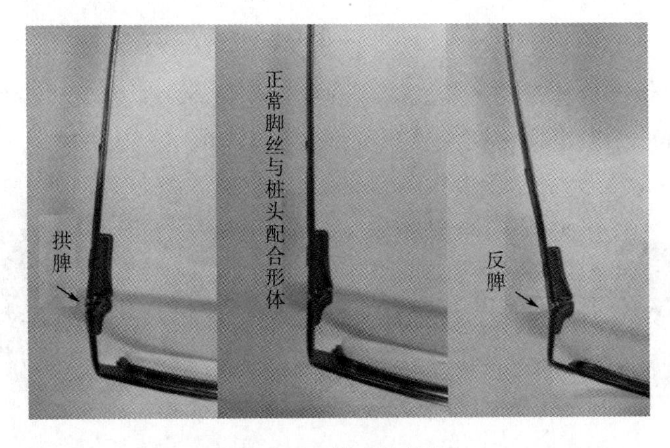

图 1-23　拱反脾结构

7. 进出圈

进出圈是指搭接在镜圈面或镜圈底的零件端面与镜圈内侧面不平齐的现象。搭接在镜圈上的零部件一般都要求与镜圈内侧平齐，零件进入镜圈内称为进圈（也叫超丝）；零件端面未达镜圈内侧面，称为出圈（也叫露丝）。眼镜架出现进出圈现象，除影响镜架美观外，进圈还会影响配镜，而露圈则会影响镜架焊接强度。进出圈现象如图 1-24 所示。

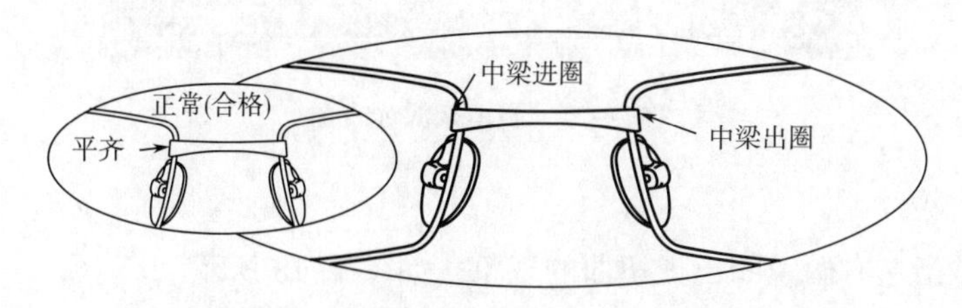

图 1-24　中梁进出圈现象示意图

8. 错位

错位是指两连接件装配后出现正视外形或花纹有错开的不良现象。错位多出现在桩头与脚丝的配合上。脚丝与桩头错位现象如图 1-25 所示。

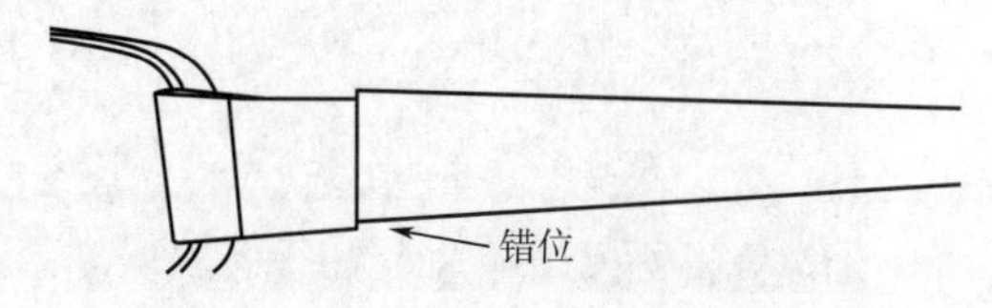

图 1-25　脚丝与桩头错位现象示意图

9. 高低脚

高低脚是指眼镜架两脚打开后置于平台上时，两脚不能同时着面的现象。眼镜架质量要求当一脚着面时，另一脚悬空不能超过 1mm。出现高低脚情况的原因可能是扭圈、两脚倾角不等或左右弯脚不一致等。眼镜架高低脚现象如图 1-26 所示。

图 1-26　眼镜架高低脚现象

10. 漏光

漏光是指镜片形状与圈形不符，装配后正视眼镜架，在镜片与镜圈间出现间隙，如图 1-27 所示。

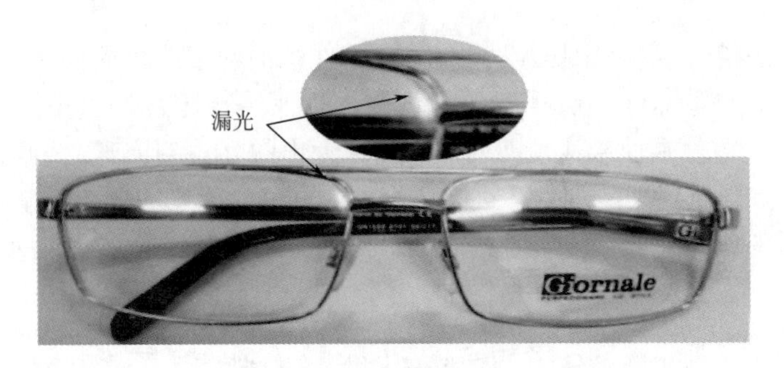

图 1-27　眼镜架漏光现象

11. 扭圈

扭圈是指左右两镜圈出现扭曲的现象，如图 1-28 所示。

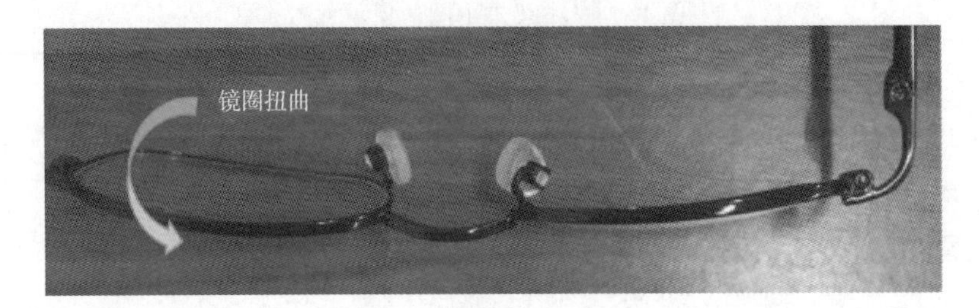

图 1-28　眼镜架扭圈现象

12. 托叶摆角

托叶摆角是指正视眼镜架左右托叶所形成的夹角。一般正视托叶摆角约为 30°，俯视托叶摆角约为 60°。眼镜架托叶摆角示意图如图 1-29 所示。

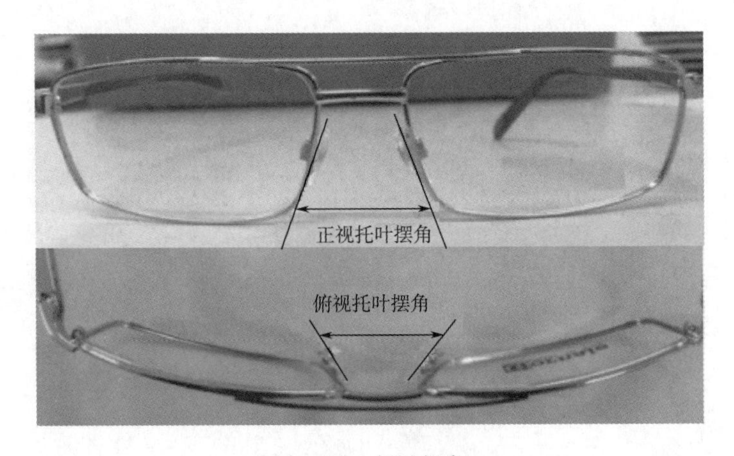

图 1-29　托叶摆角

第二节　眼镜架分类

据考证眼镜起源可以追溯到我国商代，至今有几千年的历史。眼镜发展到今天已不仅仅限于提高视力，人们更趋向于时尚个性，眼镜也成了装饰品。由于具有时尚性的特点，如今的眼镜可谓结构、款式多样，新的材料也不断地用于眼镜架的制造。因此学习眼镜设计就必须了解眼镜的功能、材料和结构。眼镜架种类有多种，分类方法也有不同，下面介绍几种常见的分类方法。

一、按眼镜架主要制作材料分类

眼镜按眼镜架的主要制作材料分为三大类：金属架、非金属架和混合架。

1. 金属架

顾名思义，金属架就是制作眼镜架的主要材料为金属材料。用于制作眼镜架的金属材料也有多种，其中常用的金属材料主要有黄铜、锌白铜、镍白铜、镍合金（蒙乃尔）、不锈钢、钛及钛合金、铝及铝镁合金、记忆合金等。所以金属架又可分为以下 5 种。

（1）普通白铜架　普通白铜架的主要制作材料为白铜，有些零部件的材料也可能是黄铜、不锈钢或镍合金等。白铜有锌白铜和镍白铜，用于制作眼镜的白铜多为含镍量 12%~40%镍白铜。含镍量小于 18%的白铜一般称为普通白铜，含镍量为 18%及以上的白铜称为高镍白铜。在白铜架中一般只有较细小的零配件使用不锈钢或镍合金，如中梁。这类眼镜架的加工工艺性能较好，即易于加工。由于白铜材料的刚性较差，故白铜架较易变形。白铜架一般为中低档架，图 1-30 为普通白铜架。

图 1-30　普通白铜架

（2）不锈钢钢片架　钢片架的主要制作材料为厚度 0.8~1.0mm、硬度3/4硬或全硬的不锈钢片，这种眼镜架的结构多为眉毛（框面）结构。由于不锈钢的密度较白铜小，且强度更高，因此钢片架结构可以设计得更为轻巧，且弹性和刚性也更好。但由于不锈钢的工艺性能较差，所以钢片架一般为中高档眼镜架。钢片架有 3 种典型结构，即钢片贴圈、钢片铣槽和钢片卡片。钢片贴圈就是在钢片眉毛底面紧贴焊接镜圈用以安装镜片，钢片铣槽就是较厚的钢片框面眉毛在内框铣槽用以安装镜片，钢片卡片就是薄钢片框面眉毛直接卡在镜片侧面凹槽的装配结构。图 1-31 为全框钢片铣槽结构的眼镜架。

图 1-31　全框钢片铣槽眼镜架

（3）钛及钛合金架　钛及钛合金的加工工艺性较差，焊接有特殊的环境要求（气体保护），加工成本较高，所以一般只用于制作中高档眼镜架。图 1-32 为钛合金无框镜架。

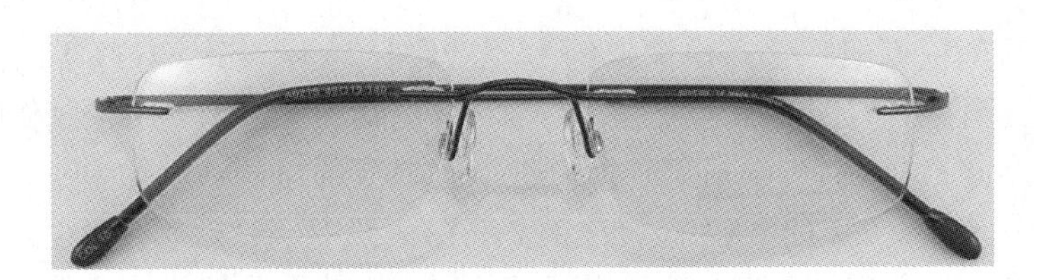

图 1-32　钛合金无框镜架

（4）记忆合金架　用于制作眼镜架的记忆合金是钛-镍合金。这种合金有非常好的弹性，还具有无磁性、耐磨耐蚀、无毒性的优点，因此在眼镜架上得到较多的应用。

记忆合金的高弹性性能是通过热处理的方法得到的，在高温状态下，这种性能会失去，因此，记忆合金配件不可以使用普通焊接工艺进行加工。在眼镜架中，记忆合金配件主要用来制作中梁和脚丝，且其装配形式一般为铆接。记忆合金架如图 1-33 所示。

图 1-33　记忆合金架

（5）铝及铝镁合金架　铝、镁都同属轻金属，密度只有铜的1/3，纯铝有很好的韧性，利于冲压加工成型。但铝、镁均为活泼金属元素，且与其他金属的熔点相差很大，故焊接性能很差。铝及铝镁合金进行表面处理可得到各种颜色的表面氧化层，不需要电镀，但工艺也较为复杂。图 1-34 为银灰色铝架运动太阳镜。

图 1-34　纯铝银灰色运动太阳镜

镁铝合金具有很好的强度、刚性和尺寸稳定性及低密度。镁铝合金耐磨性较差，成本较高，比较昂贵，所以铝镁合金架一般为中高档眼镜架。铝及铝镁合金一般用来制作眼镜架的脚丝或框面，也有全铝眼镜架。图 1-35 为全铝太阳镜。

图 1-35　全铝太阳镜

2. 非金属架

用于制作眼镜架的非金属有树脂、竹木、玳瑁、牛角等。其中以树脂的应用最为广泛。根据加工工艺的不同，树脂架有两大类，即板材架和注塑架。

（1）板材架　这种眼镜架是由板条状树脂型材经过切削加工而制成的。用于制作这种眼镜架的板材树脂可以预制成各种颜色及花色颜色，同时还具有透明性质，因此板材眼镜架更具有丰富的时尚色彩。常用于制作板材的材料为醋酸纤维素，相对于普通金属架，板材眼镜架材料成本更高，因此一般板材眼镜架均为中高档眼镜架。如图 1-36 为全框板材眼镜架。

图 1-36　全框板材眼镜架

（2）注塑架　注塑架就是利用注塑机将熔融后的树脂颗粒（醋酸纤维素、硝酸纤维素、丙酸纤维素、TR90[1]等）注塑成型的眼镜架。这种眼镜架的加工工艺相对简单，眼镜架的颜色和结构受到了一定的限制，大批量生产的成本非常低廉。注塑眼镜架一般都是中低档次的眼镜架。如图1-37为注塑眼镜架。

图1-37　注塑眼镜架

（3）其他非金属架　除树脂外，其他非金属材料眼镜架还有：

① 玳瑁眼镜架：玳瑁是一种海龟科的海洋动物，一般长0.6~1.6m。其背甲盾片呈覆瓦状排列，表面光滑，具褐色和淡黄色相间的花纹。如图1-38为海洋动物——玳瑁。

玳瑁甲重量轻，非常耐用，色泽光亮，不会生产皮肤过敏，品质以颜色而论，有琥珀、金黄、亚黄、灰暗、中斑、中红深斑和乌云7种。目前，玳瑁已被国家列为保护动物，因此真正的玳瑁眼镜架的价值非常昂贵，市场流通的所谓玳瑁眼镜架几乎都是仿玳瑁色的树脂眼镜架，如图1-39所示。

图1-38　玳瑁

图1-39　仿玳瑁色树脂眼镜架

② 牛角眼镜架：因玳瑁材料的稀缺，近年有厂商研究制作出用牛角替代玳瑁加工成眼镜架。用于制作眼镜架的牛角多为实心非洲牦牛角。牛角具有良好的韧性，经精工打磨后，牛角呈现出令人惊叹的光洁和肌理纹路，散发出原始的野性之美和生命气息。图1-40所示为天然实心牦牛角。

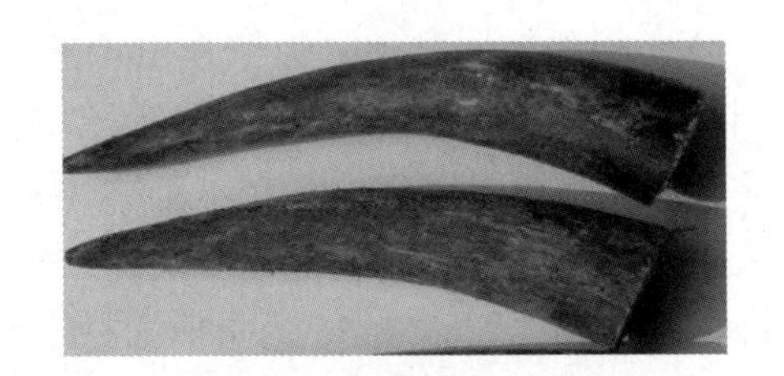

图1-40　天然实心牛角

牛角为天然材料，供量有限，且牛角眼镜架加工工艺较为复杂，因此牛角一

[1] TR90是一种聚酰胺树脂，这种树脂具有非常高的弹性，常称为记忆塑胶，俗称塑胶钛。

般用于高档眼镜架的制作。图 1-41 全框牛角脚丝纯钛眼镜架。

图 1-41　全框牛角脚丝纯钛眼镜架

③ 竹木眼镜架：优质竹子和木料经过特殊处理后可以用于制作眼镜架，鉴于其材料特性，竹木一般只用来制作眼镜的框面和脚丝。竹木不能进行焊接，其粘接强度又很难符合眼镜架的力学要求，因此竹木眼镜架的装配往往借助金属连接件来完成，装配的方式为螺纹连接或铆接。竹木供应充足，价廉物美，更具有自然气息，但竹木材料的强度较差，特别是耐磨性较差，因此竹木眼镜架的使用寿命较短，多用于制作中档太阳眼镜架。竹木眼镜架如图 1-42 所示。

图 1-42　竹木眼镜框

用于制作眼镜架的竹子一般为楠竹，即江南地区所称的毛竹。毛竹生长速度很快，高度可达 10m 以上，直径最大可达 18cm，4~6 年即可成材，因此价格低廉。

用于眼镜架制作的木材一般均为木质致密的木种，多为红木类。常用于眼镜架制作的木种有榉木、檀木、樟木、梨木、红松等。图 1-43 所示为紫檀木太阳镜眼镜架。

图 1-43　紫檀木太阳镜眼镜架

3. 混合眼镜架

混合眼镜架就是金属与非金属搭配组成的眼镜架。搭配方式无外乎两种：金属镜框+非金属脚丝，非金属镜框+金属脚丝。

金胶混合架同时具有金属架和板材架的优点，合理的颜色和结构的搭配会使眼镜架别具风格。因此一般这种眼镜架都属于中高档眼镜。

混合眼镜架的制作材料分为两大类：金属和非金属。金属和非金属之间材料的物理及化学性质差异很大，所以不同材料之间的连接方式只能是铆接或螺纹连接，因而眼镜架上往往还有其他附件，如丝筒、螺丝等。图 1-44 所示为金属板材混合材料眼镜架。

图 1-44　金属板材混合材料眼镜架

二、按架型结构分类

眼镜架发展至今，其结构日益多样化，特别是金属眼镜架。不同的镜架结构其加工工艺是有差别的，了解眼镜架的结构有助于全面认识眼镜。

金属眼镜架按架型结构分类，大致可以分为以下 8 种。

1. 普通架

普通眼镜架就是由具备最基本的眼镜架功能的、结构最简单的眼镜架，如图 1-45 所示。

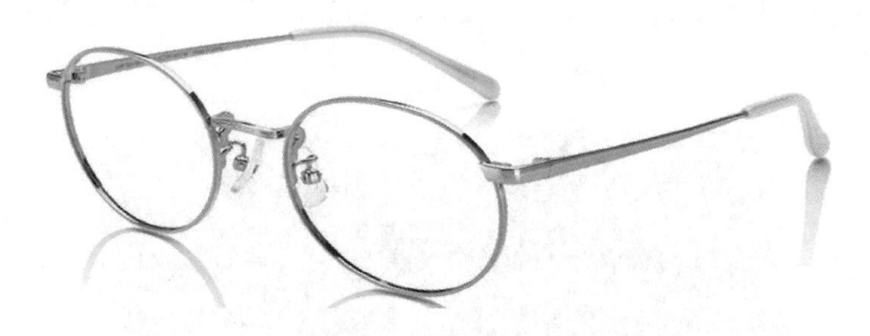

图 1-45　普通光学眼镜架

2. 双梁架

双梁眼镜架的最大特点就是有两根中梁，如图 1-46 所示。

图 1-46　双梁太阳镜镜架

3. 渔丝架（半框架）

渔丝架的结构特点就是利用渔丝线替代部分圈丝来装配镜片，所以也称为半框架，如图 1-47 所示。

图 1-47　渔丝架

4. 钢片架

框面眉毛架的结构特点就是没有中梁，左右镜圈由眉毛或框面连接在一起，有贴圈和铣槽两种结构。

钢片贴圈结构就是在钢片眉毛底面紧贴焊接镜圈用以安装镜片，如图 1-48 所示。

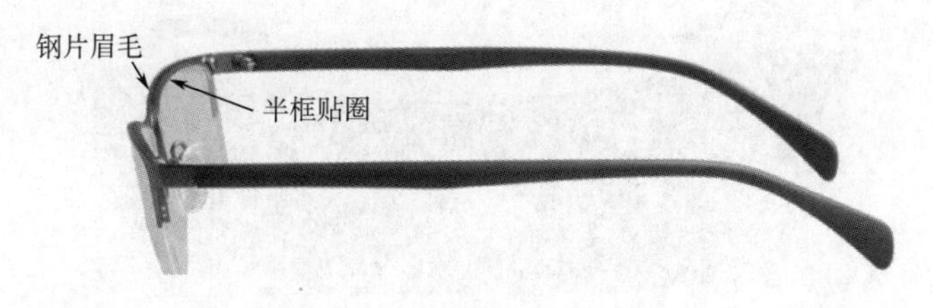

图 1-48　半框钢片贴圈眉毛架

钢片铣槽结构就是在钢片框面内圈侧面铣出“V”形或“U”形凹槽用以安装镜片，如图 1-49 所示。

贴圈结构的眉毛框面眼镜，其眉毛或框面配件一般用较薄的不锈钢片制作，而框面铣槽结构的眉毛框面多用较厚的高镍白铜或不锈钢制作。

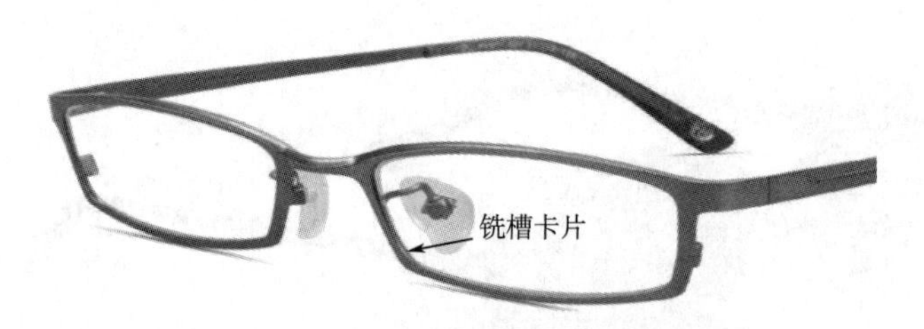

图 1-49　全框钢片铣槽光学眼镜架

5. 角花叉子架

这类眼镜架的桩头形状都比较大且呈叉子状，因此叫作角花。角花与脚丝的配件一般分开制作，其铰链的焊接及角花打弯工艺与直身脚丝不同且更为复杂。这种眼镜的角花往往设计有更多的花纹图案，形状复杂，颜色多样，甚至还镶有钻石等配饰，因此这种眼镜架多用于中高档女装眼镜，角花叉子架如图 1-50 所示。

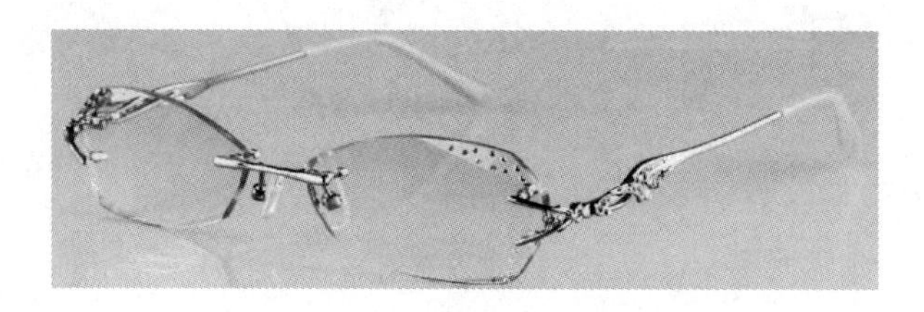

图 1-50　女款无框角花叉子架

6. 连体风镜

连体风镜的结构特点就是左右镜圈及镜片连成一体，因此也就没有中梁。连体风镜也属于太阳镜一类。如图 1-51 所示为全框连体风镜。

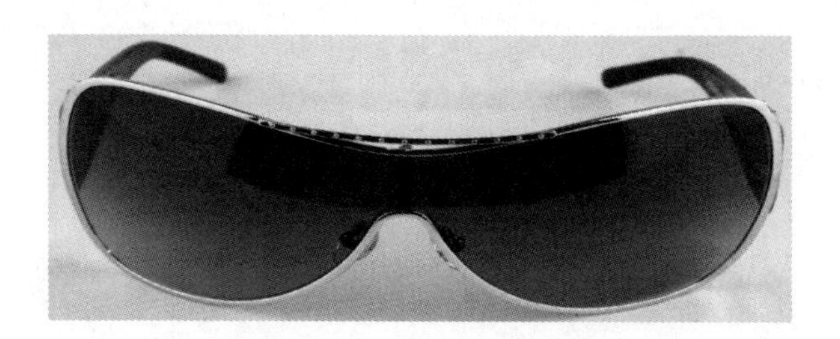

图 1-51　全框连体风镜

7. 复合套架

复合套架由主架和面架两部分组成，具有光学架和太阳架的双重功能。复合套架的主架与普通光学眼镜架结构相似，可以配光学镜片；面架为一半架，装配有太阳镜片，没有脚丝，镜片通过挂钩、磁铁等附挂在主架上并可以从主架上很容易拆下来。一副主架可以配一副面架，也可以配多副不同颜色的面架。图 1-52 所示为磁铁套架。

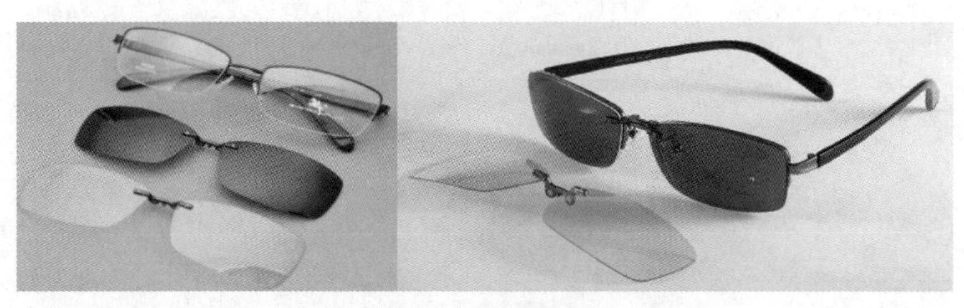

图 1-52　磁铁套架

8. 折叠架

老花镜往往只在某些时候才会佩戴，不使用时，眼镜随身携带的方便性就必须考虑了，折叠眼镜架较好地解决了这个问题。折叠眼镜架可以将镜架尺寸较大的镜腿和镜框部分通过折叠放入一个很小的眼镜盒内。折叠眼镜架如图 1-53 所示。

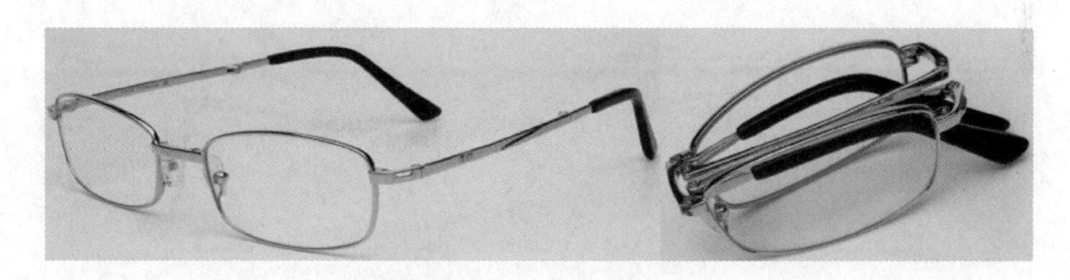

图 1-53　折叠老花眼镜架

三、按圈型分类

眼镜架按圈型可分为 3 种类型：全框架、半框架（渔丝架）和无框架。

1. 全框架

全框架的圈型为封闭状，利用夹口的开合安装镜片，金属全框眼镜架如图 1-54 所示。

图 1-54　金属全框眼镜架

2. 半框架（渔丝架）

半框架也叫渔丝架，前面已经介绍过。金属半框眼镜架如图 1–55 所示。

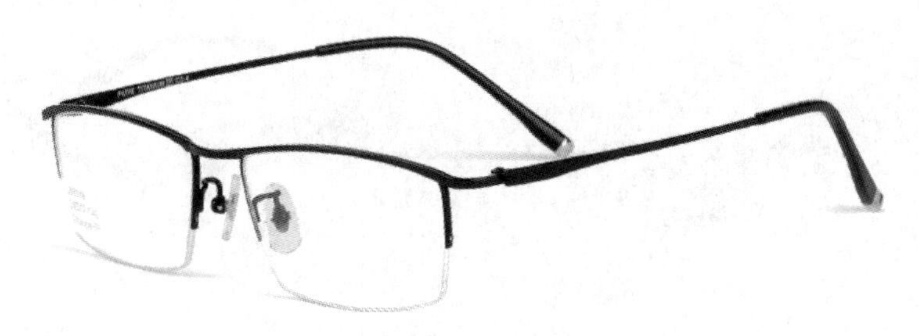

图 1–55　金属半框眼镜架

3. 无框架

无框架就是没有镜圈，两镜片直接与中梁和桩头连接，这种眼镜在工厂也称作三件头眼镜，无框架具有更轻巧秀气的特点。图 1–56 所示为金属无框光学眼镜架。

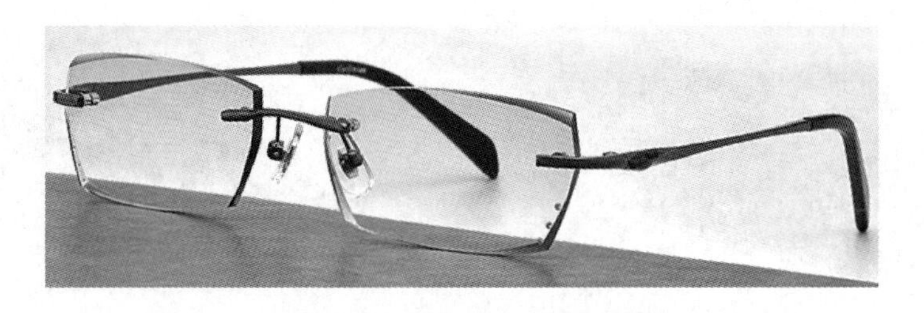

图 1–56　金属无框光学眼镜架

四、按功能分类

眼镜发展到现在，不仅仅是为了满足人们的视觉生理需要这个单一的光学功能，现代眼镜还具有更多的功能。按照眼镜的主要功能分类，眼镜架可分为以下几种。

1. 配光架（光学架）

配光镜就是常说的近视眼镜，其主要功能是矫正近视。眼镜出厂时的镜片为定型片，消费者最终佩戴的眼镜镜片是根据佩戴者的屈光度需要个性定制的，配镜工序在销售终端——眼镜店进行。图 1–57 所示为全框光学眼镜。

2. 太阳架

太阳镜的主要功能是保护眼睛，避免强烈阳光和紫外线对眼球的伤害。同时太阳镜也是一种时尚产品，往往与时装进行相互衬托。太阳镜的镜片一般为有色的平光镜片，出厂时镜片就已经配好，但也有带有屈光度的近视太阳镜，这样的

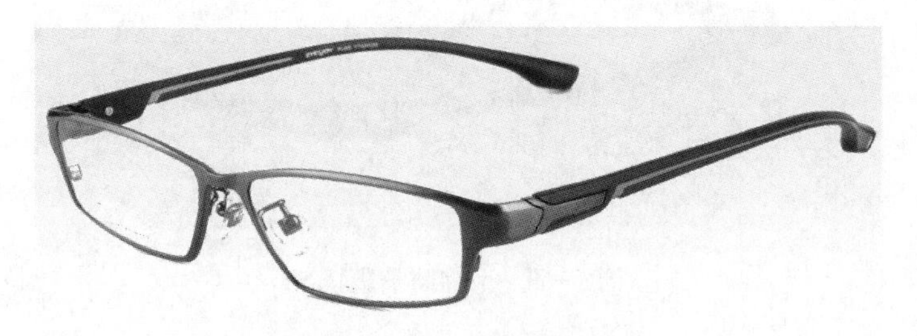

图 1-57　全框光学眼镜架

镜片需要个性定制。图 1-58 所示为双梁太阳眼镜。

图 1-58　双梁太阳眼镜架

3. 老花镜架

老花镜严格来讲也属于光学眼镜，其主要功能就是矫正远视。因远视患者几乎都是中老年人，所以这种眼镜叫老花镜。老花眼镜的镜片为凸透镜，具有放大作用。老花镜与普通配光镜有所不同，老花眼镜的镜片一般都由工厂批量加工和装配好，当然高端老花镜会个性化定制。另外老花眼镜与普通光学眼镜相比，镜片垂直尺寸较小，脚丝尺寸较大，眼镜架结构一般较为简洁，如图 1-59 所示。

图 1-59　老花镜架

4. 劳保眼镜（防护镜）架

劳保眼镜的主要功能是在工作或生活中保护人们的眼睛免受外物的伤害，起到隔离防护作用，如防风沙、防水、防铁屑、防紫外线等。这些眼镜的特点就是镜片大且紧贴面额，甚至将两眼完全密封（如游泳镜）。如图 1-60 所示为劳保防护眼镜架。

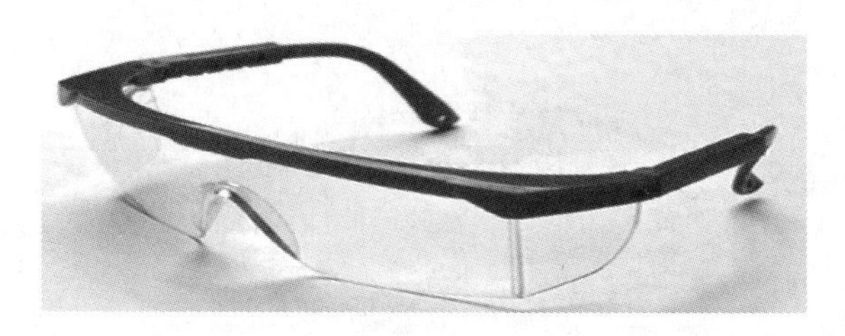

图 1-60　劳保防护眼镜架

五、按适合使用的人群分类

眼镜架还可根据适合的佩戴人群来分类的，一般分为如下 3 种。

1. 男装架

这类眼镜一般圈形较方，轮角分明，眼镜架各部位尺寸相对较大，配件花纹及颜色较为简洁大气，整副眼镜具有阳刚之气，比较适合成年男子佩戴，如图 1-61 所示。

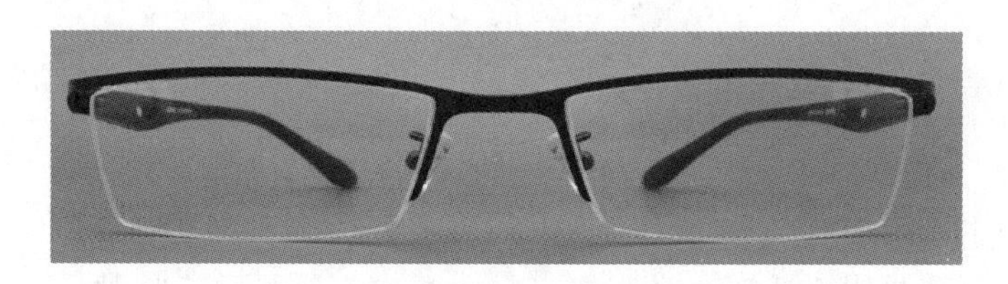

图 1-61　男款半框光学眼镜架

2. 女装架

这类眼镜一般圈形呈扁圆或蛋形，眼镜架尺寸相对较小，颜色较为艳丽，色彩丰富，脚丝等表面往往做有艳丽花纹或镶有钻石类的配饰，具有明显的女性化特征，如图 1-62 所示。

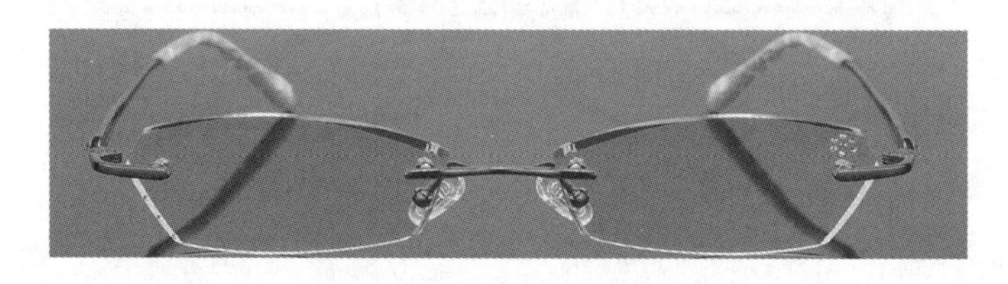

图 1-62　女装无框眼镜架

3. 儿童架

儿童眼镜最大的特点就是镜圈尺寸较小，一般儿童架的圈形为 38～48 码，颜色都比较艳丽，配饰造型较为卡通，镜架的牢固度及安全性要求更高，如图 1-63 所示。

图 1-63　儿童眼镜架

第三节　眼镜架的编号和命名方法

一、眼镜架的编号方法

眼镜架的材料种类、结构和款式等日益多样，使得眼镜产品品种非常多，对于眼镜行业内部管理来说，为了分清不同的眼镜，就必须对不同款式的眼镜进行编号，以便加以区分。

各生产厂家或贸易公司的眼镜架编号方法有所不同，但基本是与其分类方法相一致的，眼镜架的编号都包含眼镜架的材料、结构、功能、尺寸等信息，一般眼镜架的编号如下：

厂家代号+功能代号+框型结构代号（或架型结构代号）+材料代号+序号+尺寸

1. 厂家代号

厂家代号一般用 1～2 个大写英文字母表示，大多情况下均为厂名拼音首字母或品牌首字母。

2. 眼镜功能代号

眼镜的功能信息是以功能代码的形式出现在镜架编号中的。一般用大写字母表示，如光学眼镜代号为 G，老花眼镜代号为 L，太阳眼镜代号为 S 等。

3. 眼镜架框型结构代号

眼镜架的框型结构代号也是用大写字母表示的，如全框架代号为 Q，半框架代号为 B，无框架为 W。

4. 眼镜架架型结构代号

在眼镜架的编号中很多厂家都用数字或英文字母来表示眼镜架的架型结构，比如普通光学架用“2”、双梁架用“3”、钢片架用“4”表示等。

5. 眼镜架材料代号

眼镜架材料代号一般用大写英文字母表示，这个字母可能是眼镜架主要材料的英文单词首字母，或者是汉语拼音首字母，如钛及钛合金用“T”、镍白铜用“N”、板材用“B”、混合用“H”表示等。

6. 眼镜架序号

眼镜架序号一般用四位数字表示。

7. 眼镜架尺寸

眼镜架尺寸用镜片水平尺寸即 A 位尺寸表示。为了与眼镜架序号分开，在序号与尺寸之间用短横线隔开。

8. 眼镜架编号实例

实际眼镜架编号不一定全部包含上述 1~7 点，一般对于本厂主打产品往往会省略其相关代号，例如某企业只做钛架，往往会在眼镜架编号中不显示材料，如果该企业只做太阳架或光学架，一般也会省略眼镜架功能代号。下面用一个案例来对眼镜架编号进行说明。

实例：XTB25432-53

说明：X—某厂名或品牌缩写；

T—眼镜架主要材料为钛或钛合金；

B—镜片装配形式为半框；

2—眼镜架架型结构为普通单梁；

5432—眼镜架序号为 5432；

53—镜片水平尺寸为 53mm。

由此可见这是一款普通结构的钛或钛合金材料的半框眼镜架，镜片大小为 53mm。

二、眼镜架的编号原则

眼镜架的编号一般以圈型形状作为编号依据，圈型形状相同的眼镜架不管其结构、材料或尺寸是否相同，其序号均不变。结构、功能、材料或尺寸等不同只改变其相应代号。例如：XGQ20001-52 表示普通全框光学架编号 0001，尺寸为 52mm；XTB20001-51 表示钛合金半框架编号 0001，尺寸为 51mm。

事实上，上面两副眼镜架的圈型是完全相同的，第二副眼镜架是按第一副眼镜架的圈型改作钛合金半框结构。镜圈大小相同，但因镜片装配形式不一样，镜片尺寸有不同。

三、衍生架的编号方法

圈型没有改变，主体结构也没有改变，只是更换了部分配件或配饰，这样的眼镜架即称为原眼镜架的衍生架。衍生架通过后缀代号来表示其变化。例如，中梁变更—后缀 A；脚丝变更—后缀 B；其他变更—后缀 C 等。

多次更换同一部件时，则第一次变更用再加后缀 01，第二次变更后再加缀 02，以此类推。例如：XGQ20001-52A01 表示普通全框光学架编号 0001，尺寸为 52mm，第一次变更中梁；XSW20002/56B02 表示普通无框太阳架编号 0002，尺寸为56mm，第二次变更脚丝。

四、眼镜架的名称

眼镜产品的名称，一般根据其主要特征及功能命名，眼镜的名称要尽可能地反映眼镜架的特点，特别是要尽可能地反映眼镜架的优点，如半框钢片老花架、钛合金无框女装双梁太阳架、不锈钢眉毛宝丽来片太阳架等。

眼镜的起源和发展

我国的眼镜有着悠久的历史，中外史籍中都记载了眼镜最早起源于中国，是我国古老文化、医疗、技艺的遗产，它的发展变迁经历了几千年的历史。

13世纪末叶，意大利人马可·波罗（Marco Pol6）把眼镜传到了西方，所以在西方最早制造眼镜的地方，就是马可·波罗的故乡威尼斯。

最原始的眼镜起源于透镜（放大镜），它的制作、应用与光学透镜的出现密切相关。相传最初发现眼镜能使物体像放大的光学折射原理是在日常生活中偶然察觉的，有人看到一滴松香树脂结晶体上恰巧有只蚊子被夹在其中，这只蚊子显得体形特大，由此启发了人们对光学折射作用的认识，进而利用天然水晶琢磨成凸透镜来放大微小物体，用以谋求解决人们视力上的困难。这就是我国眼镜的雏形。

中国最古老的眼镜是由水晶或透明矿物质制作的圆形单片镜（即现在的放大镜），传说在宋代时就有人用水晶镜掩目来提高视力了，从明代开始到现在一直称为“眼镜”。

眼镜的取材和形式，是随着时代的进步和工业、手工业的生产发展而变化的。在我国最古老的眼镜只有一块镜片，不带边框，手持使用。后来为了手持方便，则把镜片用木材（后用金属）作为边框，固定在一个单柄边框上，仍然是手持使用（如当今的单柄放大镜）。到明清之际，苏州上方山一带用水晶制成的镜片，就是装在单柄边框上，叫作单柄眼镜。苏州是我国水晶眼镜生产的盛地，产品遍销全国，相传海外。

由于单柄眼镜使用不方便，人们开始把两个单片镜连接在一起，当中旋转轴可以上下分合，用绳带把眼镜系在头或帽子上，也可利用压力把它夹在鼻梁上。早期眼镜均为圆形或椭圆形，有的只有边框无镜腿；有的有镜腿也不像现代眼镜的式样。例如，无镜镜框多为折叠式（即用丝线绳套在耳上使用）；有脚镜框的腿也是折叠式，其镜盒都是用纸糊的，镜盒涂漆也很讲究，可以挂在腰带上作为装饰品，其式样有圆形、椭圆形两种。此外还有为眼镜配套的镜套、镜袋，主要是为了保护眼镜和方便携带。人类经过1000多年单片镜的使用，觉得用手持镜看物很不方便，经反复实践，进而产生了双片眼镜。但是由于当时条件的限制，当时的双片眼镜不像现在的眼镜那样有两个腿且用一根杆连着，当时的双片镜只是两片镜片而已。此后双片眼镜经历了从双片拱梁联结到梁框联结，从手执式到线绳挂耳式，从无额托到有额托等发展阶段。据资料记载，南宋时的眼镜已经是双片有梁框架眼镜，梁架用木材制作，用铜合页挂钩及铜楔联结，实际上就是两只单片带柄眼镜的组合。人们在使用双片无腿眼镜的实践中，感到线绳挂耳有额托眼镜既不美观又不方便，有聪明的眼镜工匠们便在双框两侧装上两条直腿，这便是我们现在所使用的眼镜的雏形。之后经过人们长期的探索，双片直腿眼镜继而诞生。在此阶段经历了双片无活节直腿阶段，双片活节直腿阶段，双片活节有腿柄阶段，双片全框、活节、有腿柄四个阶段。应当指出这些阶段的发展为我们现在的可折叠眼镜奠定了基础，为以后人们对于眼镜的发展又指出了一条新的道路。

我国明代以前的镜片，主要由天然水晶石磨制而成。此前的玻璃眼镜片大多由欧洲传入。清代及以后，随着我国玻璃业的发展，光学玻璃镜片逐步成为眼镜片的主要材料。直至现在我们还有很多玻璃镜片，其跨度时间极其漫长。新中国成立后，我国光学材料迅速发展，树脂等现代镜片市场占有率逐年增高，前景十分远大。

随着科技的不断进步，出现了角膜接触镜。现在出现了一些采用纳米技术的新科技眼镜，它是将纳米材料与高分子材料进行了精细复合研发的，一改以前眼镜以提高视力为目的的初衷。现在的眼镜已不仅仅限于提高视力，人们更趋向于时尚个性，同时眼镜也成了装饰品，如近年流行的板材眼镜，还有各式的太阳镜及运动系列眼镜。

本章作业

1. 普通金属眼镜架的零部件有哪些？
2. 54□18-135对于眼镜架的含义是什么？
3. 眼镜架如何分类？按材料分有哪几种？角花叉子架有何结构特点？
4. 前后圈、飞、挂、高低各是什么含义？
5. 眼镜架编号一般包含哪些含义？

第二章　金属眼镜架通用零部件

本章内容要点

1. 常见的眼镜架通用零部件名称。
2. 常见的眼镜架通用零部件的结构、材质和规格。
3. 常用眼镜架材料的基本性能特点。
4. 常见的眼镜架通用零部件的选用方法。

第一节　圈丝

一、圈丝种类

圈丝又称坑线，是金属眼镜架镜框生产所用的主要型材。圈丝根据截面形状的不同分为多种，常用圈丝有平背 V 形圈丝、圆背 V 形圈丝、U 形圈丝、渔丝圈丝、T 形圈丝、鱼背三角圈丝等。圈丝所用材料有白铜、高镍白铜、镍合金、不锈钢、钛及钛合金等。圈丝的规格用圈丝的截面形状和圈丝的宽度及厚度尺寸来表示。

1. 平背 V 形圈丝

此种圈丝截面内坑为 V 形，外侧面较平，圈丝内槽夹角为 90°~110°，坑底深度约为圈丝厚度的一半。常用平背 V 形圈丝的宽度一般在 1.8~2.1mm，厚度一般在 0.8~1.2mm。平背 V 形圈丝的使用最为普遍，圈丝材质也几乎遍及所有眼镜用金属材料。图 2-1 为平背 V 形圈丝截面形状示意图。

2. 圆背 V 形圈丝

此种圈丝外侧面为拱弧面，内坑形状与平背 V 形圈丝相近，截面形状如图 2-2 所示。

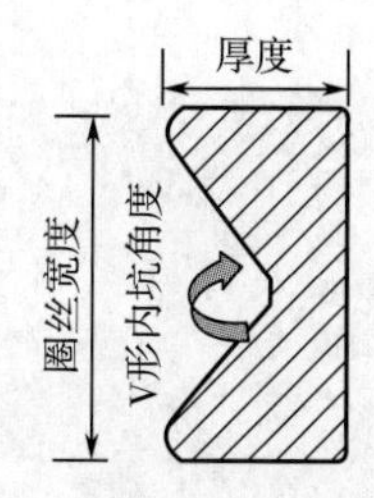

图 2-1　平背 V 形圈丝截面形状示意图

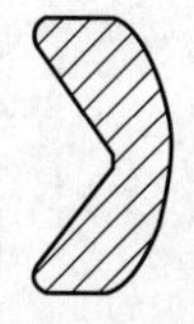

图 2-2　圆背 V 形圈丝截面形状示意图

圆背 V 形圈丝也是使用较广的一种圈丝，有各种材质。圈丝宽度一般在 1.8~2.1mm，厚度为 1.0~1.3mm。圆背 V 形圈丝多用于女装光学眼镜架的制作。

3. 平背 U 形圈丝

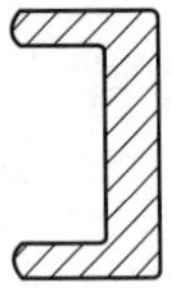

平背 U 形圈丝内坑为矩形，外侧面与平背 V 形圈丝相似，其截面形状如图 2-3 所示。

图 2-3　U 形圈丝截面形状示意图

平背 U 形圈丝一般用于制作太阳眼镜架，特别是用于制作装配偏光镜镜片的太阳架，因为此种圈丝能更稳定地卡住偏光镜镜片。U 形圈丝内坑尺寸约为 0.5mm×1.2mm。圈丝的规格及所用材料与平背 V 形圈丝相似。

4. 普通渔丝圈丝

普通鱼渔丝圈丝是专门用于制造半框眼镜架镜圈的一种圈丝，圈丝截面外形与平背圈丝相似，但内槽形状完全不同。普通渔丝圈丝内槽形状为 T 形，如图 2-4 所示。

普通渔丝圈丝镜片装配结构与 V 形或 U 形圈丝完全不同，其镜片装配结构如图 2-5 所示。

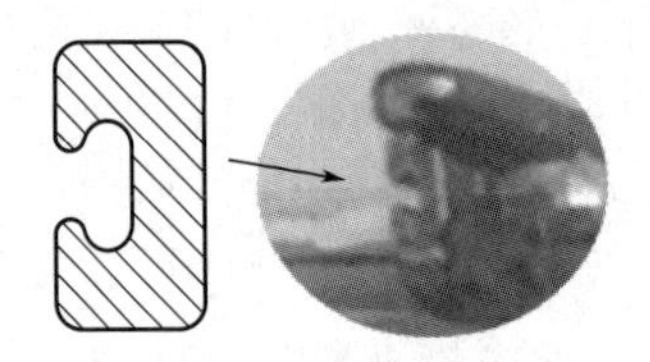

图 2-4　普通渔丝圈丝截面形状示意图

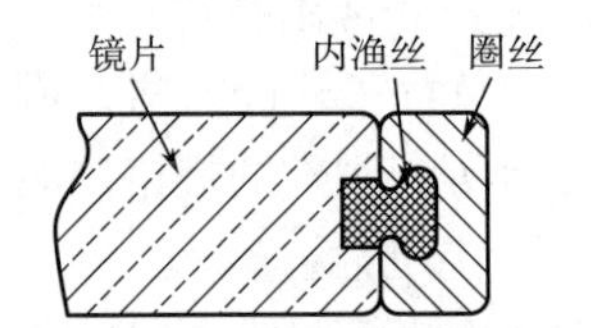

图 2-5　渔丝架镜片装配结构示意图

装配镜片时，首先在金属圈丝 T 形内槽插入尼龙内渔丝，内渔丝是从圈丝端面插入的，因此圈形上不能有很小的尖角，否则内渔丝就难以穿过。内渔丝一半卡在金属圈丝内，一半露出，当安装好镜片后，内渔丝卡在镜片侧面坑槽中，半框金属圈丝两端均有两个小孔，外渔丝（圆形）穿过小孔而压入镜片槽内，具体装配示意图如图 2-6。

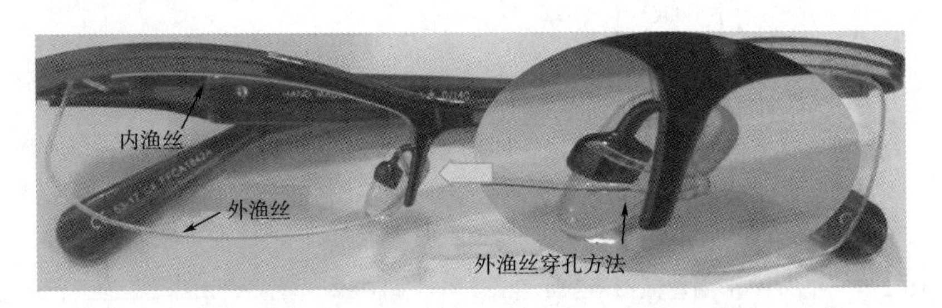

图 2-6　普通渔丝架镜片装配结构

渔丝圈丝的宽度一般在 1.8～2.1mm，厚度在 0.9～1.2mm，材料种类也很多。这种圈丝结构相对复杂，加工难度大，因此这种圈丝价格比较高，一般为同材料普通圈丝的 2～3 倍。

5. T 形圈丝

T 形圈丝截面为一 T 形，截面形状如图 2-7 所示。

T 形圈丝也是专门用于半框架的，这种圈丝不用穿内渔丝，镜片直接卡在圈丝的 T 形凸筋上。这种圈丝截面面积最小，因此用料最省。圈丝外形结构最为简单轻巧，常用于生产女装半框眼镜架。但镜圈加工工艺复杂，加工难度也比较大，且圈形刚性较差，因而眼镜架的稳定性不高，所以这种圈丝一般选用材质更为优质的全硬不锈钢或钛合金等。

6. 三角圈丝

三角圈丝外形似鱼背，所以也叫鱼背圈丝。这种圈丝内坑为 V 形，圈丝截面形状如图 2-8 所示。

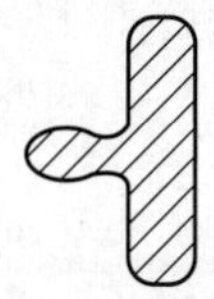

图 2-7　T 形圈丝截面形状示意图

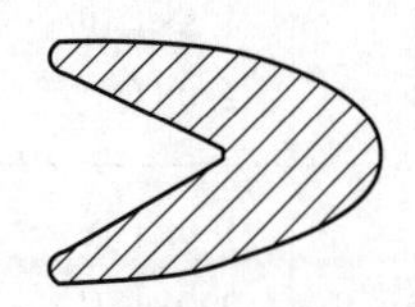

图 2-8　三角圈丝截面示意图

三角圈丝的截面尺寸较大，圈丝宽度为 1.8～2.0mm，厚度一般 2.4～3.0mm，内坑深度 0.5～0.8mm。因圈丝截面面积较大，所以镜圈特别重。且圈丝厚度特别大，所以绕圈加工难度非常大，一般只能用手工绕制。正因为圈丝厚度尺寸很大，所以用这种圈丝做的眼镜镜圈正视圈面特别宽大，可以对镜圈框面进行再加工，如将外圈进行铣削加工，使之成为内外圈形不同的镜圈，即形成正视不等宽镜圈，如图 2-9 所示。

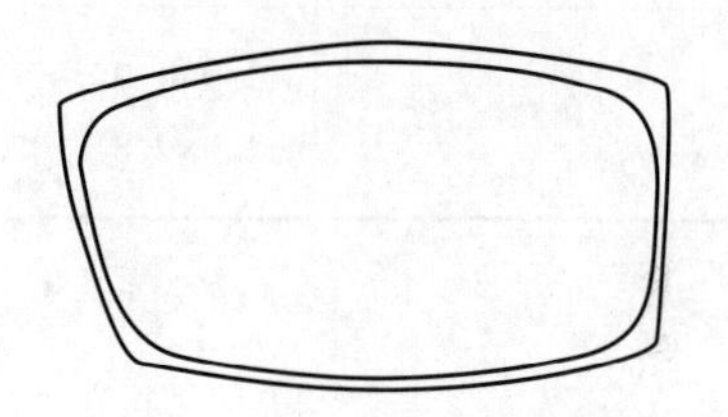

图 2-9　三角圈丝加工制作的不等宽镜圈示意图

宽大的圈面上还可以刻花或用激光雕刻花纹等。三角圈丝一般使用白铜或 18Ni 等机械加工性能较好的材料，并且这种圈丝有专门与之相配的 V 形夹口。

二、圈丝规格

到目前，我们国家眼镜产品还没有制订一个统一的标准，因此这里所讲的圈丝规格都是非标准的。上面介绍了 6 种常用的圈丝，其实不同厂家生产的圈丝，即使截面形状相似，其结构尺寸也不一定相同。

圈丝规格通常用圈丝的宽度×厚度+截面形状（中文）+材料名表示。在截面形状的描述中，V 形内坑可以省略。如：1.8×0.9 平背 U 形不锈钢、2.0×1.1 圆背镍合金、1.9×2.4 三角白铜等。常见圈丝规格见表 2-1。

表 2-1　常见圈丝规格　　单位：mm

圈丝名称	白铜	高镍白铜（或蒙乃尔）	不锈钢（或钛合金）
平背 V 形圈丝	1.8×0.9　1.8×1.0 2.0×1.0　2.1×1.2	1.8×0.9　1.8×1.0 2.0×1.0　2.0×1.1	1.8×0.8　1.8×0.9 1.8×1.0　2.0×1.0
圆背 V 形圈丝	1.8×1.0　1.8×1.1 2.0×1.0　2.1×1.3	1.8×1.0　2.0×1.0 2.0×1.1　2.1×1.3	1.8×1.0　2.0×1.0 2.0×1.1　2.1×1.2
平背 U 形圈丝	1.8×1.0　2.0×1.0 2.0×1.1　2.1×1.2	1.8×0.9　1.8×1.0 2.0×1.0　2.0×1.1	1.8×0.9　1.8×1.0 2.0×1.0　2.0×1.1
渔丝圈丝	1.9×1.0　2.0×1.0 2.0×1.1　2.1×1.2	1.8×0.9　1.9×1.0 2.0×1.0　2.0×1.1	1.8×0.8　1.8×0.9 1.8×1.0　2.0×1.0
T 形圈丝		1.8×1.1　2.0×1.1 2.0×1.2	1.8×1.0　2.0×1.0 2.0×1.2
三角圈丝	1.9×1.9　1.9×2.4 1.9×2.8　2.1×3.0		

三、圈丝的选用

镜圈是眼镜架的三大构成件之一，圈丝的材料、截面形状和尺寸都与镜架的结构、强度及美学效果很大的关系。选用圈丝考虑的因素如下：

① 样板圈丝的规格和镜圈尺寸：样板眼镜架是所要仿制的眼镜架，因此圈丝的规格必须尽可能地与准样板一致。一般情况下，圈丝尺寸的大小与镜圈大小成正比关系。

② 眼镜架品质要求及价格档次：眼镜架的品质要求是与价格相关联的，眼镜架品质要求高，价格也就高，因此对镜圈的材质要求就高。

③ 眼镜架的功能和结构：眼镜架的功能和结构不同，其所配镜片是不同的，要求镜圈的规格和材质也会有所不同。比如太阳架和配光架所选圈丝往往会有不同。

④ 产品设计理念和品牌特点：不同规格的圈丝对眼镜架体现出来的个性和品位是不同的，因此圈丝规格的选择与设计理念有关。

⑤ 客户的要求：圈丝的选择要符合客户的要求。

⑥ 加工技术水平：不同规格和不同材料的圈丝其加工的工艺要求及难易程度是不同的，有些材料和规格的圈丝加工需要特殊设备及特制工装和高技术水平的操作人员，因此选择圈丝时必须考虑加工条件。

⑦ 与其他零部件的配合尺寸：圈丝的规格与材料的选择还必须考虑眼镜架其他构件的形状和尺寸，当中梁和脚丝的形状细巧时，圈丝尺寸也应较小，反之就较大些。

⑧ 材料价格成本：在满足客户品质要求的情况下，尽可能地选用价格便宜、加工性能较好的圈丝。

第二节　夹口

一、夹口的种类

夹口又称锁块或锁球、臼等，其作用就是为了使金属圈丝可以开合以安装镜片，夹口位于镜圈合口处。常用的夹口以下三种：普通夹口、立式夹口和特殊夹口。

1. 普通夹口

普通夹口为使用最广泛的一种夹口，也称平夹口。其焊接面为一直角折面，焊接时一面贴在圈丝底面，一面紧贴圈丝侧面，圈丝正面与夹口平齐。如图 2-10 为普通夹口。

图 2-10　普通夹口

2. 立式夹口

立式夹口也是使用较多的一种夹口，其结构与平夹口相近，焊接时侧立在圈丝底面。立式夹口又包括普通立式夹口、立式无边高夹口和立式无边高斜夹口 3 种不同的结构。

（1）普通立式夹口　普通立式夹口以搭接形式立焊在镜圈底面圈边，夹口与镜圈内圈平齐，且与圈面垂直，如图 2-11 所示。

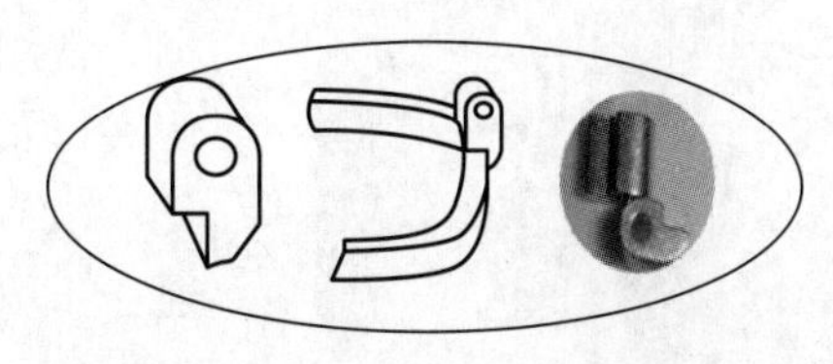

图 2-11　普通立式夹口及其与镜圈装配关系示意图

（2）立式无边高夹口　又称立式平底夹口，一般用于钢片框面铣槽或卡片结构的眼镜架，立焊在镜框底面。立式无边高夹口结构及其在钢片架中的装配关系如图 2-12 所示。

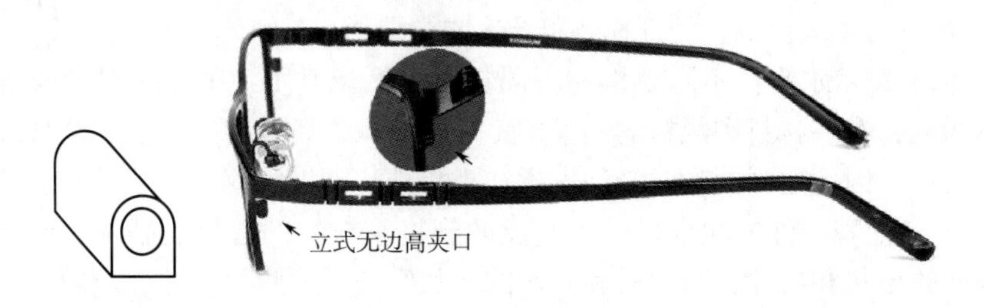

图 2-12　立式无边高夹口结构及其在钢片架中的装配关系

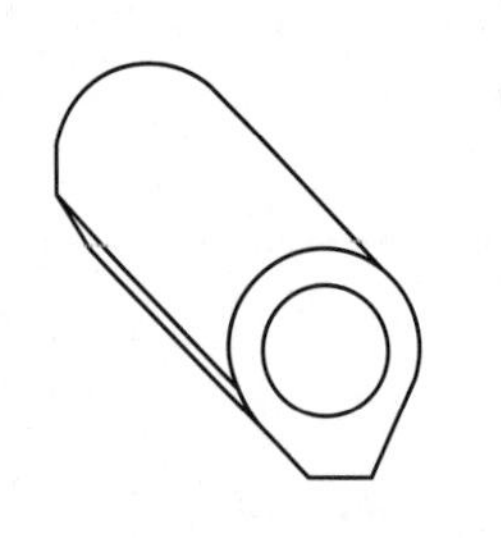

图 2-13　立式无边高斜夹口

(3) 立式无边高斜夹口　立式无边高斜夹口与立式无边高夹口结构相同。只是夹口内侧边为斜边，夹口的底部更窄，如图 2-13 所示，更适合焊接在正视宽度细小的框底。

3. 子母夹口

子母夹口一般与桩头、铰链连体，也可以独立。从外形看，带有子母夹口的桩头结构非常简洁，但焊接的质量要求比较高。图 2-14 为子母夹口-铰链连体的桩头及子母夹口结构分解示意图。

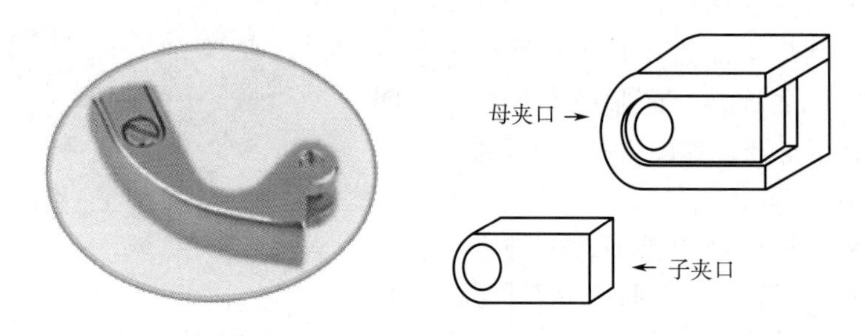

图 2-14　子母夹口-铰链连体的桩头及子母夹口结构分解示意图

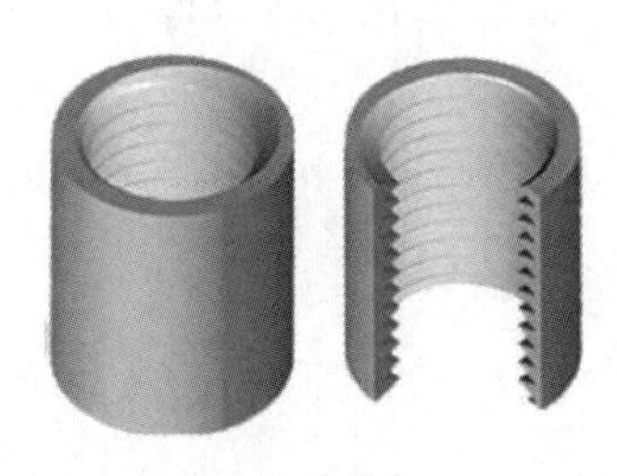

图 2-15　丝通夹口

4. 特殊夹口

常用的特殊夹口有丝通夹口、猪腰夹口、假夹口及其他异型夹口等。

(1) 丝通夹口　丝通夹口外形类似一个丝通，即外形为圆柱体，内孔一半为光孔，一半为丝孔，如图 2-15 所示，夹口螺丝从光孔端插入锁进丝孔段。

（2）猪腰夹口 猪腰夹口是集夹口、桩头和铰链于一体的一种眼镜配件，具有上述三者的功能，因此这种眼镜架的外形结构非常简洁。猪腰夹口及其与镜圈的装配关系如图 2-16 所示。

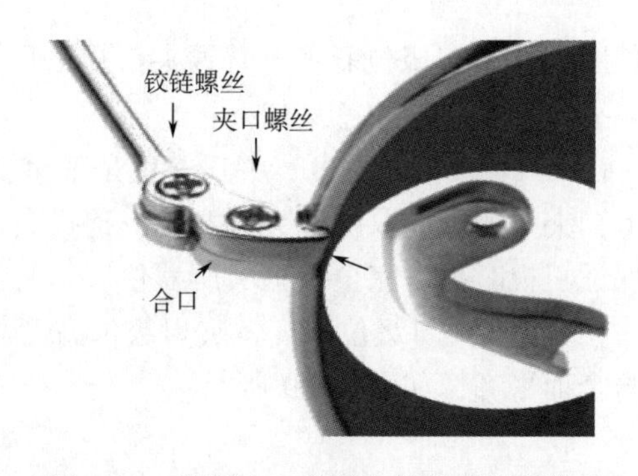

图 2-16 猪腰夹口及其与镜圈的装配关系

（3）假夹口 假夹口就是外形与普通夹口相同但没有锁紧螺丝孔的夹口。假夹口没有锁紧功能，因此这种夹口不能切开，一般用于不用配片的太阳架或半框架，其作用是加强桩头与镜圈的焊接强度以及外观需要。

（4）其他异型夹口 所谓异型夹口就是在特殊结构中使用的不常见夹口，这些夹口外形各异。图 2-17 所示就是部分异型夹口。

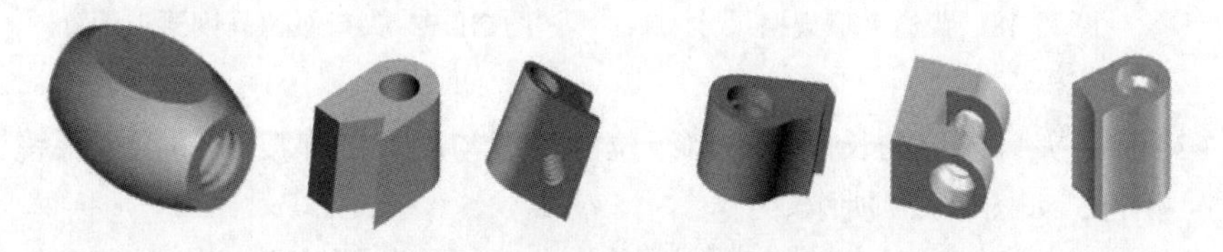

图 2-17 异型夹口

二、夹口材料

常用的夹口材料有白铜、高镍白铜、镍合金、不锈铁等。

白铜的机加工性能好，易焊接，但机械性能较差，一般用于低档镜架，因材料强度较差，所以白铜夹口的尺寸规格都比较大。

高镍白铜的机加工性能和机械性能都比较好，是常用的夹口材料。常用高镍白铜为 18Ni、22Ni 和 25Ni。

镍合金是最理想的夹口用料，但价格较为贵昂，是白铜价格的 2~3 倍，故只有中高档的眼镜架才会选用。

不锈铁（钢）常用于子母夹口的制作，因其具有导磁性能，在磁铁套架上经常使用。

另外，全钛眼镜架使用纯钛或钛合金夹口。

三、常用夹口的规格

1. 普通夹口的规格

普通夹口的规格用 4 个参数表示，即夹口宽度 A、夹口级位高度 B、夹口级

位长度 C 和夹口级位斜度，普通夹口规格尺寸如图 2-18 所示。

夹口各部位尺寸意义如下：

（1）A—夹口的宽度　夹口宽度是最重要的一个参数，在夹口厚度一定的情况下，夹口的强度取决于夹口宽度。选择夹口宽度时还应该考虑桩头宽度，一般应保证正视时夹口完全被桩头所盖住。

（2）B—夹口级位高度　夹口级位高度与圈丝的宽度相符，应保证夹口焊接后与全面平齐，如图 2-19 所示。

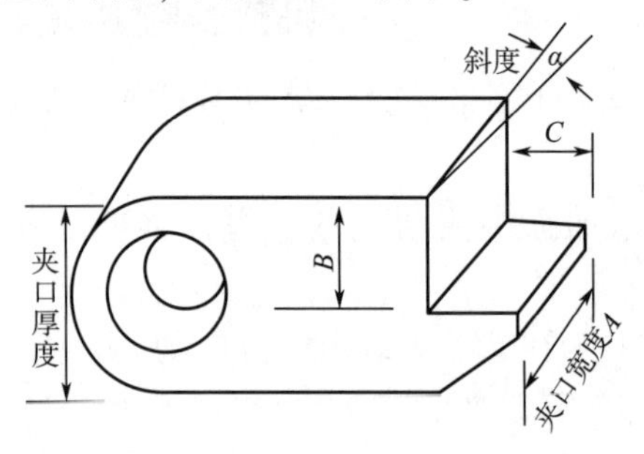

图 2-18　普通夹口规格尺寸

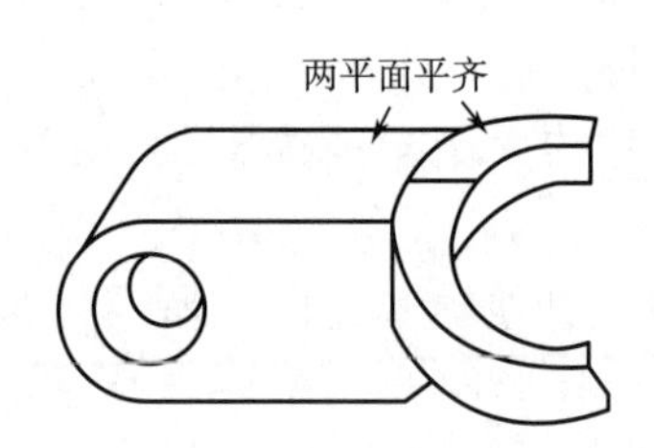

图 2-19　夹口级位高度要求示意图

（3）C—夹口级位的长度　夹口级位的长度与圈丝的厚度（即正视眼镜镜圈宽度）相符，如图 2-20 所示。

（4）α—夹口斜度　夹口斜度与圈形及夹口焊接位置有关。选择夹口斜度时应尽量保证夹口焊接后处于水平状态。图 2-21 为夹口级位斜度与圈形及夹口焊接位置关系。

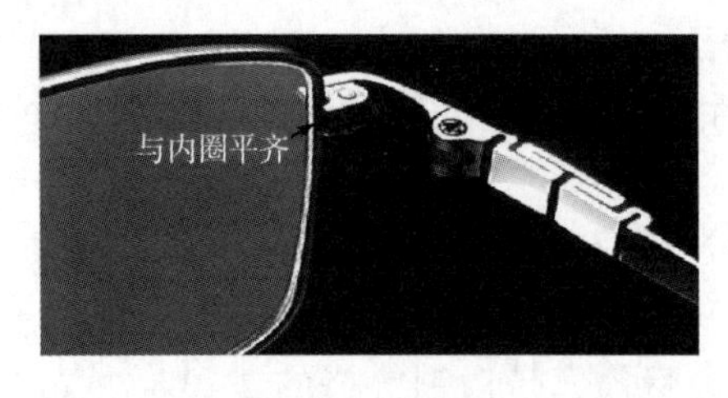

图 2-20　夹口级位长度与圈丝的关系

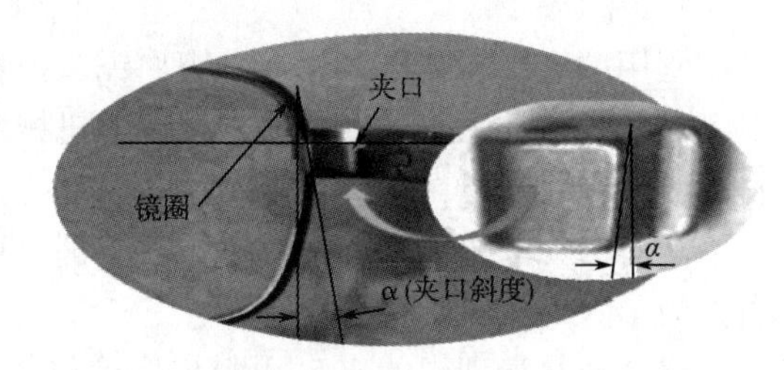

图 2-21　夹口级位斜度与圈形及夹口焊接位置关系

普通夹口规格的表示方法为：$B \times C \times A \times \alpha$，如 1. 8×0. 85×3. 2×3°、1. 8×0. 8×2. 8×0°。普通夹口的常见规格及材料见表 2-2。

2. 立式夹口的规格

立式夹口用 3 个参数表示其规格，即夹口宽度 A、夹口级位高度 B 和夹口级位深度 C。立式夹口级位无斜度。图 2-22 为立式夹口规格尺寸示意图。

表 2-2　普通夹口的常见规格及材料

夹口宽度	2.5、2.6、**2.8**、**3.0**、**3.2**、3.5、4.0
夹口级位高度	**1.8**、1.9、**2.0**、2.1
夹口级位长度	**0.8**、0.85、0.9、**1.0**
夹口斜度	**0°**、**3°**、**5°**、**7°**、**10°**、**12°**、15°、18°、20°
夹口材料	不锈钢、镍合金、**高镍白铜**、**普通白铜**、黄铜

注：表中黑色字体参数最为常用。

立式夹口规格的表示方法为：立式 $B\times C\times A$，如立式 1.8×0.8×3.2，立式 1.0×1.8× 3.8。

3. 立式无边高和无边高斜夹口的规格

立式无边高和无边高斜夹口的规格用夹口的长度、夹口宽度和夹口高度 3 个参数来表示，如 2.5×2.5×3.2 立式无边高夹口，2.2×2.5×3.5 立式无边高斜夹口等。图 2-23 为立式无边高夹口规格尺寸示意图。

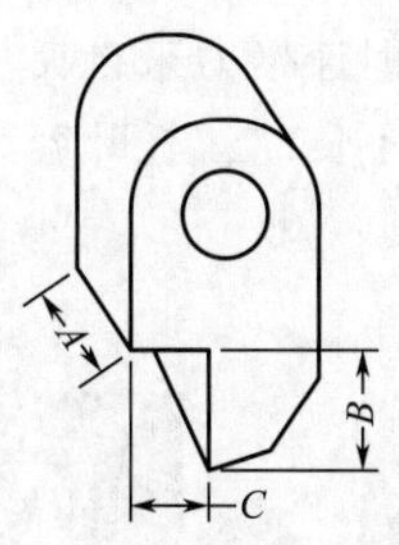

图 2-22　立式夹口规格尺寸示意图

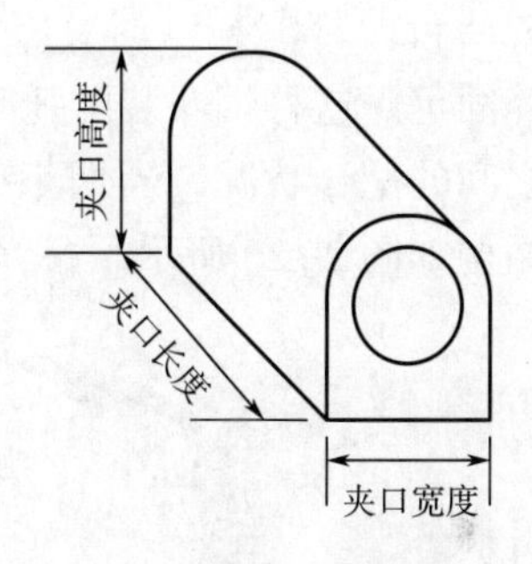

图 2-23　立式无边高夹口规格尺寸示意图

立式无边高夹口和无边高斜夹口的材料与立式夹口相同。

对于异型夹口，其规格表示的方法各有不同，选用时只能参考生产厂家提供的实物样板及编号。

第三节　烟斗

烟斗是构成鼻托的金属部分，因其形状像个洋烟斗，故称为烟斗。烟斗的作用是安装托叶，以便支撑眼镜架的重量。烟斗由烟斗杆（脚）和烟斗碗（夹）两部分组成。

一、烟斗的种类

1. 按托叶的装配方式分类

按托叶的装配方式，烟斗通常分为两大类：锁式（锁螺丝）烟斗和夹式烟斗（图 2-24）。烟斗脚可以一样，也可以不一样。

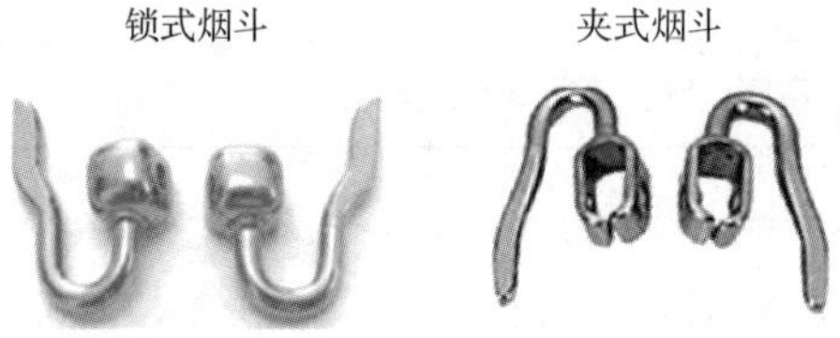

锁式烟斗　夹式烟斗

图 2-24　锁式烟斗和夹式烟斗

（1）锁式（锁螺丝）烟斗　这种烟斗的烟斗碗为一个方口碗状金属杯，这就是酒杯名称的来历。在烟斗碗与烟斗脚相连的两侧面各有一个孔，两个孔一个大一个小。装配托叶时，将托叶耳插入烟斗碗中，螺丝由大孔穿过托叶耳孔旋入小孔，起到固定托叶的作用。这种烟斗固定托叶的作用很好，托叶难以脱落，但装配不方便。锁式（锁螺丝）烟斗与托叶的装配关系如图 2-25 所示。

（2）夹式烟斗　这种烟斗的烟斗碗是一个 U 形高弹性夹片，夹片内侧中间有一个向内的凸台。装配托叶时，将托叶耳插入夹片中，夹片内凸台卡入托叶凹槽，使托叶固定。这种烟斗装配托叶极为简单方便，但连接力来自夹片的弹力夹与托叶耳之间的配合状况，当烟斗夹弹力较小或配合不良时，托叶容易脱落。夹式烟斗的结构如图 2-26 所示。

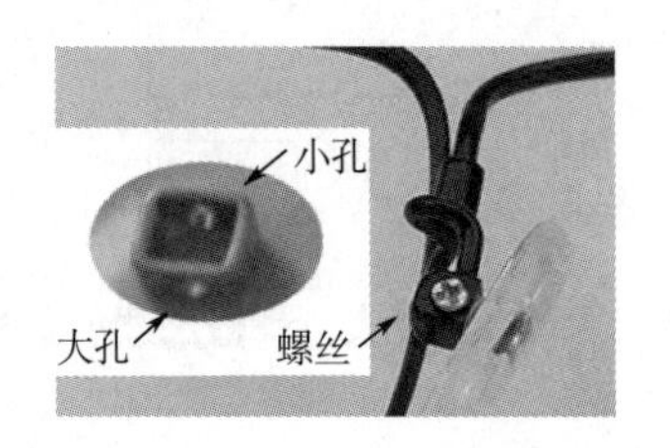

图 2-25　锁式烟斗与托叶的装配关系

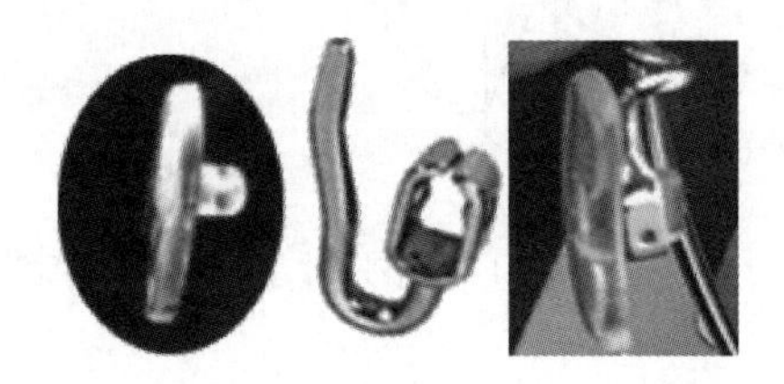

图 2-26　夹式烟斗的结构

2. 按烟斗脚的形状分类

根据烟斗脚形状不同，烟斗又分为普通型、S 型、U 型、7 字型和特殊型等。

（1）普通型烟斗　普通型烟斗是使用最为普遍的烟斗，如图 2-27 所示。普通型烟斗具有以下特点：

① 烟斗脚较长且有三段弯弧，便于托叶的方向调整。

② 烟斗脚底平直，能与圈丝较好地吻合，使焊接质量易得到保证。

③ 普通型烟斗脚的弯位均在一个平面内，容易打弯，价格便宜，质量容易保证。

（2）S 型烟斗　S 型烟斗脚有更多的弯位，且这些弯位不在同一平面，S 型烟斗如图 2-28 所示。这种烟斗在日本和韩国等国家较为常用。S 型烟斗具有以下特点：

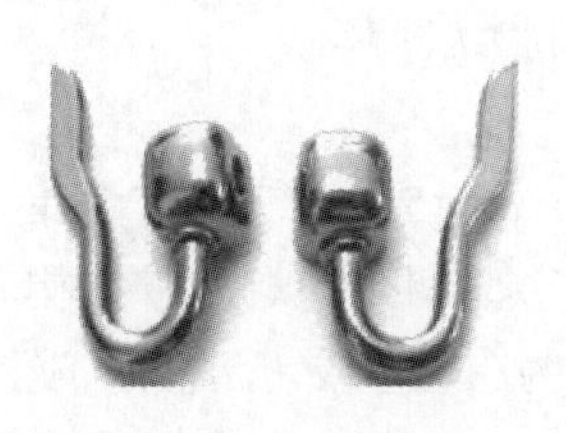

图 2-27　锁式普通型烟斗

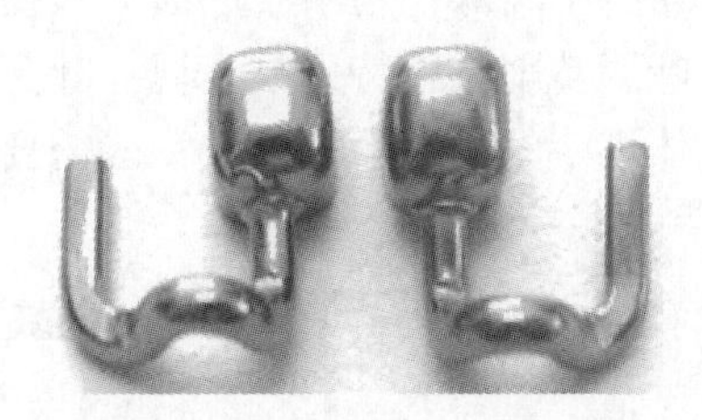

图 2-28　锁式 S 型烟斗

① 烟斗脚弯位很多且弯位方向不在一个平面，更易于托叶的方向调整。

② 烟斗脚高度较高，更适合低鼻梁的人。烟斗脚外形高雅，多用于中高档眼镜架。

③ 烟斗脚的加工难度大，对材料要求较高，价格较普通型烟斗要高。

④ 烟斗脚易出现伤痕和断裂，产品质量不易保证。

（3）U 型烟斗　U 型烟斗的烟斗脚呈 U 形，只有一个弯位，结构最为简单，如图 2-29 所示。U 型烟斗有以下特点：

① 烟斗脚结构简单，易于加工。

② 烟斗脚较短，且弯位较少，不利于托叶方向的调整。

③ 托叶的高度较低，且托叶方向较难调整。

④ 烟斗脚的焊接位置高于烟斗碗中心，一般用于半框架。

图 2-29　锁式 U 型烟斗

（4）连体烟斗　左右烟斗脚连成一体的烟斗称为连体烟斗。连体烟斗的形状像马鞍，故又称马鞍型烟斗，其结构如图 2-30 所示。

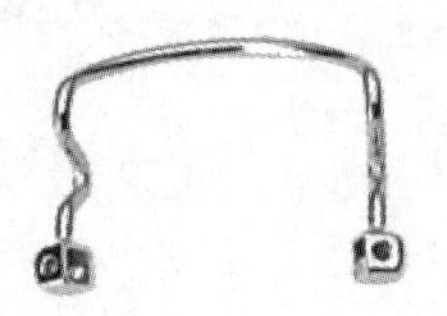

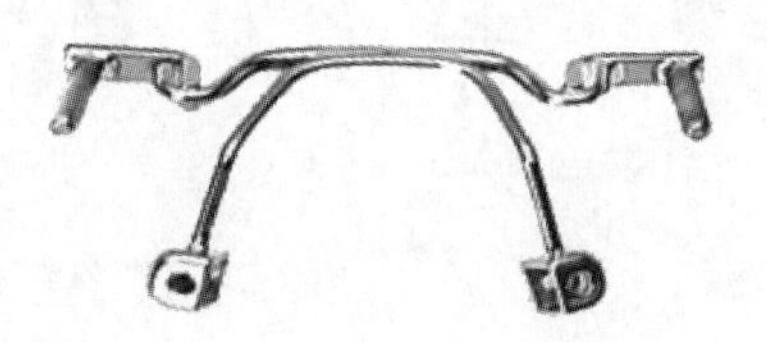

图 2-30　锁式连体烟斗及焊接

连体烟斗的左右烟斗脚连体，焊接位置为连体烟斗脚中间部位。这种烟斗不是焊接在圈丝上，而是焊接在中梁底面，常用于无框架或钢片架。连体烟斗特点如下：

① 左右烟斗脚连体，结构独特，对称性好。

② 焊接面积大，不易脱焊，但易造成中梁退火变软。

③ 烟斗脚中间部位与中梁底面形状要吻合，否则焊缝质量难以达到要求。

④ 托叶调整困难，特别是正视托叶高度几乎无法调整。

⑤ 连体烟斗的通用性很差，一般需要定制。

（5）“7”字型烟斗　“7”字型烟斗的烟斗脚结构非常简单，为一直线折弯而成，如数字“7”，故称为“7”字型烟斗，如图 2-31 所示。

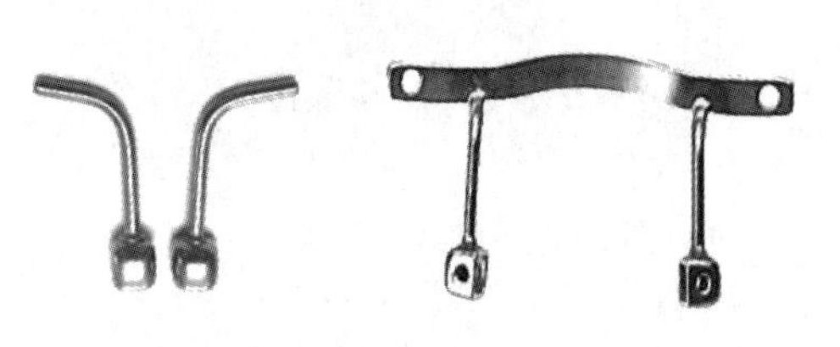

图 2-31　锁式“7”字型烟斗

“7”字型烟斗一般用于无框架，焊接在中梁底面，有时烟斗脚还起到卡住镜片的作用。在眉毛架中有时也会看见这种烟斗。“7”字型烟斗有以下特点：

① 烟斗脚结构简单易于加工。

② 烟斗脚焊接结构为对接焊，焊接接触面很小，焊接强度不易保证。

③ 托叶调整困难。

④ 通用性差。

（6）其他特殊结构的烟斗　除上述烟斗外，其他特殊结构的烟斗还有很多，如图 2-32 所示。

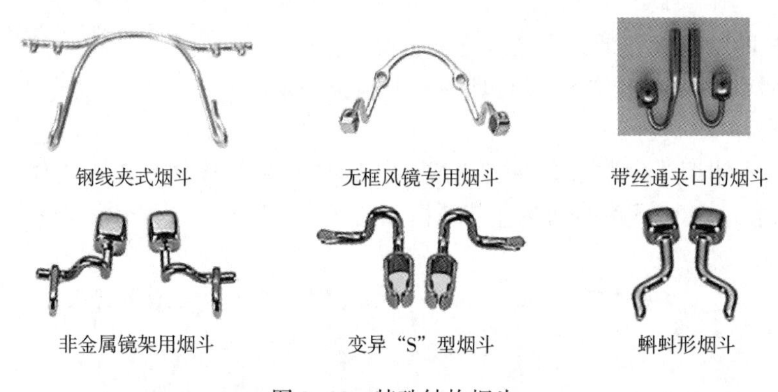

图 2-32　特殊结构烟斗

二、烟斗的材料

因为锁式烟斗和夹式烟斗的装配结构不同，烟斗脚和烟斗碗（夹）的功能也不一样，所以它们对材料的要求也不相同。

1. 烟斗碗材料

锁式烟斗的烟斗碗采用板料，利用模具经过冲压、拉伸及切削加工而成，因此材料要具有良好的塑性及韧性，要易于成型和切割加工，同时还要求有较好的焊接性能。具备这些性能的理想材料就是白铜。

夹式烟斗的 U 形夹片则要具有很好的弹性及适当的弹性系数，同时也要求有较好的焊接性能。夹式烟斗的 U 形夹片的材料一般为铍铜。

纯钛及钛合金也可以加工制作烟斗碗和烟斗夹，但成本较高，只用于全钛眼镜架。

2. 烟斗脚材料

烟斗脚的用料要求较高，要兼具良好的塑性和韧性以保证打弯的需要，同时还要求材料具有较好的强度和硬度，焊接性能还要较好。所以 一般烟斗脚的用料为高镍白铜线料或镍合金线料，线料的直径为 1.0~1.2mm。特殊要求下也可用直径 0.8~1.0mm 的不锈钢线制作烟斗线。

三、烟斗的型号

烟斗没有统一的型号规格，不同生产厂家的产品外形也存在差异，因而各厂都有自己的产品编号，选用烟斗时要对照厂家提供的样本。一般编号都是根据烟斗脚的形状而定的，同时有 A、B 两个款式。锁式烟斗为 A 型，夹式烟斗为 B 型。

第四节　铰链

铰链是金属眼镜架的一个重要的通用部件。其功能是连接脚丝与桩头，使脚丝可以旋转折叠收拢。铰链的规格种类很多，分为两大类：对口铰和弹弓铰。

一、对口铰

对口铰俗称二夹一，是使用最为广泛的铰链。对口铰由三部分组成，即前铰(双牙)、后铰（单牙）和螺丝。

1. 对口铰的种类

对口铰的种类很多，根据其结构和作用大致可以把它们分成 8 种类型：普通对口铰、高低对口铰、定位对口铰、子母对口铰、斜转对口铰、加强对口铰、多齿对口铰和猪腰铰。

(1) 普通对口铰　普通对口铰又叫平铰，其前后铰的宽度和高度均相同，是使用最多的一种对口铰链。普通对口铰如图 2-33 所示。普通对口铰具有以下特点：

① 结构简单，易于加工，使用寿命长，用途最为广泛。

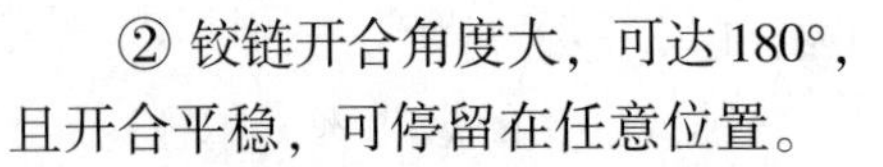

② 铰链开合角度大，可达 180°，且开合平稳，可停留在任意位置。

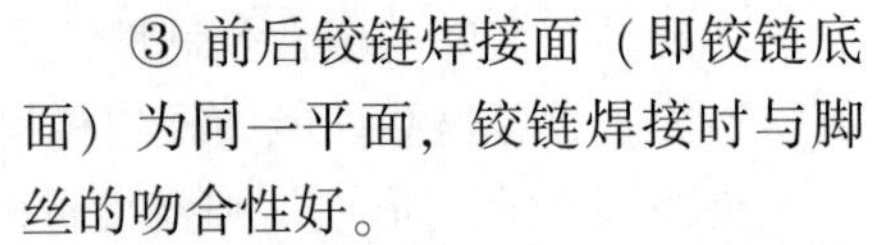

③ 前后铰链焊接面（即铰链底面）为同一平面，铰链焊接时与脚丝的吻合性好。

④ 铰链焊接工艺简单，加工效率高，焊接成本低，焊缝质量高。

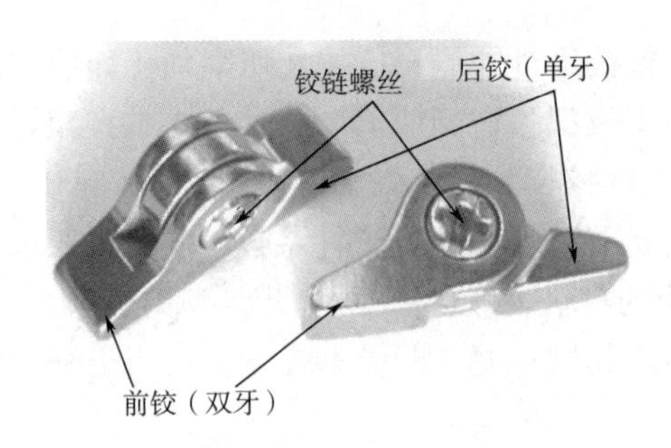

图 2-33　普通对口铰链

（2）高低对口铰　高低对口铰简称高低铰，其前后铰高度不一致，一般前铰高度高大于后铰高度，如图 2-34 所示。

有些眼镜架脚丝厚度与桩头厚度不一致，要保证脚丝与桩头正面平齐就必须使用高低铰。高低铰链前后铰的级差与脚丝和桩头的厚度差必须一致。高低铰在金胶混合眼镜架上使用较多，其特点如下：

图 2-34　高低对口铰

① 前后铰的级差能有效地解决脚丝与桩头的厚度差问题。

② 焊接工艺较普通对口铰要复杂，前后铰链需分别焊接后再组装。

③ 其他特点同普通铰。

（3）定位对口铰　定位对口铰简称定位铰。定位铰是一种有开合角度要求的特殊对口铰。普通对口铰的开合角度为 180°，但有时不希望脚丝能够收得太拢，即脚丝的最小收合角度只允许为某一角度，这时便需使用定位铰。定位铰的结构就是在普通对口铰的单牙的某一位置设计一个凸角，使铰链的最小收拢角度为某一设定角度，这个角度一般为 75°～95°。定位铰常用于架弯较大而脚丝长度较小的太阳镜架，以防止脚丝收拢时脚丝尾敲击和碰伤镜片。定位铰的结构如图 2-35 所示。

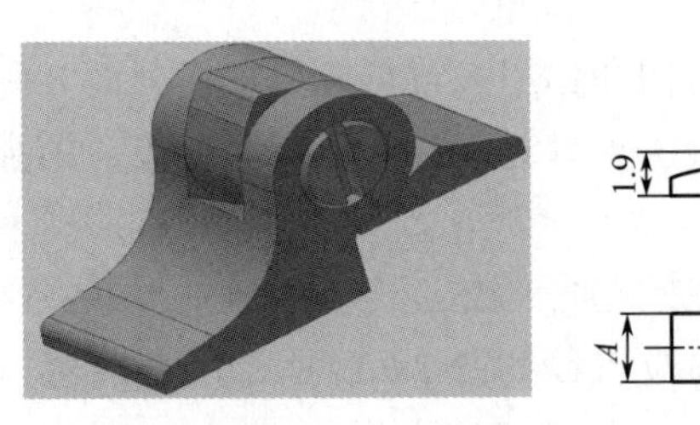

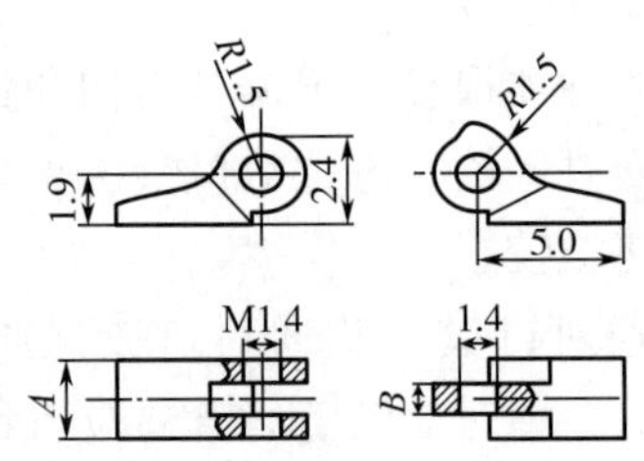

图 2-35　定位对口铰的结构

定位铰铰链的收拢角度不是0°而是某一设计角度，其他同普通对口铰。

（4）子母对口铰　所谓子母对口铰就是一种前后铰链宽度不同的对口铰，一般前铰宽而后铰窄，从外形看好似母亲抱小孩。子母铰如图2-36所示。

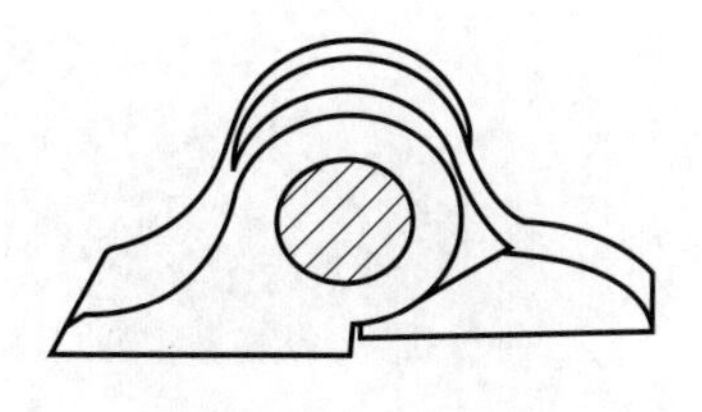

图2-36　子母铰

子母铰用于桩头宽而金属脚丝较窄的结构。如在板材脚丝的金属眼镜架中，往往插针上的单牙铰都比双牙前铰小，这一组铰链就是子母铰。

（5）斜转对口铰　斜转对口铰简称为斜铰。这种铰链的开合旋转方向与铰链几何旋转中心不是同一直线，当铰链完全收拢时，前后铰链的底面并不是重合的，而是有一个夹角，这个夹角就是斜铰的斜度，一般为5°~15°。也就是说，当脚丝完全开放时，脚丝与桩头成一直线，而当脚丝完全收拢时，脚丝与桩头不重合，即脚丝会歪向另一方向。斜铰结构如图2-37所示。

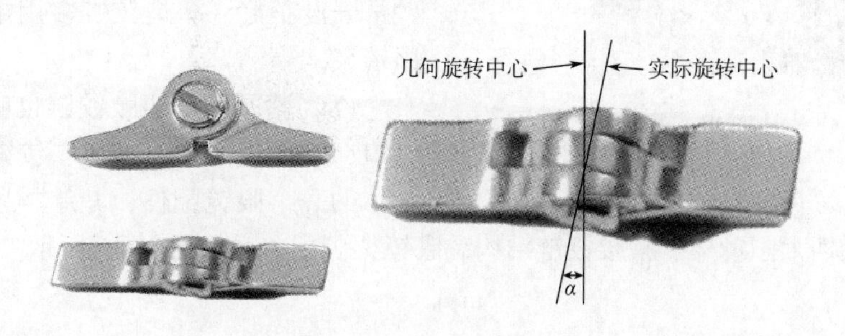

图2-37　斜铰结构

斜铰多用于叉子脚丝架且一般使用时都是一只脚丝上焊两只铰链，如图2-38所示。斜铰铰链的开合方向与铰链中心面有一定的夹角，使脚丝收拢后与桩头有夹角。

图2-38　斜铰的使用

（6）加强对口铰　当铰链宽度尺寸较小时，为保证铰链锁紧力度，往往会加厚双牙丝孔一边的厚度，这种对口铰就是加强对口铰，简称加强铰。这种铰链的宽度一般在 2.5mm 以下，加强铰结构如图 2-39 所示。

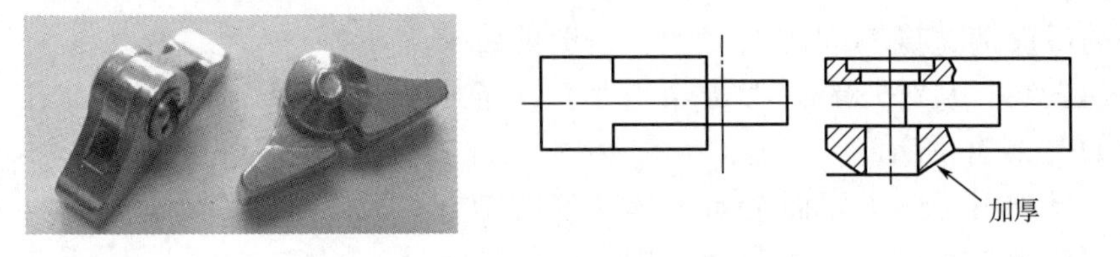

图 2-39　加强铰结构

加强铰的加强部位为锥台形或球台形，铰链螺丝常用大头螺丝，铰链外观美丽。加强铰的铰链尺寸较小但铰链螺丝的锁紧力大，不易滑牙。

(7) 多齿对口铰　多齿对口铰简称多齿铰，其前铰有两个以上的牙，相应后铰也不是单牙，如图 2-40 所示。

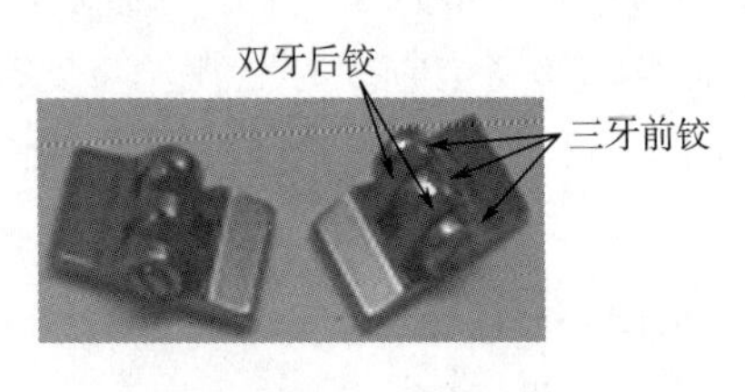

图 2-40　多齿铰

多齿铰的铰链宽度尺寸一般较大，铰链强度很好。多齿铰链多用于宽脚丝眼镜架。

(8) 猪腰铰　猪腰铰链也叫作猪腰夹口，它是集夹口、桩头、铰链三者于一体的一个眼镜配件，其结构紧凑，常用于中低档太阳镜架。猪腰铰链结构和眼镜架装配关系如图 2-41 所示。

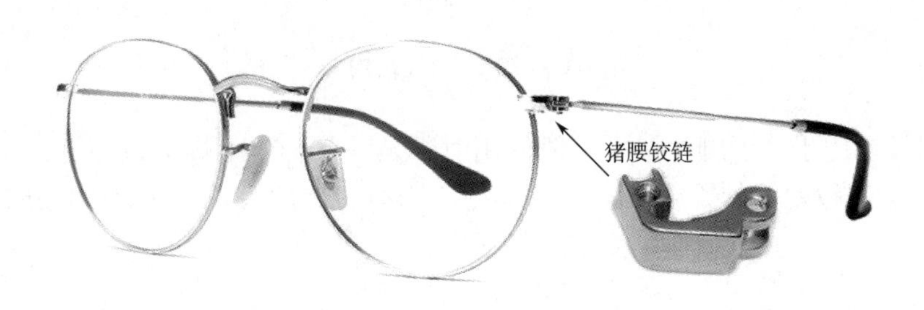

图 2-41　猪腰铰结构和眼镜架装配关系

2. 对口铰材料

对口铰常用的材料有白铜、高镍白铜、不锈钢及纯钛（或钛合金）。

① 普通白铜机械加工性能好，但强度及熔点较低，一般用于制作较大尺寸的铰链。

② 高镍白铜的综合性能较好，是使用最广泛的铰链材料，一般用于制作铰链的高镍白铜为 18Ni、22Ni 和 24Ni。

③ 不锈钢的机械性能很好，但加工难度大，一般用于制造宽度尺寸小于

2. 6mm 的铰链。

④ 纯钛（或钛合金）机加工性能差，且价格昂贵，只用于高档的钛眼镜架。

3. 对口铰规格

对口铰的外形多种多样，不同厂家生产的对口铰链的外形均有不同，因此对口铰链没有统一的标准规格。目前眼镜行业认同的规格参数是铰链的宽度，其他具体形状和尺寸在选用时要对照厂家提供的样板。

普通对口铰的规格表示方法为：K+铰链的宽度；其他对口铰用 K+铰链宽度+中文。例如，K3. 0 表示普通对口铰 3. 0mm 宽，K3. 5 高低 1. 0 表示 3. 0mm 宽高低对口铰，级差为 1. 0mm，K3. 0+90°定位表示 3. 0mm 宽 90°定位对口铰等。常见的对口铰链规格见表 2-3。

表 2-3　常见对口铰规格

序号	铰类型	铰链宽度/mm	其他参数
1	普通对口铰	1. 6，1. 8，2. 0，2. 2，2. 5，2. 8，3. 0，3. 5，4. 0	
2	高低铰	2. 5，3. 0，3. 5，4. 0	级差/mm　0. 5，0. 8，1. 0，1. 2，1. 5
3	定位铰	2. 5，3. 0，3. 5，4. 0	定位角度/（°）　70，75，80，85，90
4	子母铰	2. 5，3. 0，3. 5，4. 0	子铰宽/mm　1. 0，1. 2，1. 5，1. 8，2. 0
5	斜铰	1. 8，2. 0，2. 2，2. 5	斜度/（°）　5，10，15
6	加强铰	1. 5，1. 6，1. 8，2. 0，2. 2，2. 5	

二、弹弓铰

弹弓铰就是前铰在弹簧的作用力下只能稳定地处于极限开合位置的一种铰链。根据作用在前铰上的力的性质不同，弹弓铰可分为两种类型：拉力式和弹力式。

1. 拉力式弹弓铰

拉力式弹弓铰也称为普通弹弓铰，其分解结构如图 2-42 所示。

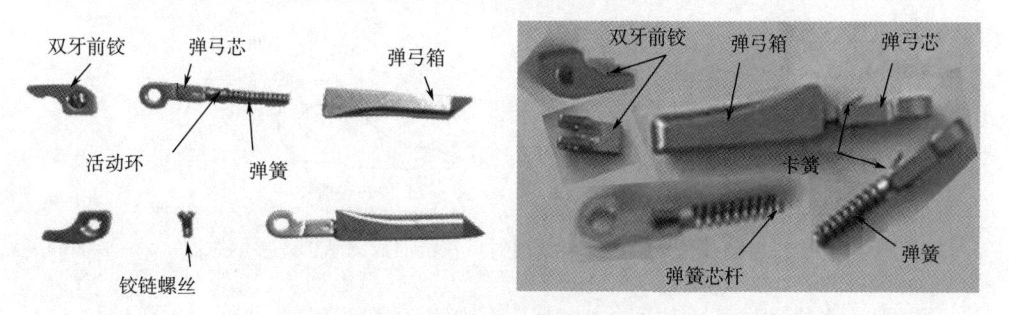

图 2-42　拉力式弹弓铰分解结构

拉力式弹弓铰又有卡簧式和锁螺丝两种结构，图 2-43 所示为卡簧式弹弓铰链。

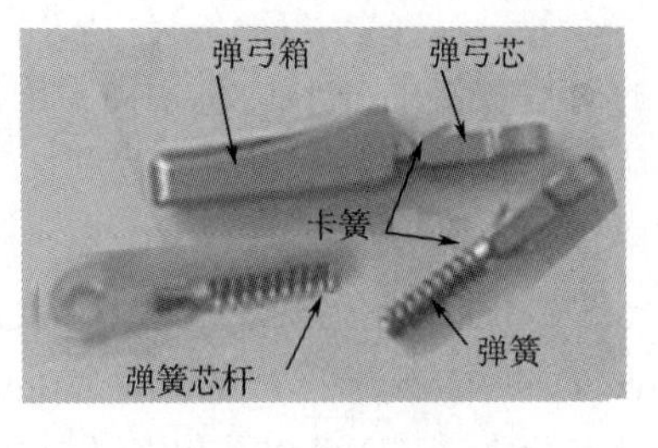

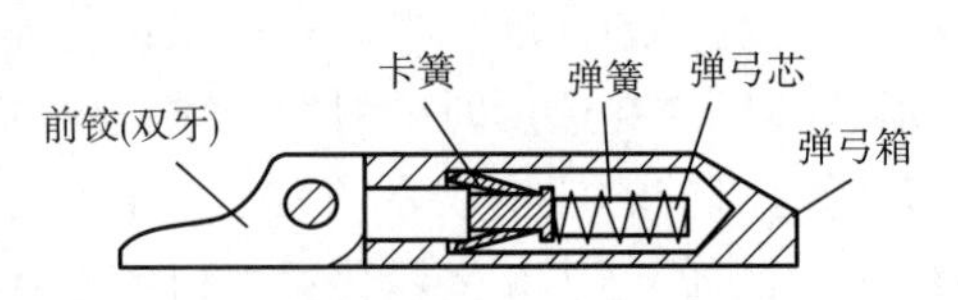

图 2-43　卡簧式弹弓铰链结构示意图

当弹弓芯插入箱体后，弹弓芯上的卡簧会弹开，卡住箱内凹槽，弹弓芯便不能退出，但可以有一定的伸缩。当与前铰装配后，弹弓芯被拉出一定长度，从而压缩弹簧，使弹弓芯产生一个向内的拉力作为预紧力。弹弓铰双牙与弹弓箱紧贴的不是与铰链螺丝同心的圆柱面，而是由两平面组成的一个直角平面。因此前铰在有外力作用的情况下，其稳定状态只能是当平面与弹弓箱紧贴时的状态，这两种状态就是弹弓铰链开合的两个极限位置，如图 2-44 所示。

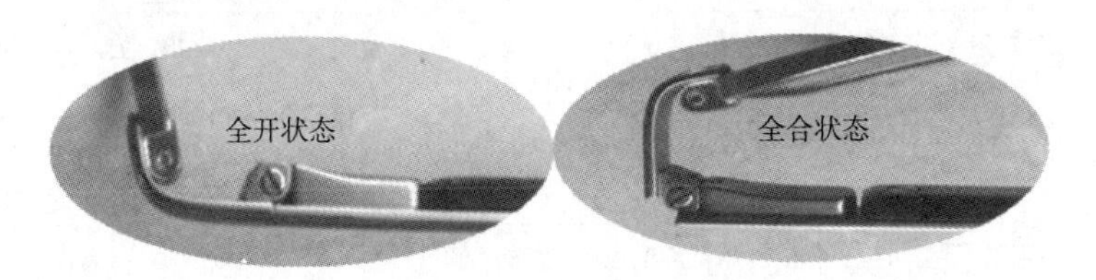

图 2-44　弹弓铰链开合的两个稳定结构

卡簧式普通弹弓铰的弹弓芯装配简单方便，但弹弓芯的装配为不可拆，因此无法维修。卡簧式拉力弹弓铰链是使用最为广泛的弹弓铰链。

弹弓铰的前铰一般双为牙，其结构形状与普通对口铰的前牙不同。弹弓铰前铰旋转部分外形是一夹角为 90°的两个平面，而普通对口铰的前铰为一半圆柱面。弹弓铰链前铰与普通对口铰链前铰的结构差异如图 2-45 所示。

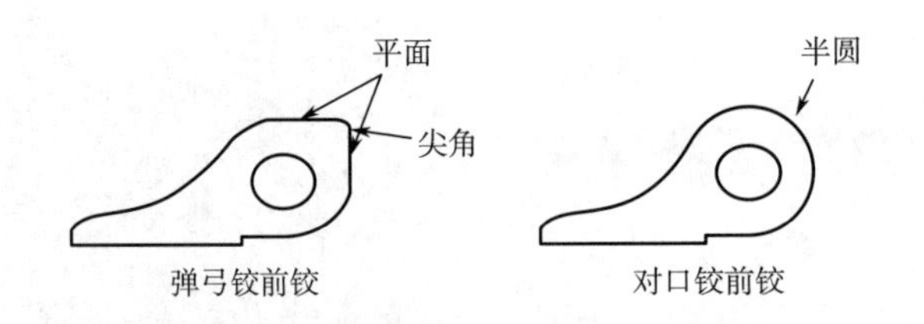

图 2-45　弹弓铰链前铰与普通对口铰链前铰的结构差异示意图

锁螺丝式弹弓铰结构如图 2-46 所示。锁螺丝式弹弓铰的弹弓芯装配较为不便，但这种装配关系是可逆的，即弹弓芯是可拆，因此可以维修。

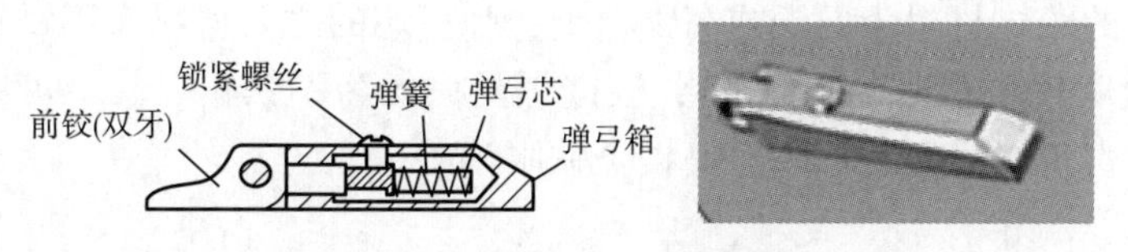

图 2-46　锁螺丝式弹弓铰结构示意图

2. 弹力式弹弓铰

弹力式弹弓铰由箱体、弹簧、活动块、前铰及铰链螺丝组成。弹力式弹弓铰的双铰在箱体上，前铰为单铰。装配后，前铰将活动块和弹簧向内压缩，产生弹力作为预紧力。前铰在这个弹力的作用下，只能稳定地在两个位置停止。弹力式弹弓铰的结构如图 2-47 所示。

这种弹弓铰的活动块有两种，一种是T形，如图 2-46 所示，另一种活动块是钢球。球体活块的弹弓铰前铰结构与普通 T 形活块的弹弓铰前铰也有不同，其稳定面为两个与钢球吻合的凹弧面，这种弹弓铰链的箱体及前铰外形很多做成圆柱形的，装配后，整个铰链外形如子弹形状，这就是通常说的子弹铰。子弹铰结构如图 2-48 所示。

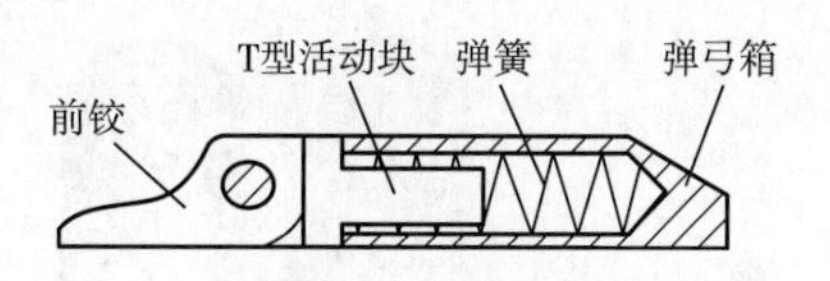

图 2-47　弹力式弹弓铰链结构示意图

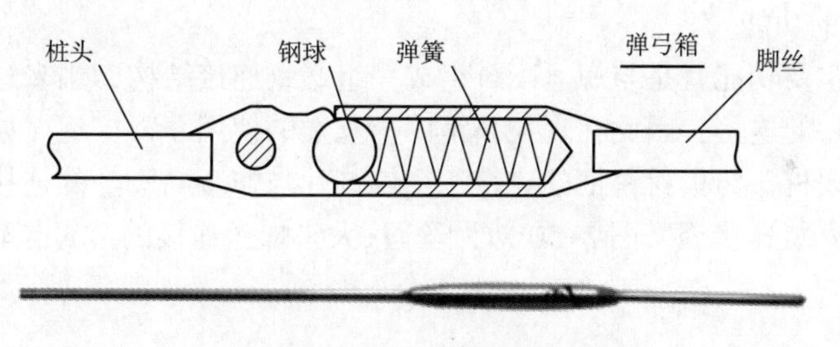

图 2-48　子弹铰结构示意图

3. 弹弓铰的规格

弹弓铰的外形有很多种，箱体长度也多样，各厂家的型号编号也各不相同。行业普遍认同的规格主要参数为弹弓铰箱体的宽度，表示弹弓铰规格的方法为：厂家编号+宽度。选用弹弓铰时要对照厂家提供的样本及编号且需要注明厂家名称。如：KH980-2. 8，意为浙江康华眼镜配件厂生产的序号为 980 的弹弓铰链，铰链宽度 2. 8mm。

弹弓铰的宽度规格常用的有 1. 6、1. 8、2. 0、2. 4、2. 6、2. 8、3. 0、3. 2、3. 5、4. 0、4. 4mm，其中最常用的宽度为 2. 4~3. 2mm。

4. 弹弓铰的材质

弹弓铰的箱体材料为白铜或高镍白铜；弹弓芯的主要材料有不锈钢和高镍白铜（铰链宽度较大时为高镍白铜）；铰链螺丝一般为不锈钢。钛也可以用来制作弹弓铰链，但价格昂贵，只用于高档全钛眼镜架。

第五节　其他通用金属眼镜架零件

一、丝通

1. 丝通的结构

丝通就是有内牙的圆柱筒。丝通的牙孔分为通孔和不通孔，普通丝通为通孔，牙孔不通的丝通叫作平底丝通，如图 2-49 所示。

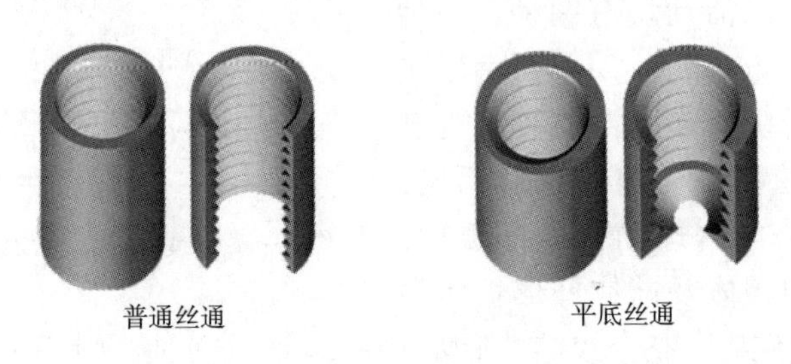

图 2-49　丝通

2. 丝通的功能

丝通的主要功能就是与螺丝配合组成一组螺纹连接结构，用来达到金属部件和非金属部件的连接，因此在现代眼镜中，丝通的使用非常广泛。如金胶混合眼镜架中的金属桩头与板材镜框的连接、金属饰片与非金属脚丝的连接、金属无框架中镜片的安装连接等。图 2-50 即为丝通+大头螺丝连接的金属与非金属脚丝装配结构。

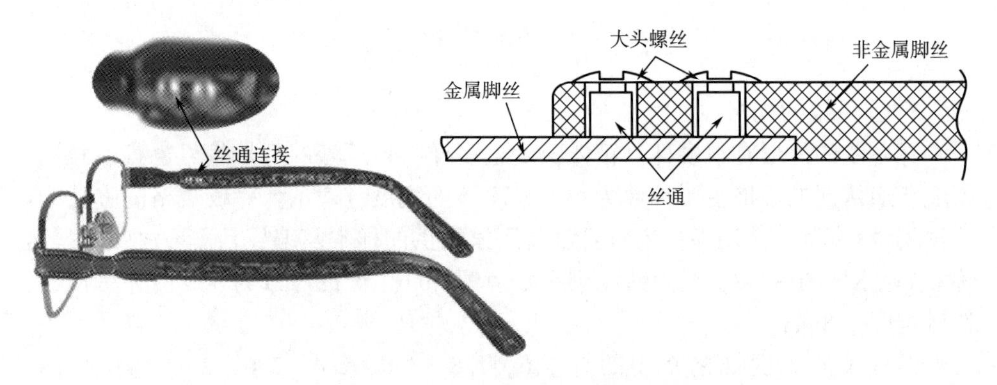

图 2-50　金属与非金属脚丝装配结构

3. 丝通的材质

丝通的材质有黄铜、白铜、高镍白铜、不锈钢等。其中高镍白铜和不锈钢丝通使用最为广泛。高镍白铜机加工性能较好，但强度不如不锈钢，因此尺寸较大的丝通一般采用高镍白铜，而尺寸较小的丝通都使用不锈钢。

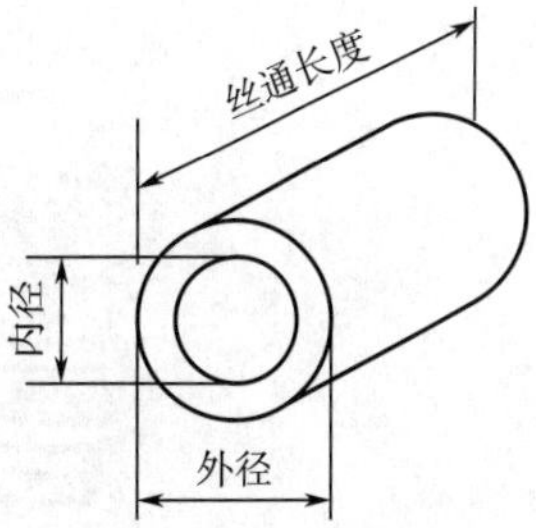

4. 丝通的规格

丝通的规格用 3 个参数表示，即外径、内孔牙径和丝通总长度，如图 2-51 所示。

图 2-51　丝通规格示意图

丝通规格的表示方法为：外径×内（牙）径×总长度，如 ϕ2.0×M1.4×2.5。

常用的丝通规格见表 2-4。

表 2-4　常用的丝通材料规格　　单位：mm

序号	外径	内牙牙径	长度（高度）	材料
1	1.6	1.2	1.2、1.5、1.6、1.8、2.0、2.2、	**不锈钢**
2	**1.8**	**1.2、1.4**	1.6、**1.8、2.0、2.2、2.5**、3.0	**不锈钢**、高镍白铜
3	**2.0**	**1.4**	1.6、1.8、2.0、2.2、2.5、3.0 3.5、4.0	不锈钢、**高镍白铜**
4	2.2	1.4		高镍白铜
5	2.5	1.4		
6	3.0	1.4		

注：表中黑体字参数为最常用。

二、螺丝

眼镜架的装配关系一般有 3 种，即焊接、螺纹连接和铆接。焊接关系常见于金属件与金属件之间，而金属件与非金属件之间的装配关系多为螺纹连接。在螺纹连接关系中的主要连接件之一即为螺丝。

1. 螺丝的形状和结构

眼镜上所用的螺丝均为普通三角牙螺纹，用 M 表示。眼镜上所用的螺丝都比较小，牙径几乎都在 1.0~1.4mm，即 M1.0~M1.4，其中使用最多的为 M1.4 的螺丝。螺丝形状、结构和各部位名称如图 2-52 所示。

2. 眼镜架所用螺丝的种类

在眼镜产品中所使用的螺丝，一般分类方法有下列 4 种。

（1）按螺丝的用途分类　在眼镜产品上，螺丝的用处主要有铰链装配、夹口锁紧、托叶装配、丝通装配、镜片装配等。所以螺丝按用途也分为下几种：

① 铰链螺丝：铰链螺丝就是用于铰链装配的螺丝，这种螺丝的主要特征就

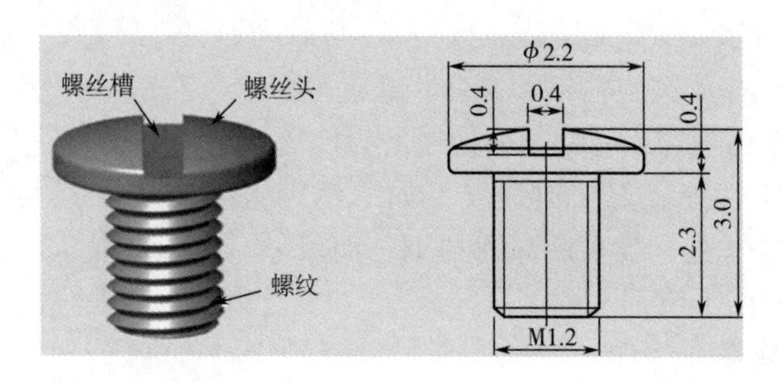

图 2-52　螺丝形状、结构和各部位名称示意图

是半牙、平头，很少有用圆头螺丝装配铰链的（除加强铰链外）。铰链螺丝结构如图 2-53 所示。

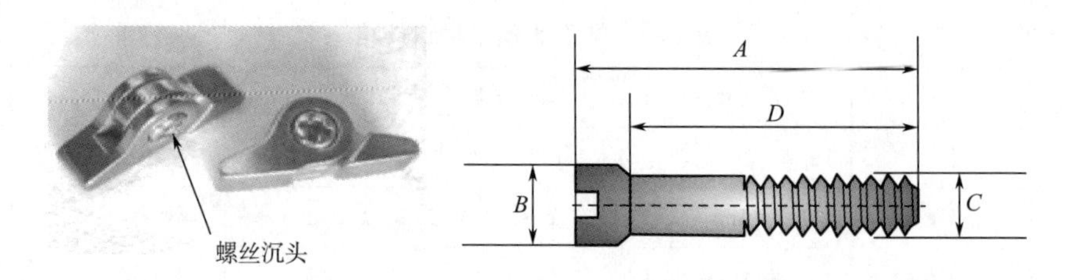

图 2-53　铰链螺丝结构

因为铰链螺丝头一般是沉入铰链侧面的，所以铰链螺丝的螺丝头为平头且直径较小，铰链螺丝的头部直径大小有 1.8mm 和 2.0mm 两种，有一字槽也有十字槽。半牙结构是为了铰链旋转时铰链的单牙内孔处于螺丝的光滑位置，以免螺丝搅伤单牙内孔。

② 夹口螺丝：夹口螺丝用于锁紧夹口，这种螺丝是平头全牙，除全牙外，其他与铰链螺丝相同。夹口螺丝结构如图 2-54 所示。

③ 托叶螺丝：托叶螺丝就是用来锁托叶的，这种螺丝多为自攻螺丝，一般采用不锈钢材料，大小有 M1.0 和 M1.2 两种规格。托叶螺丝实物如图 2-55 所示。

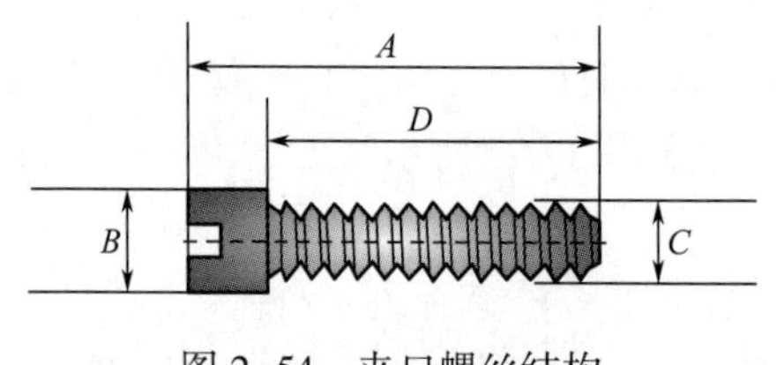

图 2-54　夹口螺丝结构

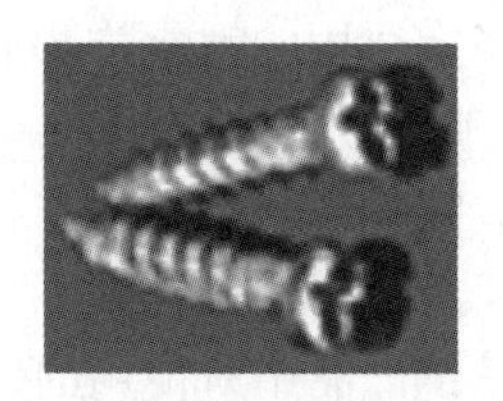

图 2-55　自攻托叶螺丝

④ 丝通螺丝：丝通螺丝就是用来与丝通配套使用构成螺纹连接结构的螺丝，

主要特征就是全牙大头。一般螺丝头直径在 2.5～2.8mm。大多数丝通螺丝头的形状为球面，但也有平头的。丝通螺丝结构如图 2-56 所示。

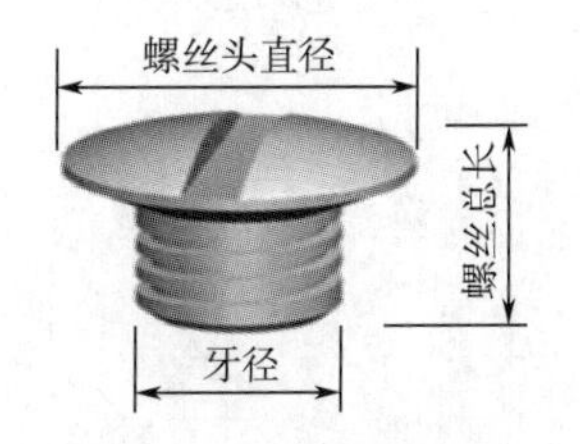

图 2-56　大头丝通螺丝结构

⑤ 无头螺丝：大多数无框光学眼镜架均使用螺纹连接的形式装配镜片，而无头螺丝就是无框架使用最多的装配螺丝。无头螺丝其实就是一段螺杆，因其一端需要焊接在中梁或桩头上，所以螺杆一端端部有一段为光杆。无头螺丝及其在无框架中的位置如图 2-57 所示。

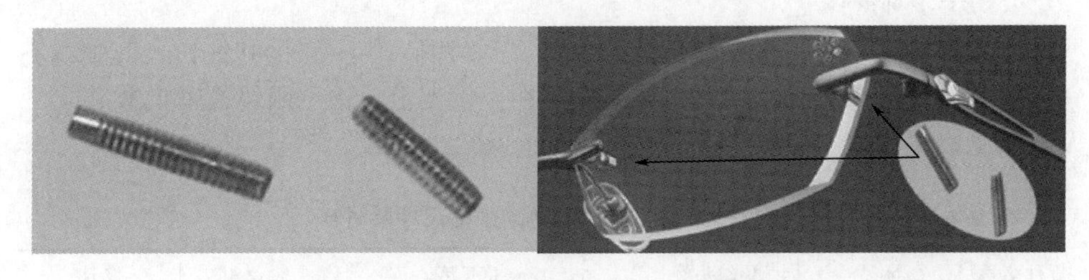

图 2-57　无头螺丝及其在无框架中的位置

⑥ 加胶螺丝：为了控制螺丝的锁紧力以及防止螺丝脱落，在中高档眼镜架上常常使用一种在螺丝头下带有一圈橡胶的螺丝，这种螺丝就叫加胶螺丝。加胶螺丝一般只用作铰链螺丝和夹口螺丝。螺丝加胶的作用主要有两点：防脱和均衡锁紧力。加胶螺丝如图 2-58 所示。

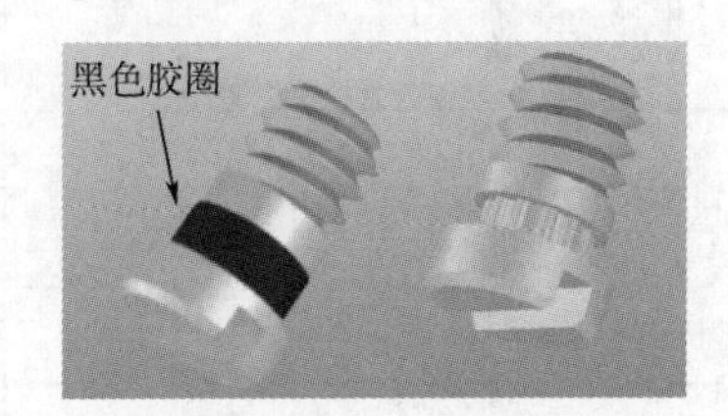

图 2-58　加胶螺丝

（2）按螺丝头的形状分类　在眼镜产品上使用的螺丝，其尺寸尽管较小，但头部形状对美观的影响却很大。所以选择螺丝时除要符合尺寸要求外，还必须考虑螺丝头外形。常用螺丝头的形状有平头、圆头、六角头及无头等。

平头螺丝的头部为圆柱形，圆头螺丝的头部为球面，六角螺丝的头部为六棱柱。

（3）按螺丝头槽的形状分类　眼镜螺丝按螺丝头槽的形状分为一字螺丝、十字螺丝和光头螺丝，如图 2-59 所示。

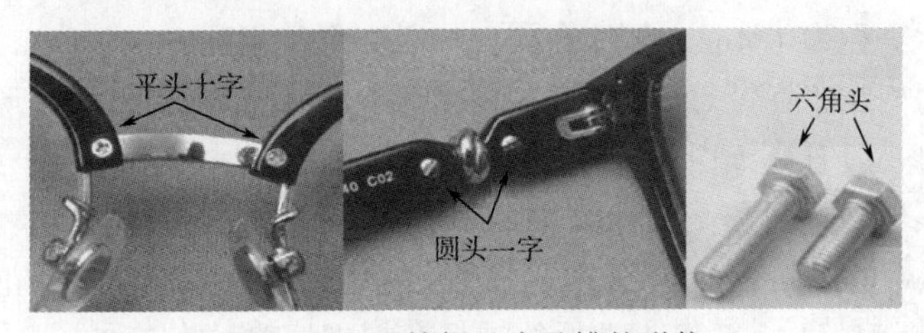

图 2-59　眼镜螺丝头及槽的形状

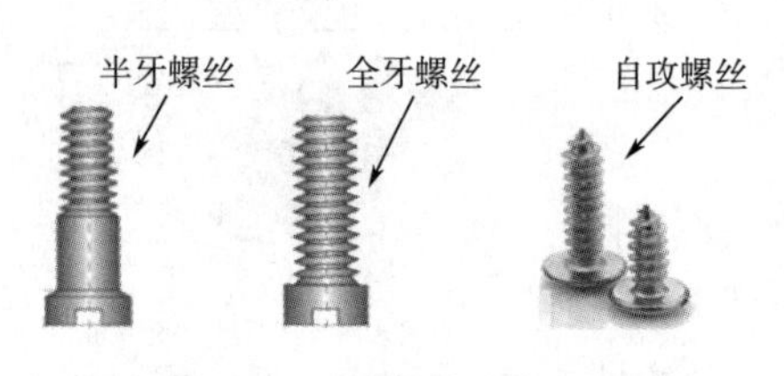

图 2-60　眼镜螺丝牙形状

（4）按螺丝牙的形状区别分类　常用眼镜螺丝按螺丝牙的形状分为半牙螺丝、全牙螺丝和自攻螺丝，如图 2-60 所示。

3. 螺丝的规格

眼镜螺丝的规格用牙径+螺丝的总长+螺丝头的大小和形状来表示，如 M1.4×2.2-3.5 平头一字、M1.4×2.5-2.8 圆头十字、M1.4×6.0 无头等。

4. 螺丝的材料

眼镜螺丝常用的制作材料有高镍白铜、不锈钢、优质碳钢和纯钛。其中以不锈钢螺丝使用最为广泛，纯钛螺丝只使用在全钛架上。常见眼镜螺丝的规格尺寸及材料见表 2-5。

表 2-5　常见眼镜螺丝的规格尺寸及材料　　单位：mm

螺丝名称	牙径	螺丝头经	总长度	材料	备注
铰链螺丝	1.4	1.8、2.0 2.2、2.5	2.2、2.4、2.6、2.8、3.0、3.2、3.5、4.0	高镍白铜 不锈钢	半牙平头 一字/十字
夹口螺丝	1.2、1.4	1.8、2.0	2.2、2.4、2.6、2.8、3.0、3.2、3.5、3.8、4.0		全牙平头 一字/十字
托叶螺丝	1.0、1.2	1.4、1.6	4.0、4.2	不锈钢	自攻、全牙
丝通螺丝	1.2、1.4	2.0、2.2 2.5、2.8	2.2、2.4、2.6、2.8、3.0、3.2、3.5	高镍白铜 不锈钢	全牙大头 一字/十字
无头螺丝	1.4		5.0、5.5、6.0、6.5、7.0、8.0	不锈钢	

三、螺母、螺帽

螺母和螺帽是无框架结构眼镜中最常使用的零件，与无头螺丝配套使用。

眼镜上使用的螺母外形有六角形和梅花形两种，其内螺纹均为普通三角螺丝，螺纹公称直径为 1.4mm 或 1.2mm，与无头螺丝相配。

螺帽结构相当于在螺母上加了一个球形帽，因此螺帽也有六角形和梅花形。

螺母材料一般有高镍白铜和不锈钢。螺帽材料多为白铜或黄铜。无框眼镜常用的螺帽、螺母、垫圈和无头螺丝如图 2-61 所示。

螺母及螺帽的规格表示方法为：外形+内孔牙径+总高。如梅花螺母 M1.4×1.2、六角螺帽 M1.4×3.5 等。常见的螺母及螺帽规格见表 2-6。

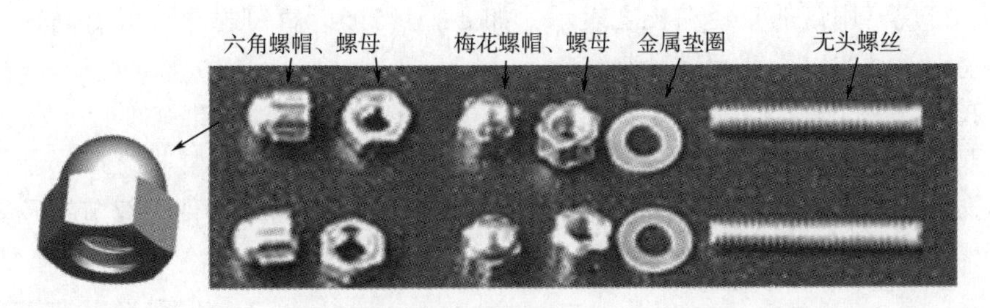

图 2-61　无框眼镜架常用的螺帽、螺母、垫圈和无头螺丝

表 2-6　眼镜架常用的螺母及螺帽规格　　单位：mm

螺丝部位	内孔牙径 *M*	对边距离	总　高	材　料
螺母	1.4	2.2	1.0、1.2、1.4、1.5	高镍白铜，不锈钢
螺帽	1.4	2.2	2.5、3.0、3.5、4.0	聚碳酸酯，白铜

四、金属钉

金属钉常作为无框架镜片及金属饰片的装配连接件之一。在眼镜架中常用的金属钉有 3 种：直钉、铆钉和菇钉。它们的结构和作用各有不同。

1. 直钉

直钉就是一段金属直圆柱棒。眼镜架上常用的直钉一般直径在 0.8～1.2mm，长度在 1.5~4.0mm，如图 2-62 所示。

直钉多用于无框架的镜片装配结构中，其作用就是防止镜片转动，如图 2-63 所示。

图 2-62　直钉

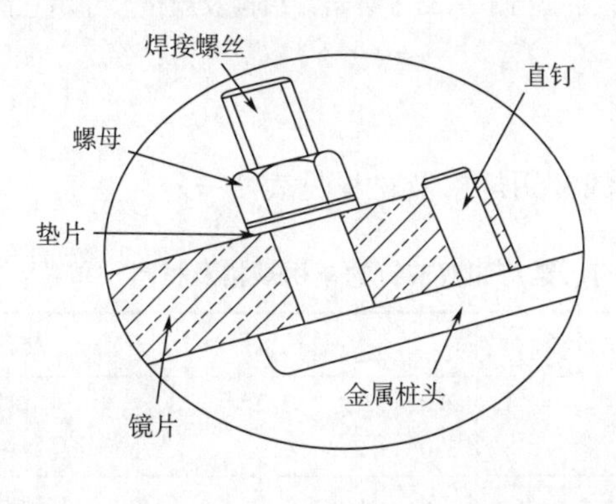

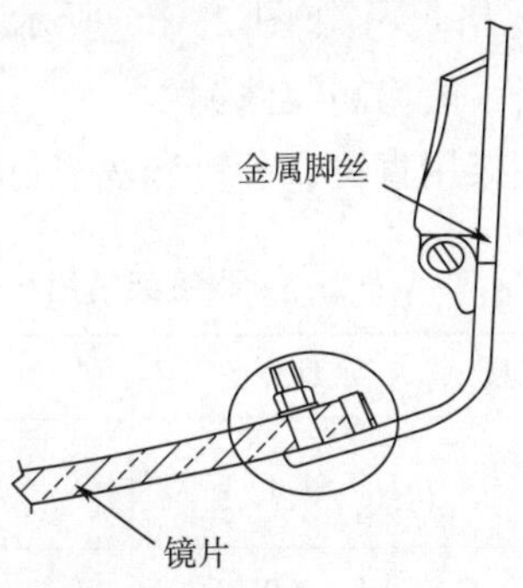

图 2-63　无框眼镜架中直钉的装配结构示意图

直钉规格用钉的直径和长度表示，如 $\phi 1.0\times 2.5$。直钉材料一般有高镍白铜和不锈钢，其中以不锈钢最为普遍。

2. 双节钉

双节钉也称铆钉，是金属配件与非金属配件装配常用的连接件之一，常用作金属饰片在板材配件上的安装及低档无框老花镜片安装的连接件。双节钉及其在眼镜架装配中的结构如图 2-64 所示。

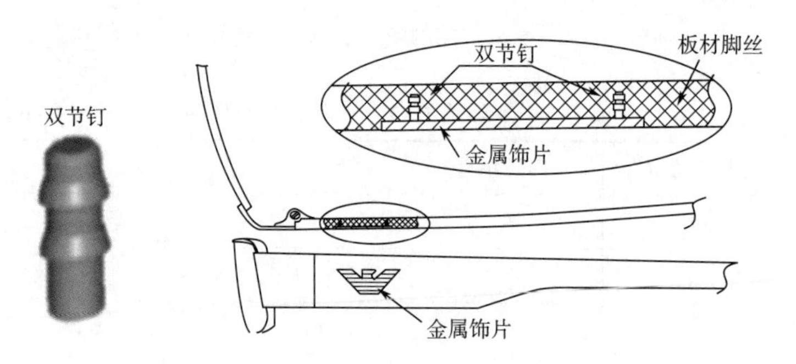

图 2-64　双节钉及其在眼镜架装配中的结构示意图

双节钉的规格用钉脚直径和总长度表示，如 $\phi 1.0\times 2.5$。双节钉的材料一般为不锈钢。

3. 菇钉

菇钉形同蘑菇，又称蘑菇钉、倒扣钉，与双节钉一样，均为金属饰片与非金属件饰片的安装起固定作用的焊接件。

蘑菇钉的规格用钉脚直径、蘑菇头的最大外径和蘑菇钉的总长度表示，如：$\phi 1.0-\phi 1.3\times 2.0$，菇钉结构及规格尺寸如图 2-65 所示。菇钉材料一般为高镍白铜。

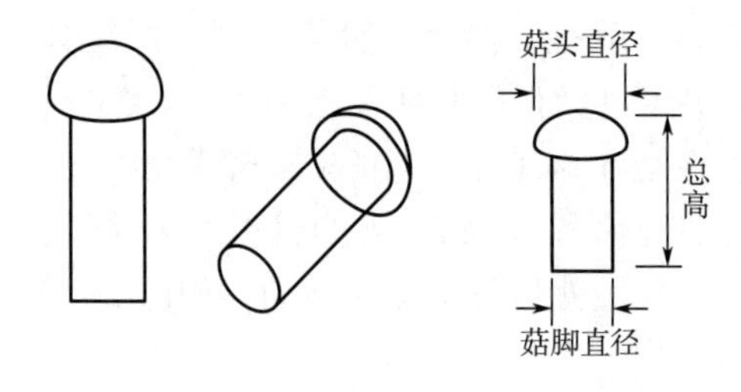

图 2-65　蘑菇钉结构及规格尺寸示意图

眼镜架用直钉、菇钉和双节钉的常用规格及材料见表 2-7。

表 2-7　眼镜架常用直钉、菇钉和双节钉的常用规格及材料　单位：mm

金属钉类型	圆柱外径	钉头外径	总长	材料
直钉	1.0、1.1、1.2		2.0、2.2、2.5、2.8、3.0、3.2	不锈钢 高镍白铜
菇钉	0.8、1.0、1.1	1.1、1.3、1.5	1.5、1.8、2.0、2.5	高镍白铜
双节钉	1.0、1.2			不锈钢

五、垫片

垫片在眼镜上多使用于无框架的镜片安装。常用的垫片材料有金属和塑胶两种。垫片的结构有平垫和法兰垫（也叫 T 型垫），结构如图 2-66 所示。

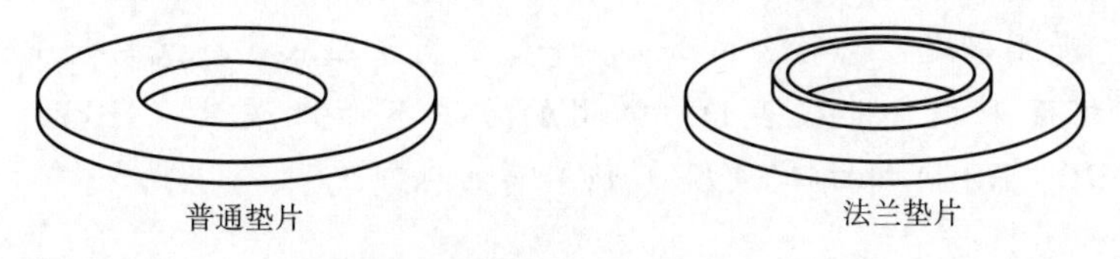

图 2-66　金属垫片结构

平垫的规格用外径、内经和垫片厚度表示，如：ϕ2. 5-ϕ1. 4×0. 3。法兰垫的规格用垫片外径、内孔直径、垫片厚度和法兰厚度表示，具体表示如下：ϕ2. 5-ϕ1. 4×0. 3-0. 8。金属垫片的材料有黄铜、白铜和不锈钢。

知识链接

金属材料的性能

金属材料的性能一般分为工艺性能和使用性能两类。所谓工艺性能是指机械零件在加工制作过程中，金属材料在冷、热加工条件下表现出来的性能。金属材料工艺性能的好坏，决定了它在制作过程中加工成型的适应能力。由于加工条件不同，要求的工艺性能也就不同，如铸造性能、可焊性、可锻性、热处理性能、切削加工性等。所谓使用性能是指机械零件在使用条件下表现出来的性能，包括机械性能、物理性能、化学性能等。金属材料使用性能的好坏，决定了它的使用范围与使用寿命。

在机械制造业中，机械零件都是在常温、常压和非强烈腐蚀性介质中使用的，且在使用过程中各机械零件都将承受不同载荷的作用。金属材料在载荷作用下抵抗破坏的性能，称为机械性能（或称为力学性能）。

金属材料的机械性能是零件的设计和选材时的主要依据。外加载荷的性质不同（例如拉伸、压缩、扭转、冲击、循环载荷等），对金属材料要求的机械性能也将不同。常用的机械性能包括强度、塑性、硬度、疲劳、冲击韧性等。

1. 强度

强度是指金属材料在静荷作用下抵抗破坏（过量塑性变形或断裂）的性能。由于载荷的作用方式有拉伸、压缩、弯曲、剪切等形式，所以强度也分为抗拉强度、抗压强度、抗弯强度、抗剪强度等。各种强度间常有一定的联系，使用中一般较多以抗拉强度作为最基本的强度指针。

2. 塑性

塑性是指金属材料在载荷作用下，产生塑性变形（永久变形）而不破坏的能力。

3. 硬度

硬度是衡量金属材料软硬程度的指针。目前生产中测定硬度最常用的是压入硬度法。它是用一定几何形状的压头在一定载荷下压入被测试的金属材料表面，根据压入程度来测定其硬度值。常用的方法有布氏硬度（HB）、洛氏硬度（HRA、HRB、HRC）和维氏硬度（HV）等方法。

4. 疲劳

前面所讨论的强度、塑性、硬度都是金属在静载荷作用下的机械性能。实际上，许多机器零件都是在循环载荷下工作的，在这种条件下零件会产生疲劳。

5. 冲击韧性

以很大速度作用于机件上的载荷称为冲击载荷，金属在冲击载荷作用下抵抗破坏的能力叫作冲击韧性。

本章作业

1. 列出6种常用的金属眼镜通用零部件。

2. 常用的圈丝有哪几种？圈丝的规格用什么参数表示？圈丝材料有哪些？各有什么特点？

3. 普通夹口的规格用哪几个参数表示？这些参数各与什么有关联？常用于制作夹口的材料有哪些？

4. 常用的对口铰有几种类型？分别有什么特点？表示对口铰规格的主要参数是什么？

5. 弹弓铰的最大特点是什么？主要有哪两种结构类型？表示其规格的主要参数是什么？

6. 丝通的规格用哪些参数表示？最常见的丝通内孔牙径是多少？

第三章　金属眼镜架非通用配件

本章内容要点

1. 金属眼镜架非通用常见零部件的名称、结构。
2. 金属眼镜架非通用常见零部件的材料及其性能。
3. 金属眼镜架非通用金属零部件的材料选用方法。

第一节　中梁和上梁

一、中梁的结构

中梁是连接左右镜圈的部件，处于眼镜架的中心位置。中梁一般呈拱弧形状，长度在 15 ~ 23mm，无框架的中梁因为装配在镜片上，尺寸比较大一些，一般在 25 ~ 32mm。中梁拱弧半径和外形各异，属于非通用件。中梁均为对称形状，常见的中梁形状如图 3-1 所示。

图 3-1　中梁的形状

二、中梁的材料及选用

可用于制作中梁的材料有白铜、高镍白铜、镍合金、不锈钢、钛及钛合金等。中梁是眼镜架力学要求最高的部件，因此选择中梁材料时首先应考虑中梁的强度要求，其次再考虑加工工艺和价格。中梁的截面尺寸较大时，应选择加工性能较好的材料；截面尺寸较小时，则选用强度较好的材料；表面形状和花纹较复杂的中梁则应选用成型性能较好的白铜、高镍白铜或镍合金等。各种材料的中梁最小截面尺寸要求见表 3-1。

表 3-1　各种材料的中梁最小截面尺寸要求

材料	最小尺寸/mm	最小截面面积/mm^2
白铜	1.3	3.5
高镍白铜、镍合金	1.2	3.0

续表

材料	最小尺寸/mm	最小截面面积/mm^2
不锈钢	0.8	2.0
钛及钛合金	0.6	1.2

三、上梁的作用及材料

上梁也是连接左右镜圈的部件，位置处于中梁的上方。上梁与中梁比较，一般较为细长。有上梁的眼镜架一定有中梁，所以有上梁的眼镜架称为双梁架。上梁的材质要求比中梁低，一般常用的材料为白铜、高镍白铜或不锈钢型材。上梁和中梁在眼镜架中的装配结构如图 3-2 所示。

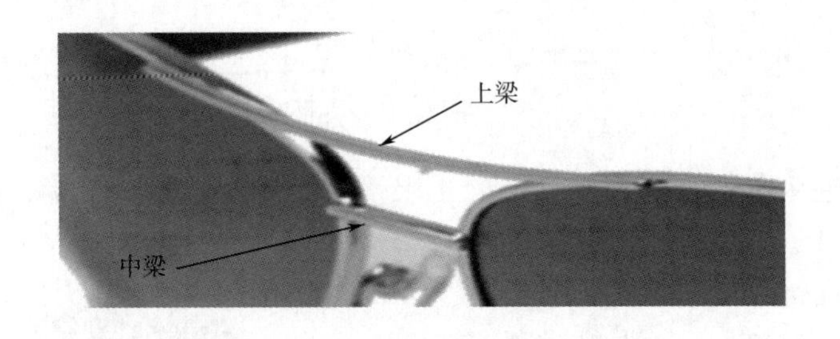

图 3-2　上梁和中梁在眼镜架中的装配结构

四、中梁及上梁与镜圈的焊接结构

1. 中梁与镜圈的焊接结构

中梁与镜圈的焊接有 3 种结构形式，即搭面、搭底和对接。

（1）搭面　中梁搭面焊接结构是最普遍的眼镜架中梁装配结构形式。在这种装配关系中，中梁往往会在端部底面先锣切出一个与镜圈相吻合的级位，搭面后中梁头与镜圈内圈吻合，装配后外观美观且中梁与镜圈的焊接面较大，焊接强度好。中梁搭面焊接结构如图 3-3 所示。

图 3-3　中梁搭面焊接结构

（2）搭底　中梁搭底焊接一样可以保证焊接强度，但搭底焊接时中梁会显得较平，有塌鼻梁的感觉，因此这类中梁往往会比一般中梁的拱弧更高些。在这种结构中，焊接前一般会将中梁表面锣切一个与镜圈相吻合的级位。中梁搭底焊接结构如图 3-4 所示。

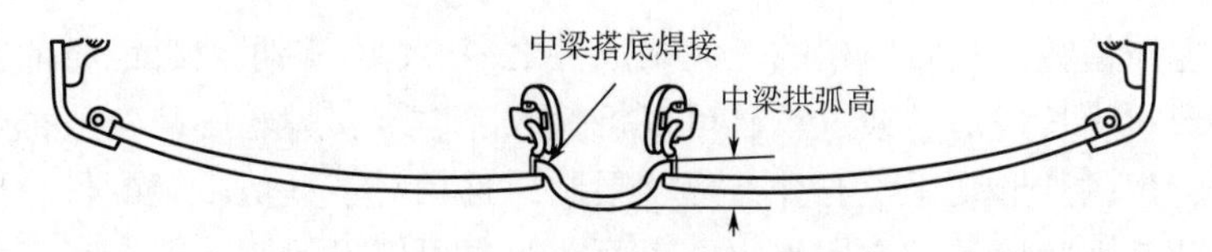

图 3-4　中梁搭底焊接结构

（3）对接　在这种焊接关系中，中梁端面顶着镜圈侧面，一般会与圈面平齐。中梁与镜圈侧面对接时，其焊接面积取决于中梁截面的大小，当中梁较为细小时，焊接强度不易保证，特别是不锈钢材料。在这种焊接关系中，中梁焊缝正视镜架时可以看见，影响镜架外观，所以要尽量避免。中梁与镜圈对接焊接结构如图 3-5 所示。

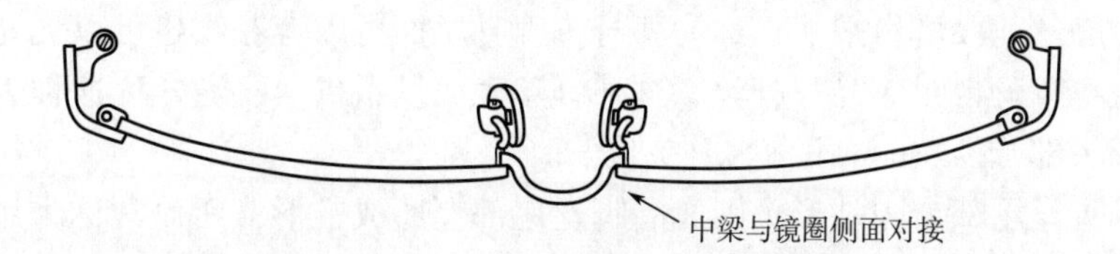

图 3-5　中梁与镜圈对接焊接结构

2. 上梁与镜圈的焊接结构

上梁与镜圈的焊接形式一般有两种：贴圈正面和贴圈上侧面。

（1）贴圈正面　上梁贴镜圈正面焊接是最为常见的一种结构，焊接时要注意上梁不要进圈以及左右位置对称。上梁贴镜圈正面焊接结构如图 3-6 所示。

（2）贴圈侧面　上梁贴圈侧面焊接也是双梁架中的一种常见焊接装配结构，如图 3-7 所示。

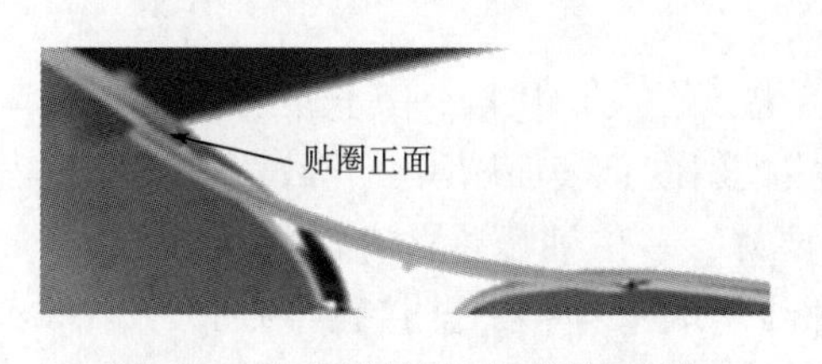

图 3-6　上梁贴镜圈正面焊接结构

图 3-7　上梁贴圈侧面焊接结构

上梁的外形特别是两端部分的形状必须与圈形吻合，焊接后上梁除不可进圈以外，其外形还必须与圈形轮廓协调，上梁与中梁之间的窗口要保持对称。

第二节　脚丝

脚丝也叫镜腿，是眼镜架的三大构成件之一。脚丝是佩戴眼镜时的主要支撑部件，其形状为长条形，通过铰链可以折叠收起。金属脚丝尾部一般都套有非金属脚套。脚丝的外形几乎没有什么形状限制，且相对于其他眼镜配件，脚丝尺寸较大，因此其形状设计的空间很大，表面花纹也可以设计制造得丰富多彩。

常见的脚丝结构大体可以分为6种类型，即直身脚丝、叉子脚丝、组合脚丝、连体脚丝、宽面脚丝和钢线脚丝。

一、直身脚丝

1. 直身脚丝的结构

直身脚丝是指脚丝外形呈直条状且脚丝头部宽度不大的脚丝，这种脚丝外形轮廓相对简单，桩头与脚丝配件粗坯一般连体制作。

直身脚丝前段呈扁平状，称为髀身。髀身正面可以有花纹也可以无花纹，无花纹的直身脚丝也叫作光身脚丝，这种脚丝表面呈微拱面，通常称这种表面为扑面。脚丝头部15~20mm段称为桩头位。

直身脚丝尾部为圆柱形，因成品脚丝尾部会磨成锥形，所以常称为尾针。尾针直径一般为1.3~1.5mm。一般直身脚丝的髀身与尾针的交接处是一段由扁平状过渡至圆柱状的结构，长度为2~3mm，此处叫作髀把位。直身脚丝结构各部位名称如图3-8所示。

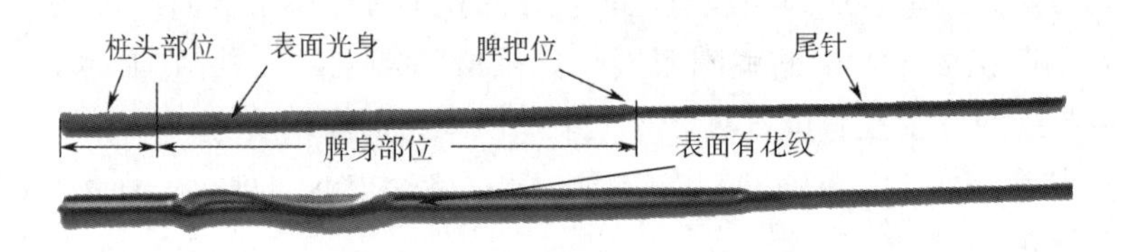

图3-8　直身脚丝结构和各部位名称

直身脚丝一般都是油压件，从髀把位至桩头位为油压段，其长度称为油压长度。油压工艺要求产品的油压花纹必须有拔模斜度且表面顺滑，花纹深度不能过大，宽度不能太小，材料的韧性和流动性要好。一般油压件的花纹深度在0.3~0.5mm，宽度应在0.3mm以上，所有轮廓线均顺滑连接，连接弧半径最小不得小于0.3mm。

2. 直身脚丝的材料

直身脚丝的材料有黄铜、白铜、高镍白铜、镍合金，其中高镍白铜使用最广泛。不锈钢材料有时也用来制作光身直身脚丝，但脚丝的扑面很小，有些甚至就做成平面，这种脚丝就叫作平板脚丝。平板脚丝粗坯不分左右。

3. 直身脚丝的特点

直身脚丝的形体较为简单，花纹一般都较为简洁，脚丝加工工艺简单，加工成本较低，应用最为广泛。

二、叉子脚丝

叉子脚丝的外形特征就是脚丝总体形状呈叉子状，即脚丝前段分上下两股。

1. 叉子脚丝的结构

叉子脚丝在合口处有连体和分体两种，前者可用普通单铰链，后者则需焊接双铰链，且当两叉子在合口处外形不平行时，必须使用斜铰链。叉子脚丝外形结构如图 3-9 所示。

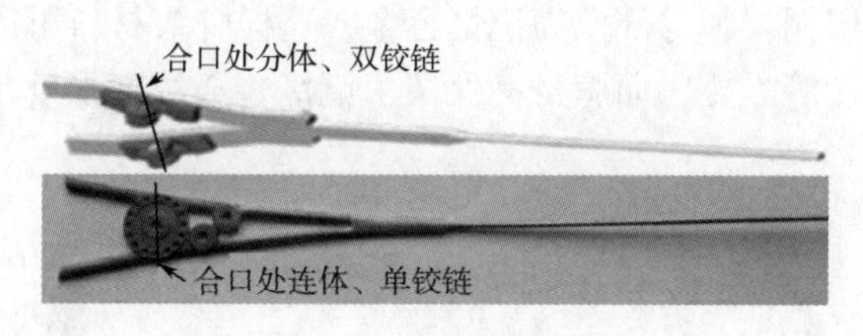

图 3-9　叉子脚丝外形结构

2. 叉子脚丝的特点

①叉子脚丝一般用板料加工而成，用料量较大，加工难度大且材料利用率较低，因此叉子脚丝较为昂贵，特别是油压的叉子脚丝。

②叉子脚丝焊接加工工艺复杂，特别是铰链的焊接。用于焊叉子脚丝的两铰链的焊接位置和方向一定要使两铰链的旋转中心为同一直线，否则脚丝开合就会不顺畅，甚至会咬死。

③叉子脚丝前段两个叉子的形体必须与镜圈形状相吻合。为了使一款脚丝能与多款圈形配合，叉子脚丝的前端大多做成平头，且脚丝桩头长度会适当加长，焊接前根据圈形的不同，配圈切头。

3. 叉子脚丝的材料

叉子脚丝均用板料生产，常用的材料有黄铜、白铜、高镍白铜及不锈钢。其中最常用的是高镍白铜和不锈钢。

三、组合脚丝

1. 组合脚丝的结构

组合脚丝是指由两个或两个以上零件通过焊接铆接等方式装配组成的脚丝。组合脚丝有时也称工艺脚丝。如图 3-10 所示为由 7 个零配件组合成的脚丝。

2. 组合脚丝的特点

①组合脚丝可以做出很复杂的立体花纹和形状，脚丝的立体效果较好，但加

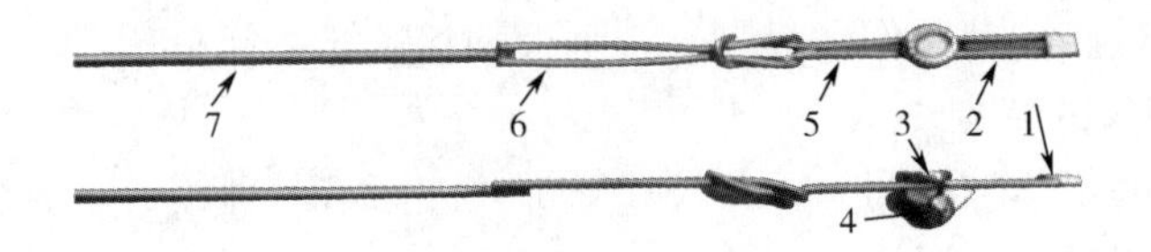

图 3-10 组合脚丝

1—脾头 2—桩头钢线 3—配饰 4—铰链 5—脾身前段 6—脾身后段 7—脾尾

工工艺较为复杂，难度较大，因此组合脚丝价格都比较高。

②组合脚丝各零件的材料可能相同也可能不相同，因此可以更能充分地利用各种材料的特殊性能，达到普通脚丝无法达到的效果，如记忆脚丝就是由记忆材料与高镍白铜及普通铰链组合而成的组合脚丝，如图 3-11 所示。脚丝的脾头部位材料为普通白铜或高镍白铜，脾身部位为记忆合金，这样脾头材料可以很好地满足头部的切头、打弯、焊接等需要，而脾身又保留了记忆合金的高强度、高弹性的特点。

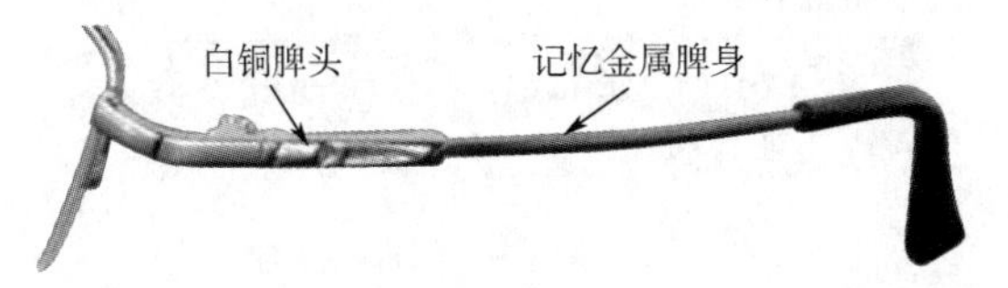

图 3-11 记忆合金与高镍白铜材料组合成的脚丝

③组合脚丝镜架很多会做成双色或多色，可以获得非常理想的颜色效果，如图 3-12 所示。

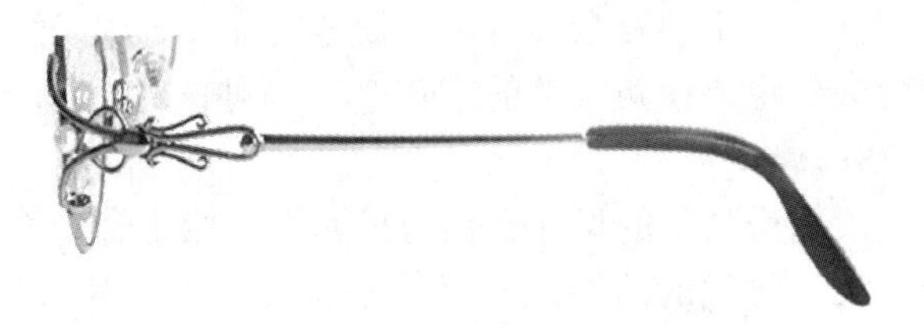

图 3-12 组合脚丝的成品双色效果

四、连体脚丝

有些脚丝的前铰与桩头、后铰与脚丝为整体材料加工而成，这种脚丝就是连体脚丝，如图 3-13 所示。

图 3-13 连体脚丝

严格意义上讲，连体脚丝是组合脚丝的一种。连体脚丝大多为弹弓直身脚丝。有些连体脚丝还将子母夹口与桩头做成一体，如图 3-14 所示。

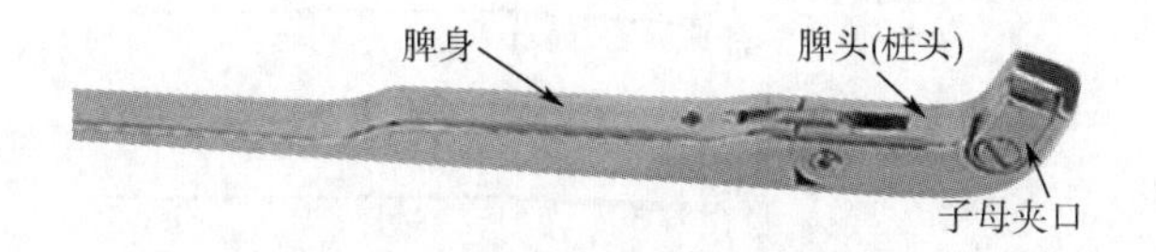

图 3-14　带夹口的连体脚丝示意图

连体脚丝均由专门的眼镜配件厂家生产，一般生产设备较为精良，技术力量雄厚，因此脚丝与桩头的配合状况都比较好，特别是外形更是非常吻合。

连体脚丝要经过冲压加工及一系列的切削加工，因此要求脚丝材料的机械加工性能要好，且脚丝要经常开合，所以材料的耐磨性能也必须较高，符合上述两点，较为理想的材料就是高镍白铜。有些用于低档眼镜架的连体脚丝也用黄铜或普通白铜制造。近年来纯钛及钛合金连体脚丝也已面世。

五、宽面脚丝

宽面脚丝是指脚丝正面宽度尺寸较大的脚丝。一般情况下，当白铜（包括高镍白铜）脚丝的桩头处宽度大于 4mm 或不锈钢脚丝的桩头处宽度大于 3mm 时，称之为宽面脚丝。宽面脚丝结构如图 3-15 所示。

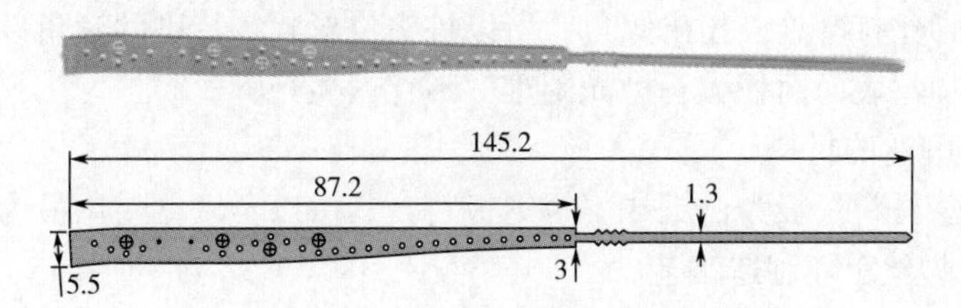

图 3-15　宽面脚丝结构

1. 宽面脚丝的结构

这种脚丝因宽度较大，在脚丝的外形设计、材料的选用及加工工艺等方面均有不同。

宽面脚丝的桩头部位并不是脾身的延伸，而是从桩头打弯处开始，桩头向一边歪，这种歪头结构可以使桩头打弯后出现倾角。倾角的大小与桩头歪斜角度一致，一般比成品眼镜架脚丝倾角小 2°，即通常设计为 5°。同时，桩头配件粗坯端面常做成直边，焊接前根据不同圈形再进行切头加工，这样可以提高脚丝的通用性。宽面脚丝桩头部位结构如图 3-16 所示。

2. 宽面脚丝的特点

①宽面脚丝一般只能用板料加工，材料的利用率较低。

②宽面脚丝的花纹一般为凹纹，因为凸纹加工难度很大。

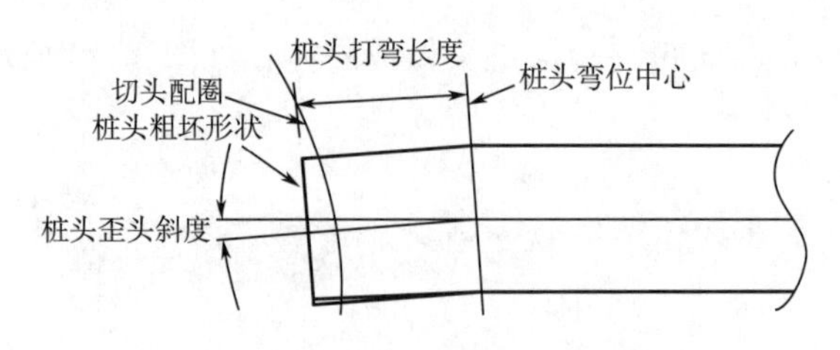

图 3-16　宽面脚丝桩头部位结构

③宽面脚丝尺寸宽大，也就较重，所以优选密度较小的材质，厚度尺寸必须尽可能地做小，且通常会有较大面积的低级位区域或镂空花纹，以减轻整体脚丝重量。镂空花纹的宽面脚丝如图 3-17 所示。

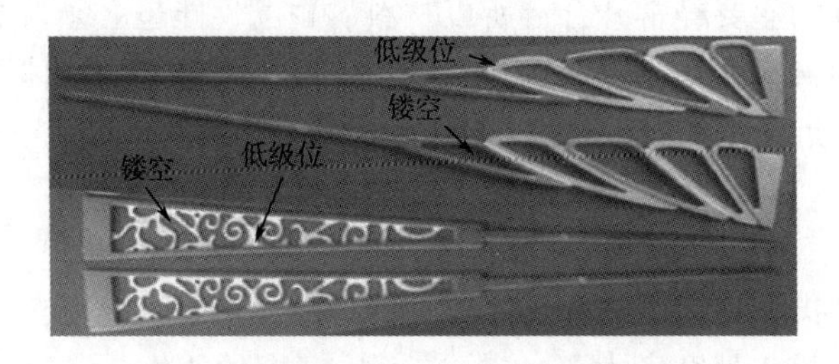

图 3-17　大面积镂空花纹的宽面脚丝

④宽面脚丝打弯难以扭出倾角，所以桩头位形状有特别的倾角设计。

⑤宽面脚丝表面面积大，抛光困难，不宜做亮光脚丝。

3. 宽面脚丝的材料

宽面脚丝材料一般为白铜或不锈钢板料，其中以不锈钢使用最为广泛。

4. 宽面脚丝粗坯制造工艺

白铜宽面脚丝的粗坯制作加工工艺为冲压加工，如果表面有花纹则其加工工艺为：板料开料—尾针拉线—油压花纹—飞边—表面处理。

不锈钢宽面脚丝的粗坯制作加工工艺有冲压加工、线切割加工和腐蚀加工（烂花）和激光切割，目前一般单量常用激光切割，大单量往往采用冲压加工。

六、钢线脚丝

钢线脚丝是指由强度高、刚性好的不锈钢钢线加工组合而成的一种组合脚丝，这种脚丝截面尺寸非常细小，最适合制作无框眼镜架。钢线脚丝如图 3-18 所示。

钢线脚丝具有结构紧凑，外形精致秀气、轻巧，有较强的立体感，脚丝弹性好等特点。钢线脚丝的材料有不锈钢和钛合金。钢线一般为圆线，其直径在 1.0~1.2mm。

钢脚丝的焊接面积很小，且材料的焊接性能又较差，所以钢线脚丝最大的缺

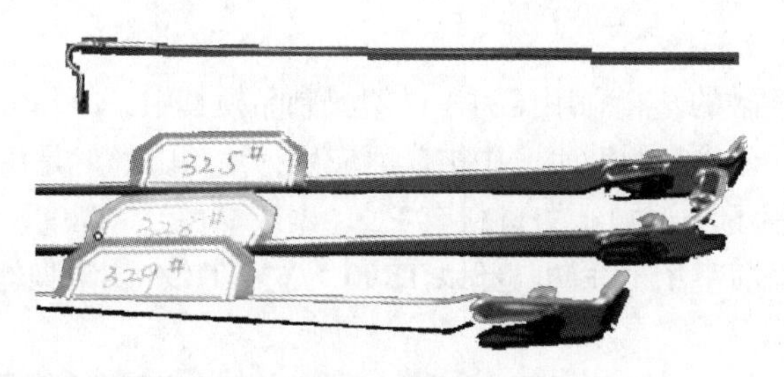

图 3-18　钢线脚丝

点就是易脱焊和因焊接加工而造成的退火软化。

七、其他脚丝

脚丝的结构和形体多种多样，很多时候脚丝的结构和形体都与脚丝材料的性能有关，除上述 6 种外，其他脚丝还有：

1. 纯铝脚丝

纯铝脚丝除用于全铝架外还常用于其他金属架。铝很轻，塑性和韧性非常好，很适合于冲压成型，但纯铝的强度和硬度很差，难以电镀且无法与其他金属焊接，所以纯铝脚丝都比较粗大，且只能制成脚丝成品装配到眼镜架上。铝脚丝表面通过氧化处理可以得到各种彩色的致密氧化膜，所以铝脚丝的颜色也是十分丰富。图 3-19 所示为纯铝脚丝。

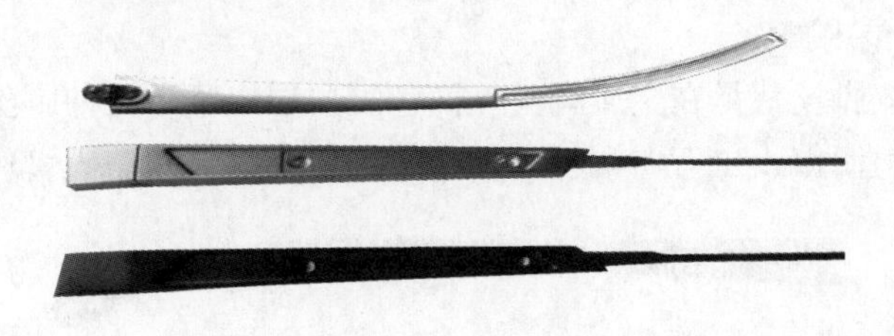

图 3-19　纯铝脚丝

2. 竹木脚丝

竹子和木材经过特殊的处理也可以用来制作眼镜架的脚丝。竹木脚丝带有天然的纹理图案，充满朴实、自然的情调。竹木还是可再生资源，具有环保、安全等特性。但竹木材料强度较低，纤维方向性差异明显。图 3-20 所示为竹木脚丝。

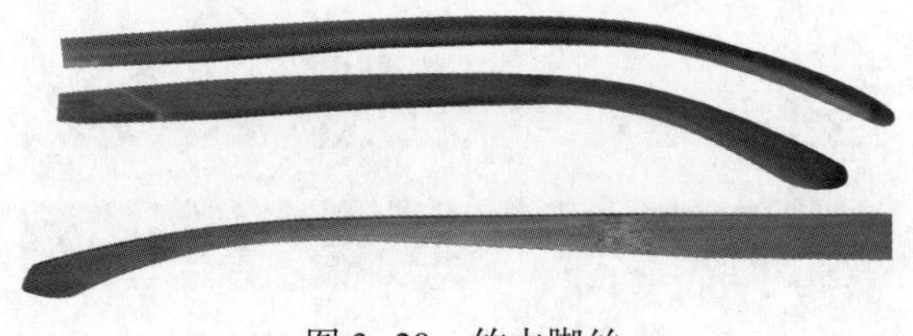

图 3-20　竹木脚丝

3. 注塑脚丝

注塑就是将熔融的塑料利用压力注进塑料制品模具中，冷却成型得到想要的各种塑料件。注塑工艺也在眼镜生产中被广泛应用，注塑脚丝就是用注塑工艺获得的眼镜配件脚丝。用于注塑脚丝的材料有 PC（聚碳酸酯）、TR90、醋酸纤维、醋酸纤维、橡胶等。目前市场上注塑脚丝以 TR90 为主，TR90 注塑脚丝如图 3-21 所示。

图 3-21　TR90 注塑脚丝

4. 板材脚丝

指的是用板材插入金属插针制作的脚丝，除板材眼镜架外，板材脚丝经常与金属镜框搭配制成混合眼镜架。板材脚丝如图 3-22 所示。

图 3-22　板材脚丝的结构

5. 金属芯包皮脚丝

金属芯包皮脚丝就是在金属脚丝外面包裹一层皮革。这种脚丝金属芯多用较薄的不锈钢板料制作，也有白铜料的。金属芯包皮脚丝如图 3-23 所示。

图 3-23　金属芯包皮脚丝

6. 牛角脚丝

牛角脚丝用天然牛角制作，市场上的牛角脚丝大多用非洲牦牛角制作，如图 3-24 所示。水牛角因颜色等原因，使用价值不大。

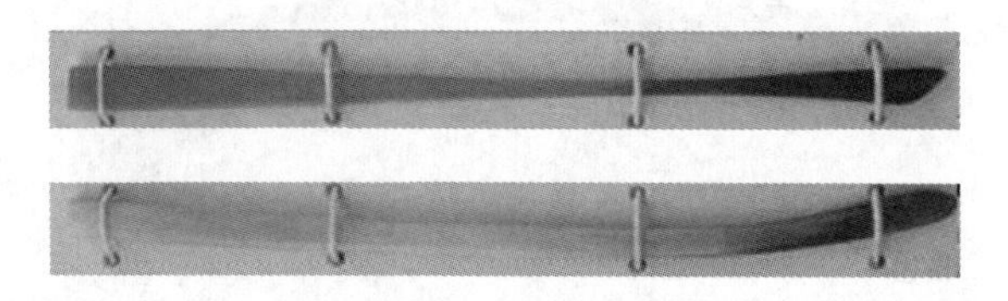

图 3-24　非洲牦牛角脚丝

第三节　桩头和角花

在眼镜架上，桩头和角花没有明确的定义区分，功能相同，它们均位于镜架的眉角部位，与镜圈和脚丝相连。一般将形状简单、尺寸较小的称为桩头；形状复杂、尺寸较大的称为角花，如图 3-25 所示。

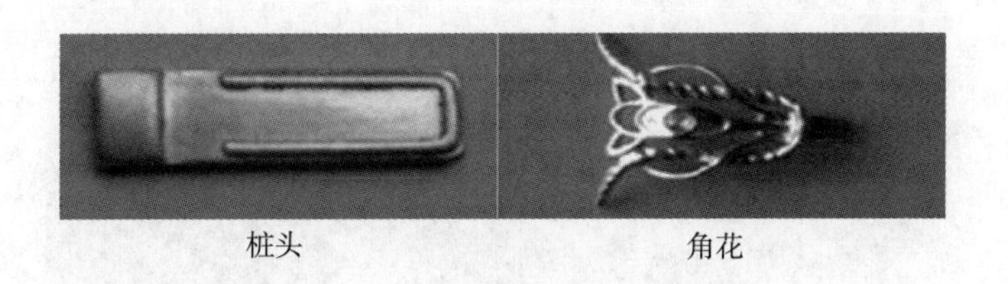

图 3-25　桩头与角花

一、角花

1. 角花的结构

角花外形呈叉状，两叉的形体和粗细要与圈形匹配，合口位的形体、宽度、花纹及厚度要与脚丝头完全吻合。角花按表面花纹特征及加工工艺大致可分为平板角花、油压角花和铸造角花，如图 3-26 所示。

图 3-26　各种结构角花

（1）平板角花　平板角花用等厚的板料加工而成，其加工工艺有冲切、线切割、精雕、腐蚀、激光切割等，角花各部位的最大厚度相同，表面可以做光面、凹花及镂空花纹，如图 3-27 所示。

（2）油压角花　油压角花是通过油压成型加工得到的，其表面可做出凹、凸花纹，花纹立体感强，角花各部位厚度不一定相同，角花底面一般为平面。油压角花表面效果如图 3-28 所示。

（3）铸造角花　铸造角花采用铸造工艺制作而成，角花的形状更为复杂，花纹立体感更强，铸造工艺可以制作出 360°的立体花纹，如图 3-29 所示。

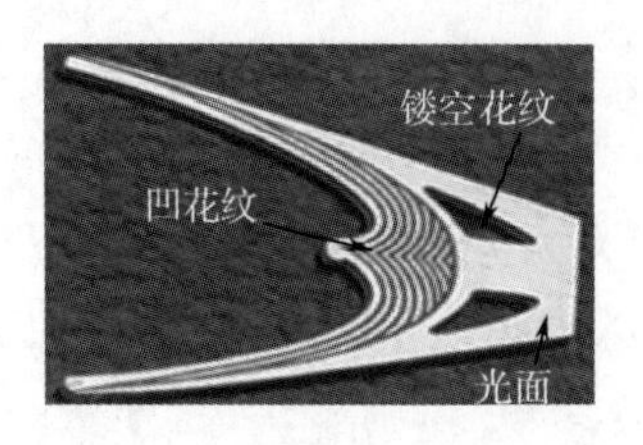

图 3-27　平板角花的几种花纹效果

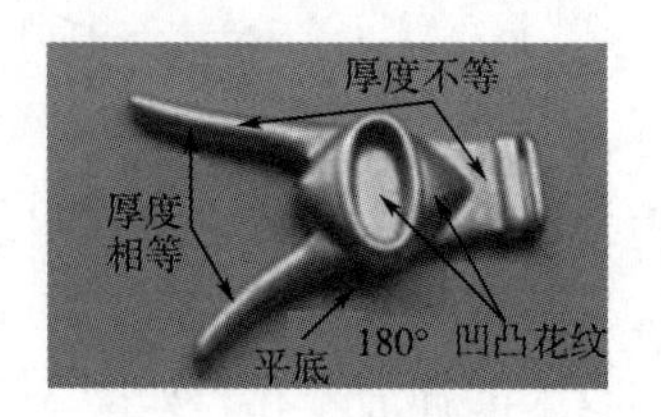

图 3-28　油压角花表面效果

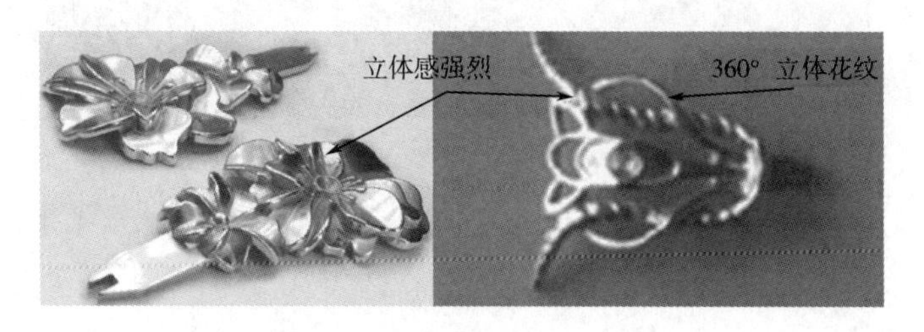

图 3-29　铸造角花表面效果

2. 角花材料

角花是连接镜圈和脚丝的部件，因此角花材料不仅要具有较高的强度，还必须具有较好的焊接性能，而且成品角花具有弯位，角花材料还必须具有较好的塑性和韧性以及切削加工性能。所以制作角花最理想的材料是高镍白铜，其次是普通白铜和不锈钢，铸造角花的材料为铍铜。

二、桩头

1. 桩头结构

桩头的外形结构和表面花纹状况相对于角花都较为简单，但桩头与角花的功能是一样的，因此桩头的前端也必须与圈形吻合，后端合口处的形体、尺寸和花纹等都必须与脚丝合口处相吻合。桩头外形结构的要求如图 3-30 所示。

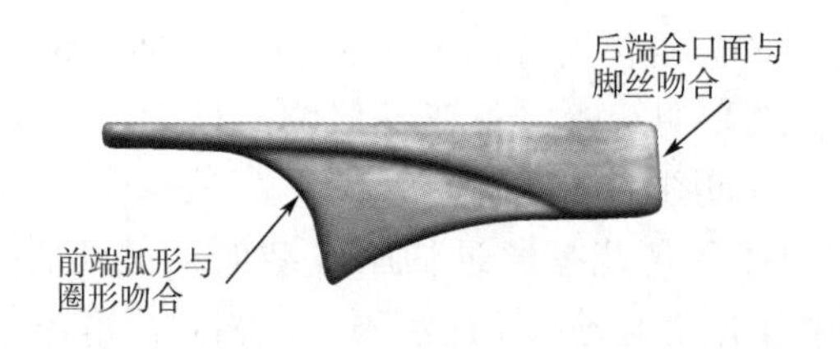

图 3-30　桩头外形结构要求

桩头按结构特点大致可以分为普通桩头、宽桩头和长桩头，如图 3-31 所示。

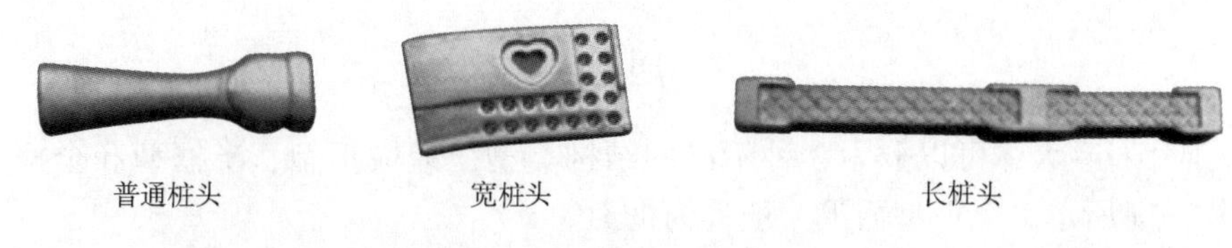

图 3-31　桩头 3 种外形结构

普通桩头就如直身脚丝的头部，桩头形状大多对称，其几何中心呈直线，头部端面平直，不分左右，焊接前切头配圈，打弯扭出倾角。

宽桩头就像宽面脚丝的头部，必须有倾角设计，宽桩头头部端面多数呈弧形，可直接与某些圈形相配，部分端面为直线，焊接前须切头。

长桩头就像一支脚丝的前段，其长度不仅包括桩头部分，还包括部分脾身前段，如图 3-32 所示。

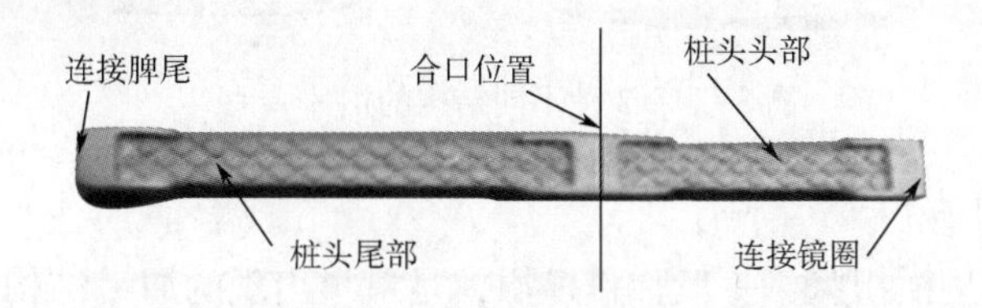

图 3-32　长桩头结构

除长桩头外，油压桩头的粗坯往往会做成左右连体，如图 3-33 所示，这样可以减少冲压模数量，提高后期的加工效率和材料的利用率，降低成本。

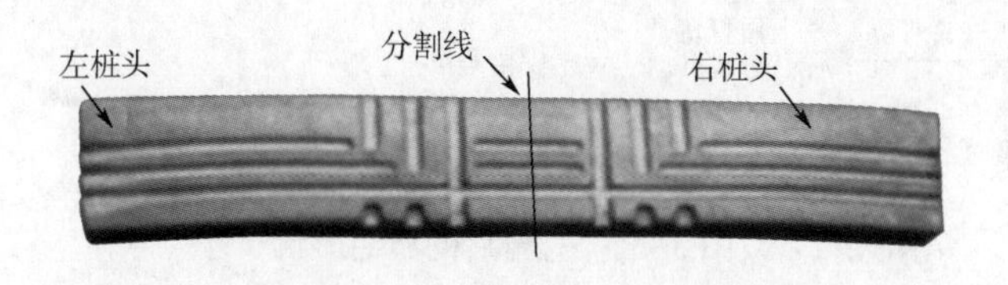

图 3-33　左右连体制作的桩头粗坯

2. 桩头材料

用于制作桩头的常用材料有白铜、高镍白铜、镍合金、不锈钢、铸铜、钛及钛合金等，其中以白铜、高镍白铜和不锈钢居多。

第四节　钢片眉毛

钢片眉毛（框面）眼镜架是多年来比较流行的一种眼镜架，这种眼镜架上最大的配件就是钢片眉毛（框面）。

一、眉毛结构

钢片眉毛大体可以分为 3 种不同的结构类型，即横担型、半框型和全框型，如图 3-34 所示。全框型眉毛一般称为框面。

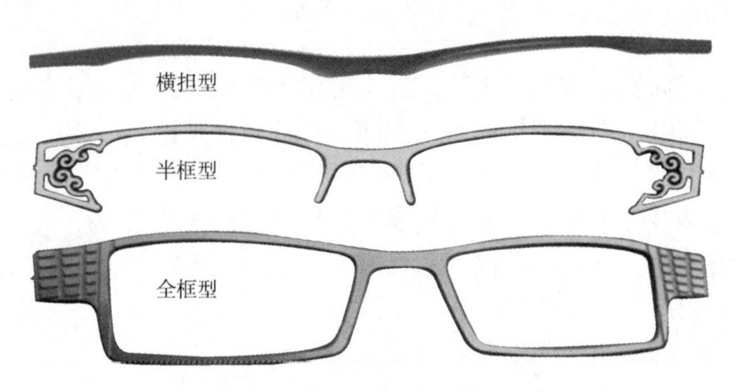

图 3-34　3 种不同结构的钢片眉毛

1. 横担型眉毛

横担型眉毛呈横担状，一般称作横眉，是最早出现的眉毛结构。这种眉毛装配后只有上眉部位与镜圈配合焊接，因此横担眉毛上眉部位的内侧面弧形打弯后必须与镜圈上眉部分吻合。眉毛打弯后，眉毛形状和尺寸均会发生变化，特别是正视时水平尺寸缩短，因此在设计眉毛零件时必须考虑并计算这个变化量。眉毛打弯后形状如图 3-35 所示。

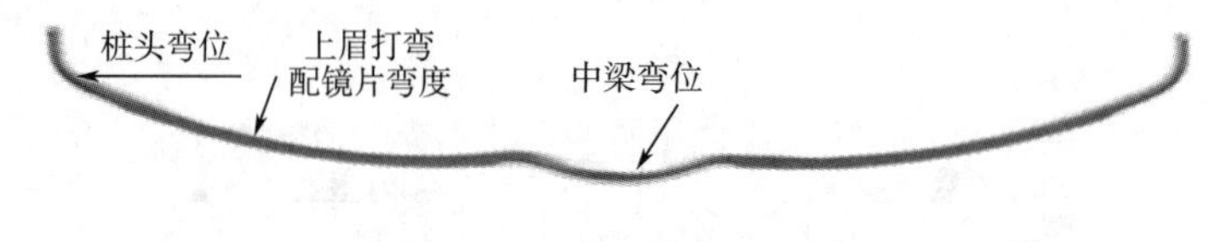

图 3-35　打弯后的眉毛形状

横担型眉毛与镜圈配合的部位相对较少，因此同一眉毛配件可以与较多种圈形配合，眉毛的通用性较大。图 3-36 所示为横担眉毛与半框镜圈及全框镜圈配合的眼镜架。

2. 半框型眉毛

半框型眉毛的形状基本确定了镜圈形状，这种眉毛架大多为半框架，镜圈贴于眉毛后面，正视一般不会露圈。半框型结构眉毛眼镜架如图 3-37 所示。

3. 全框型眉毛

全框型眉毛也称作框面眉毛，框面眉毛的镜圈部位呈封闭形状，眉毛打弯后内圈的形状与镜架片形完全吻合，因此，全框型眉毛配件的形状就决定了成品眼

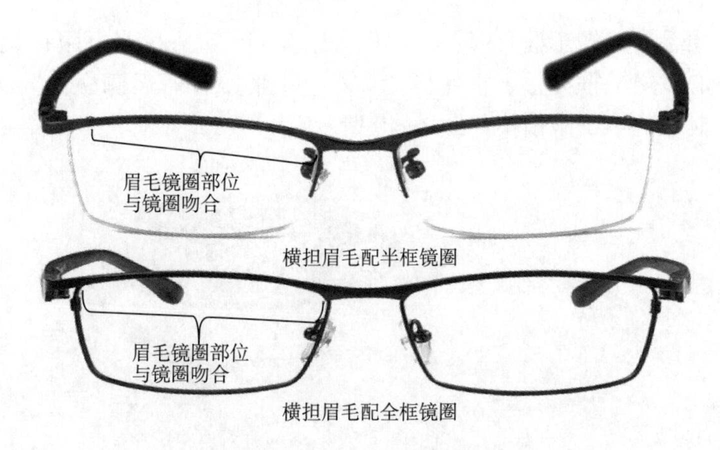

图 3-36　横担型结构眉毛制作的半框和全框眼镜架

图 3-37　半框型结构眉毛眼镜架

镜架的片形。框面眉毛还分有桩头和无桩头，如图 3-38 所示。

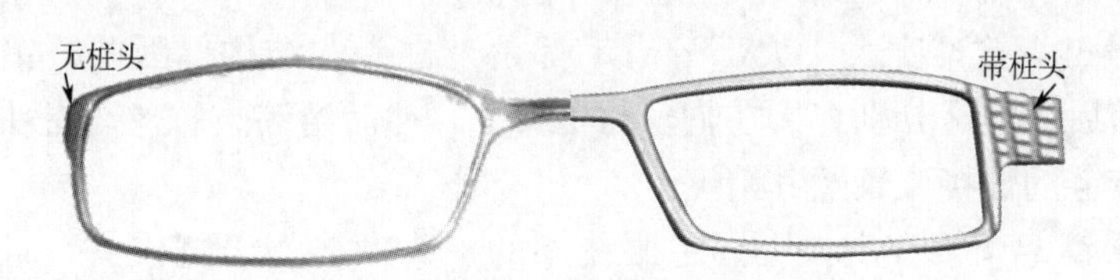

图 3-38　全框型眉毛配件

另外，全框型眉毛多为内圈铣槽结构，这样的眼镜架不用焊接镜圈，镜片直接卡在眉毛内槽中，如图 3-39 所示。

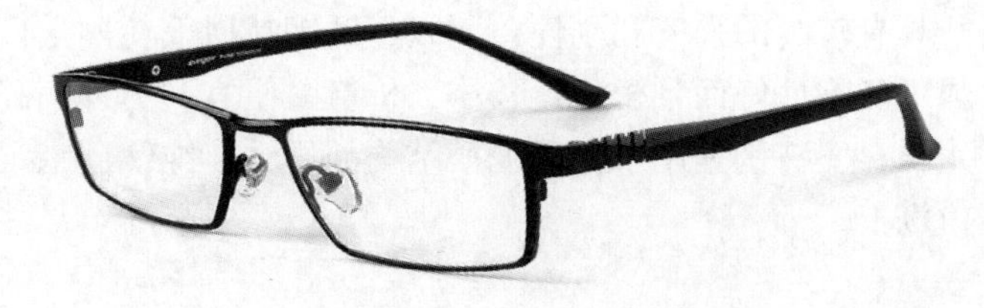

图 3-39　全框型眉毛成品眼镜架

全框型眉毛一般做全框眼镜架，但也有用全框眉毛来做半框眼镜架的，这时桩头打弯中心在眉毛框内，半框镜圈为“C”字形，打弯后侧视如同叉子角花。全框型眉毛制作的半框眼镜架如图 3-40 所示。

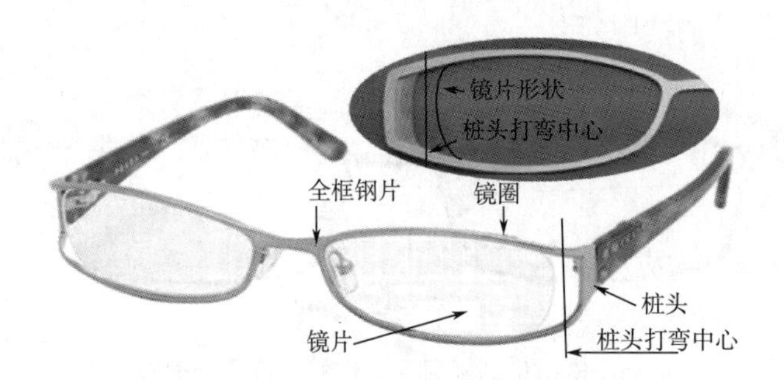

图 3-40　全框型眉毛制作的半框眼镜架

4. 眉毛结构眼镜架的特点

（1）眼镜架对称性好　通过眉毛左右连接，眼镜架不用焊接中梁，甚至不用焊接桩头，因此眼镜架的对称性很好。

（2）打弯难度大　打弯时眉毛圈位易变形（向外凸），打弯后中梁位及圈位的尺寸会变小，特别是水平方向的尺寸。因此在设计眉毛平面展开图形时，要考虑加工变形。

（3）绕圈及镜圈焊接难度较大　眉毛眼镜架要求镜圈与眉毛内圈要完全吻合，正视不可有进出圈现象，且圈丝与眉毛底面要紧贴，所以镜圈圈形不仅要绕到与眉毛形状一致，而且焊接位置也要十分准确。

（4）铰链焊接难度大　大部分眉毛都是带桩头的结构，因此眼镜架都要接脚丝，即前后铰链是分别焊接在脚丝与桩头上，然后组装。脚丝与桩头的配合状况取决于铰链的焊接位置及其精度。

（5）眼镜架调整难度大　眉毛眼镜架的桩头大多属于宽桩头，且材料刚性均比较高，因此桩头打弯难度较大，脚丝倾角和拍位调整较为困难，这就要求眉毛桩头外形设计和打弯要一步到位。

二、眉毛材料

眉毛外形尺寸较大，为减轻眉毛的重量，应尽量将眉毛做细、做薄，这就要求眉毛材料必须具有较高的强度和刚性，所以不锈钢是眉毛使用最广的材料。因为不锈钢不仅强度和刚性好而且密度比较小，价格又便宜。另外，高镍白铜也是制造眉毛的常用材料，特别是用于框面铣槽结构的眉毛。纯钛眉毛眼镜架近年来也较多出现在市场上。

第五节　金属饰片

眼镜配饰就是指在眼镜架上的某个只起点缀作用的零件，一般配饰不具备使用功能性。许多含义深远、图案精美的配饰镶嵌在镜架上，深受广大消费者喜爱。与此同时，很多眼镜品牌商标往往也是以配饰的形式出现在眼镜架上。眼镜配饰以金属配饰为主，此外钻石、珠宝等也是常见的眼镜配饰。

眼镜配饰的外形各式各样，几乎没有什么形状要求，只要其形状、大小、位置与整副眼镜架搭配协调即可。实际上，眼镜配饰几乎都是片状结构，所以通常叫作金属饰片，如图 3-41 所示。

图 3-41　金属饰片

常用的金属饰片材料有白铜、高镍白铜、不锈钢、铸铜等，其中以白铜和不锈钢最为常见。

金属饰片的常用加工方法有冲压、线切割、精雕、激光切割、电腐蚀加工(烂花、蚀刻)、铸造等。

知识链接

金属材料的工艺性能

金属材料的工艺性能是指金属材料对不同加工方法的适应能力。它包括铸造性能、锻造性能、焊接性能、切削加工性能和热处理性能。

一、铸造性能

金属及合金熔化后铸造成优良铸件的能力称为铸造性能。铸造性能好坏主要决定于液体金属的流动性、收缩性及成分均匀度和偏析的趋向。

二、锻造性能

金属材料在压力加工（锻造、轧制等）下成型的难易程度称为锻造性能。它与金属材料的塑性有关，金属材料的塑性越好，变形抗力越小，金属材料的锻造性能就越好。

三、焊接性能

金属材料的焊接性能是指在给定的工艺条件和焊接结构方案下，用焊接方法获得预期质量要求的优良焊接接头的性能。

焊接的性能好坏与材料的化学成分及采用的工艺有关。

四、切削加工性能

切削加工性能是指金属材料承受切削加工的能力。

五、热处理性能

热处理性能是指金属材料通过热处理后改变或改善其性能的能力，是金属材料的重要工艺性能之一。对于钢材而言，主要包括淬透性、淬硬性、氧化和脱碳、变形及开裂等。

本章作业

1. 用于制作中梁的材料有哪些？各种材料制作中梁的最小截面尺寸是多少？
2. 脚丝分为几种类型？各有什么特点？
3. 为什么油压桩头的粗坯很多会做成左右连体的？
4. 眼镜饰片的材料有哪些？它与眼镜架的连接方式是怎样的？
5. 眉毛结构眼镜架的加工工艺有何特点？
6. 油压配件的花纹设计有何要求？

第四章　塑胶眼镜架的结构及其零部件

本章内容要点

1. 塑胶眼镜架的结构。
2. 塑胶眼镜架的材料。
3. 塑胶眼镜架通用的金属零部件。
4. 塑胶眼镜架的通用金属零部件的选用方法。

第一节　塑胶眼镜架结构

塑胶眼镜架根据其制作工艺的不同而分为两大类：板材眼镜架和注塑眼镜架。

一、板材眼镜架

板材眼镜架就是使用树脂板料通过机械切削加工及热弯成型等工序而制作的眼镜架，板材眼镜架相比金属眼镜架而言结构较为简单，根据板材架镜框和脚丝的装配分为平桩头结构（90°钉铰）和弯桩头结构（180 钉铰），如图 4-1、图 4-2 所示。

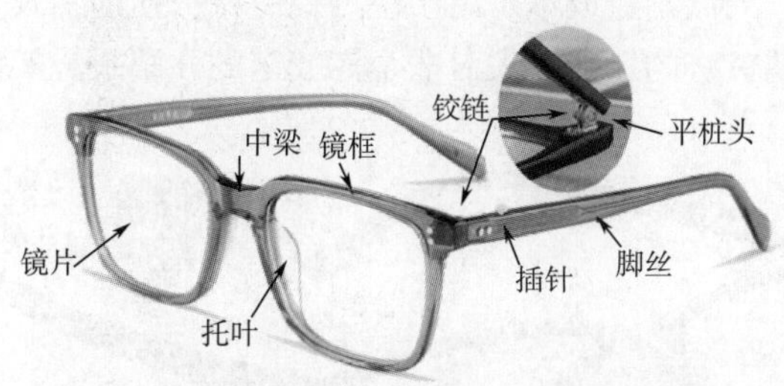

图 4-1　平桩头结构（90°钉铰）的板材眼镜架

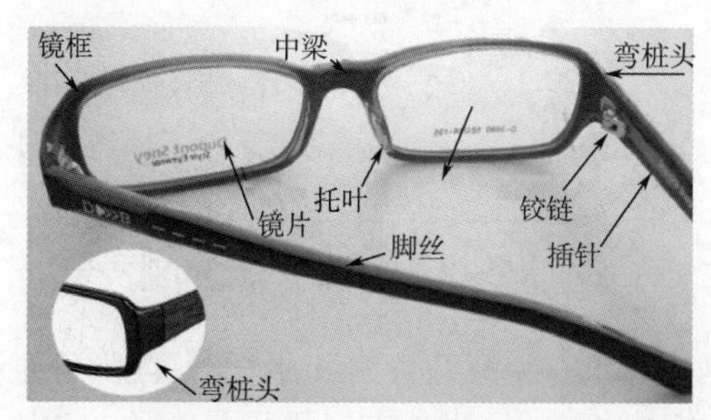

图 4-2　弯桩头结构（180°钉铰）的板材眼镜架

二、注塑眼镜架

注塑眼镜架的结构与板材眼镜架相似，但大多注塑眼镜架脚丝都没有金属芯。另外，注塑眼镜架的铰链材质有金属的也有非金属注塑的。

1. 金属铰链的注塑眼镜架结构

使用金属铰链的注塑眼镜架就是将金属铰链直接注塑到眼镜架上，这样的镜架铰链因为是金属材料制成的，所以铰链强度高，经久耐用。使用金属铰链的注塑眼镜架如图 4-3 所示。

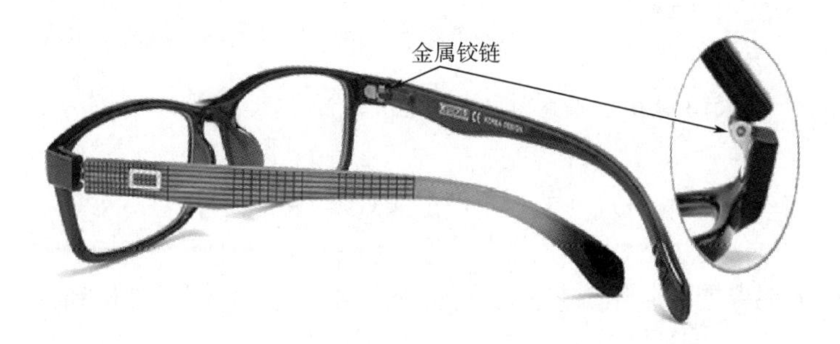

图 4-3　使用金属铰链的注塑眼镜架

2. 注塑铰链的注塑眼镜架结构

有些用于注塑眼镜的材料，具有较高的强度、硬度和耐磨性，比如 TR90，所以往往会在注塑眼镜架时连体注塑出铰链，注塑眼镜架连体注塑出铰链可以简化镜架加工工艺和结构，降低制造成本。由于注塑铰链材料强度不及金属，所以一体注塑铰链的尺寸比金属铰链的尺寸要大。非金属铰链的注塑眼镜架如图 4-4 所示。

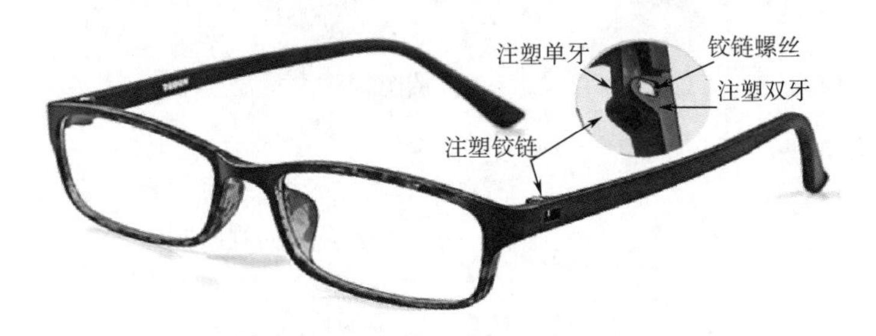

图 4-4　非金属铰链的注塑眼镜架

第二节　塑胶眼镜架材料

塑胶眼镜架的制作材料有醋酸纤维素（板材）、丙酸纤维、环氧树脂、尼龙、碳素纤维 、TR90 和聚碳酸酯等。当前市场用量最大的塑胶眼镜架材料是醋酸纤维素（板材眼镜架）和 TR90（注塑眼镜架）。

一、板材

1. 板材的成分和性能

板材眼镜架的制作材料主要为板状树脂料，常称为板材。板材成分主要有醋酸纤维素、硝酸纤维素、丙酸纤维素、环氧树脂、尼龙、碳素纤维等树脂，其中最常用的就是醋酸纤维素树脂。

醋酸纤维素是有机高分子树脂，属于热塑性塑料。

热塑性塑料指具有加热软化、冷却硬化特性的塑料。与热塑性塑料相对应的就是热固性塑料。热固性塑料是指在受热或其他条件下能固化或具有不溶（熔）特性的塑料。

树脂材料最大的性能特点就是在不同的环境条件下表现出来的物理性质有很大差异，特别是温度的影响。与一般塑料相比，醋酸纤维板材具有以下特点：

①机加工性能好。板材的切削加工性能特别好，尤其适合车、铣、刨、切等机加工工艺，加工表面光洁。

②透明性好。板材的透光率可达 90% 以上，可以作为玻璃使用。

③外观美丽，手感好。板材外表色彩柔和，手摸时有像玉一样的感觉。

④易进行表面抛光和着色加工。板材抛光和着色性能很好，抛光后的表面光洁度高，着色时颜色可以渗入到表层，不易褪色。

⑤板材密度小，材料韧性好，不易断裂。在高温状态下可进行大幅度的弯曲和压型加工，在常温下又不易变形。

⑥板材不易老化，经久耐用，人体皮肤不会产生过敏。

⑦不易燃烧。板材虽为有机物，但具有自熄性，并不属于易燃物。

⑧易受酮及高浓度酸、碱侵蚀，机械强度（与赛璐珞相比）稍差。

2. 板材的结构和分类

在眼镜制作行业树脂常预制成不同厚度的板条状型材，故称板材。板材有 3 种，即全色料、混合料和皮子料。如图 4-5 所示为黑色框红色脚丝的实色板材眼镜架。

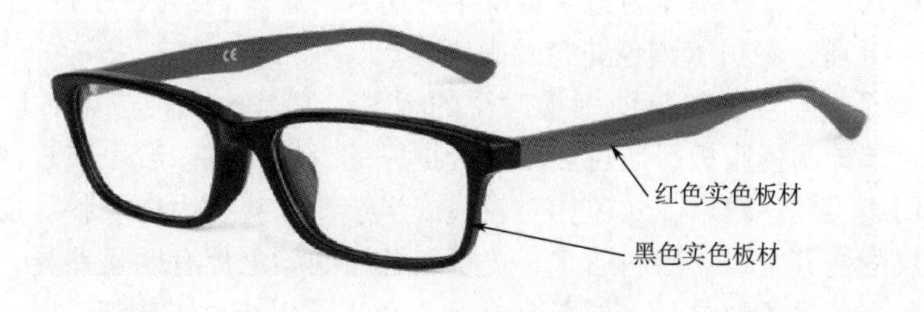

图 4-5　实色板材眼镜架

（1）全色料　全色料指整张板材均为同一种性能和颜色均匀相近的树脂料。根据其颜色及透光情况，全色料又分为实色料、白明料和半透明料。

① 实色料：是指颜色不透明的板材，这种板材使用最为广泛，颜色也很齐全，其中以黑色最多。

② 白明料：白色的透明料称为白明料，白明料可以进行任何颜色的着色加工。白明料也经常直接使用，但品质要求高，加工难度较大。白明料一般用来制作托叶和脚丝以及结构样板架。如图 4-6 所示为白明料制作的眼镜架。

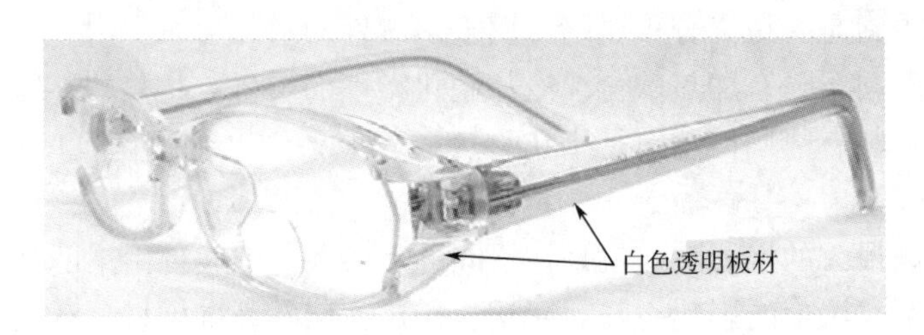

图 4-6　白明料板材眼镜架

③ 半透明料：就是在白明料中添加了颜色成分，也是板材眼镜使用较为广泛的一种材料。同一种透明板材的颜色会随着板材厚度不同而有所变化，板材越厚颜色越深。半透明料多用于制作脚套，较少用于制作架框。如图 4-7 所示为半透明板材制作的眼镜架。

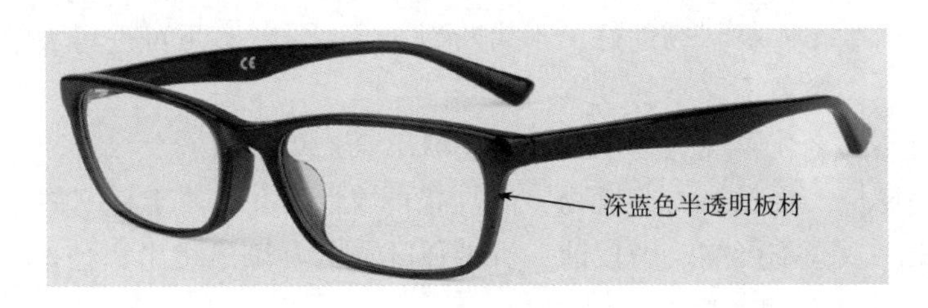

图 4-7　半透明板材眼镜架

（2）混色料　混色料由两种或两种以上的树脂在半熔融状态下机械混合后冷却压制而成，常称花料。花料的基体大多颜色较淡，而混溶在其中的是颜色较艳丽的颗粒状料，有些基体为透明料或半透明料，整块料给人一种琥珀样的珍贵感。如图 4-8 所示为仿玳瑁色花料及眼镜架。

（3）皮子料　皮子料是使用最广泛的板材，它是由两种或两种以上性能和颜色有较大差异的树脂板料通过热压熔合拼成的，皮子料一般表层较薄较硬，颜色较深，而底层较厚较软，颜色相对较浅或半透明，甚至为白明料。皮子料有两层的和多层的，其中以 3 层料居多。皮子料各层的颜色都有明显差异，所以有双色皮子料和多色皮子料之分，如图 4-9 为三色皮子料板材眼镜架。

皮子料因为表层和基层的物理性能差异较大，环境变化给它们带来的影响各

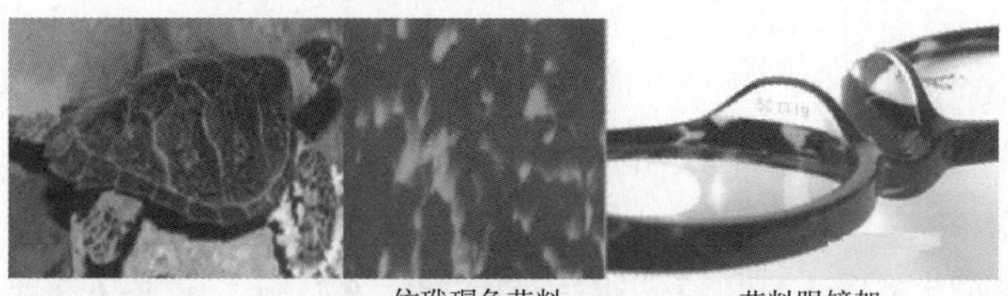

图 4-8　仿玳瑁色花料板材和镜架

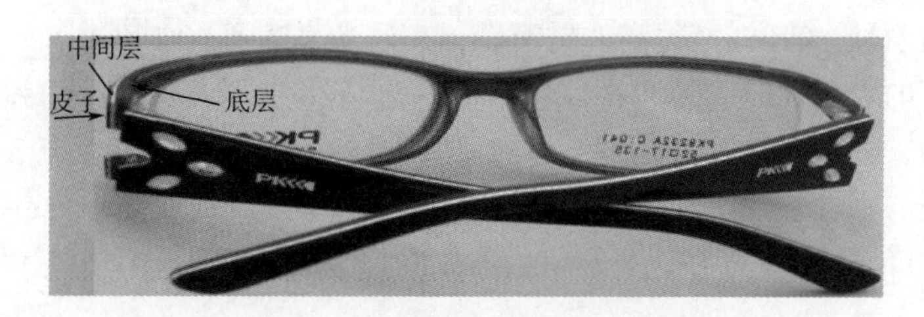

图 4-9　三色皮子料板材眼镜架

不相同，最大的影响是热变效应不同。因为各层的热膨胀系数不同，当温度变化时，各层的膨胀或收缩量不同，所以皮子料板容易变形翘起，存放时应注意。

3. 板材规格

板材的型号没有统一标准，各生产厂家都有自己的编号，行业也没有统一的规定，行业内公认的是厚度尺寸。选用板材时，一般都是查看厂家提供样板及其编号，按样下单。板材花色和编号样板如图 4-10 所示。

图 4-10　板材花色和编号样板

板材常用的规格厚度有 2.0、2.2、2.5、2.8、3.0、3.2、3.5、4.0、4.5、5.0、6.0mm 等。

二、注塑眼镜架材料

用于注塑眼镜架的材料以 TR90 为主，其次还有聚碳酸酯等。

1. TR90

TR90 是瑞士 EMS 公司研发出的一种透明尼龙材料，由于其各种性能适合生产眼镜架，所以近几年被广泛运用。TR90 具有以下优点：

①密度小：TR90 的相对密度只有 1.14~1.15，比普通尼龙材料轻 15%。

②高透明性：TR90 有很高的透明性，其透光率达到 90%以上。

③良好的着色性能和抛光性能：TR90 有很好的抛光和着色性能，抛光后材料色彩鲜艳，表面光亮；着色后不易褪色。

④良好的强度、弹性和抗冲击韧性能：TR90 的强度比普通板材高出约 30%，弹性和抗冲击韧性能更好，TR90 的抗变形指数达到 $620kg/cm^2$，不易变形和断裂。

⑤良好的高低温性能：TR90 不仅短时间内可耐 350℃的高温，而且其低温抗冲击强度高，耐候性好，不易熔化和燃烧，也不易脆裂。

⑥吸水率小，注塑性好：TR90 吸水率低，吸水后物性变化小，注塑成型温度范围大，制品尺寸稳定，易于注塑成型。

⑦优良的机加工性能：TR90 具有良好的自润滑性能，表面光洁度高，加工尺寸稳定，精度高。TR90 还具有优良的耐磨性能，产品表面不易刮花。

⑧良好的安全性能：TR90 与皮肤接触不会生产过敏，本身无化学残留物释放，符合欧洲对食品级材料的要求。

2. 聚碳酸酯

聚碳酸酯是一种无色透明的性热塑性材料，作为应用最为广泛的五大工程塑料之一，聚碳酸酯具有以下优点：

① 高强度、高弹性和抗冲击韧性，使用温度范围广。

② 高透明性和高折射率。

③ 注塑性能良好，成型收缩率低，尺寸稳定性良好。

④ 耐疲劳性、耐候性良好。

⑤ 电气特性优。

⑥ 无味无臭，对人体无害，符合卫生安全。

第三节 塑胶眼镜架通用金属零部件

塑胶眼镜架常用的金属零部件主要有铰链和插针，塑胶眼镜架铰链与金属眼镜架铰链具有相同的功能，但结构有所不同。塑胶眼镜架上所用的铰链最多的为钉铰。

一、钉链

1. 钉铰的结构

钉铰分上、中、下三部分。上面部分如同普通铰链的双牙或单牙；下面部分为钉脚，一般为双脚。钉脚带有钩形，能够在钉铰钉入板材后牢牢地钩住板材基体，使钉铰不易脱出，钉脚的大小和高度均与钉铰的稳定性有关，钉脚越大越高，稳定性就越好。钉铰的中间部位为一平板，称为底板，底板的大小与钉铰的稳定性也有关系，底板大稳定性就好。钉铰的具体结构如图 4-11 所示。

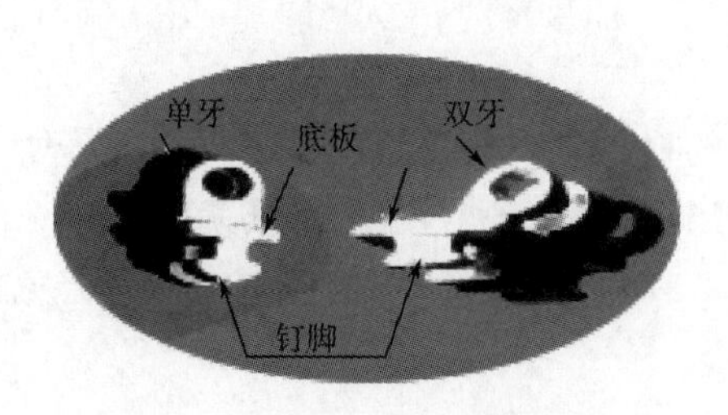

图 4-11　钉铰结构

根据铰链装钉的位置角度，有 90°钉铰和 180°钉铰两大类型。

（1）90°钉铰　90°钉铰的前铰钉在塑胶半架的框底，后铰钉在脚丝底面，前后铰链装订方向成 90°。使用 90°钉铰的塑胶眼镜架均为平桩头结构。90°钉铰装配结构如图 4-12 所示。

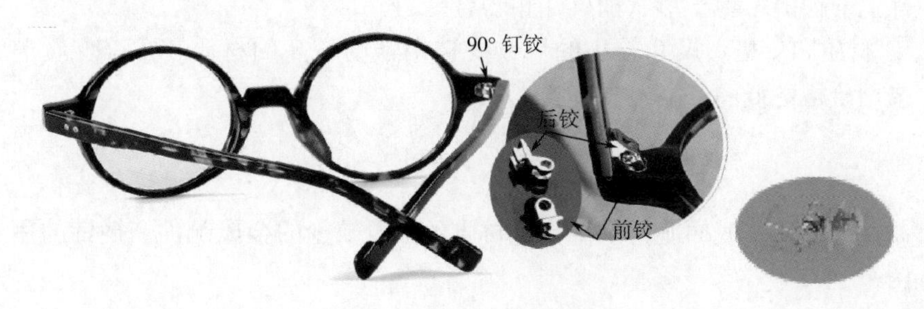

图 4-12　90°钉铰装配结构

（2）180°钉铰　180°钉铰的前铰钉在弯桩头结构的半架桩头内侧，前后钉铰的装钉方向平行。180°钉铰装配结构如图 4-13 所示。

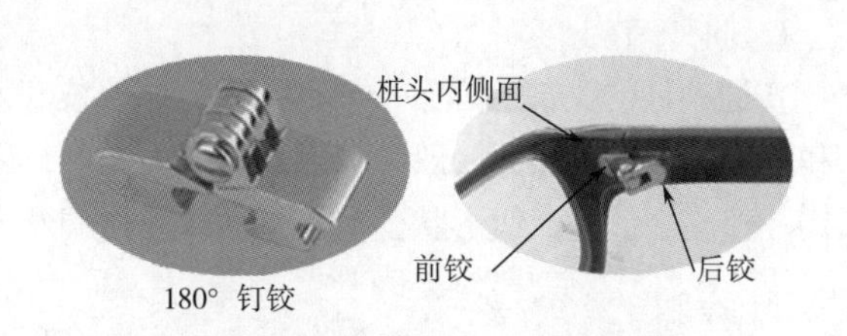

图 4-13　180°钉铰装配结构

不管是 90°钉铰还是 180°钉铰，后铰都是一样的，不同的是前铰。在板材架上，多数情况下只有前铰使用钉铰，而后铰往往与插针焊接在一起。板材眼镜架配套铰链结构如图 4-14 所示。

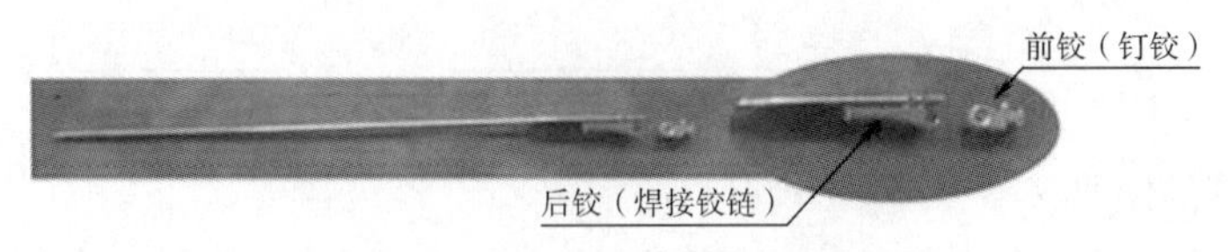

图 4-14　板材眼镜架配套铰链结构

2. 钉铰的材料

钉铰是经切削加工制作出来的，钉铰的材料必须有良好的机加工性能，所以钉铰的材料均为白铜或高镍白铜。钉铰在出厂时都已进行了表面防氧化处理，多为镀镍或镀铜处理，常温下不会氧化生锈。在板材镜架加工过程中应尽力避免损伤钉铰表面。

3. 钉铰的型号及选用

钉铰的型号规格没有统一的规定，各生产厂家均有自行的产品编号，选用时需查阅厂家提供的产品样本。钉铰选用一般要考虑以下因素：

① 钉铰的结构形式：要确定所用钉铰是 90°钉铰还是 180°钉铰。

② 钉铰的外形尺寸：要确定所用钉铰的外形尺寸是否符合要求，外形尺寸主要考虑的是双牙宽度、高度和钉脚的高度等。

③ 插针的铰链结构、形状和尺寸：钉铰的铰链结构、形状及尺寸要与脚丝中插针上的铰链结构、形状和尺寸相吻合。

④ 材质和价格：尺寸较小的钉铰要选用强度较高的材质。在符合质量要求下，选用价格更低的产品。

二、插针

插针又称铜芯或插芯，是制作板材脚丝不可缺少的金属配件。插针的用途主要有两个：

① 插入板材脚丝中心，起到加强脚丝强度和稳定脚丝形状的作用。

② 插针上带有金属铰链，起到脚丝装配连接的作用。

1. 插针结构

普通插针的头部为扁平形，称为扁位。扁位底面焊有铰链，有弹弓铰、普通单牙铰和双牙铰。插针尾部一般为圆形，尾端为锥形，扁位至尾针为一扁圆形喇叭状过渡结构，整支插针呈流线形状，便于打插入板材脚丝内。插针外形结构如图 4-15 所示。

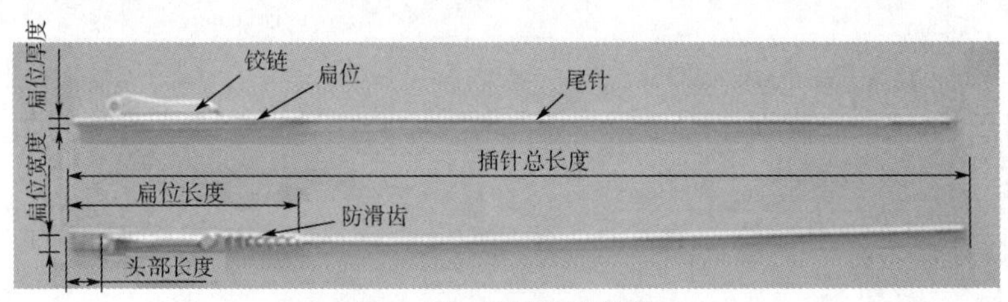

图 4-15　插针外形结构

普通插针在扁位处一般还压有凸筋、沙面或做齿状花边，如图4-16所示。

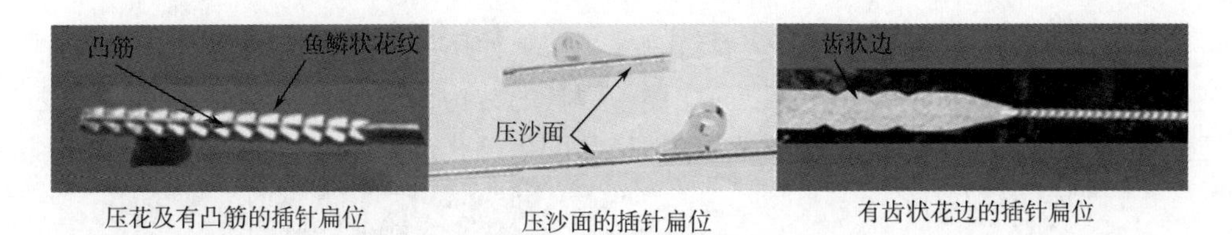

压花及有凸筋的插针扁位　　压沙面的插针扁位　　有齿状花边的插针扁位

图4-16　插针扁位结构示意图

插针扁位处凸筋的作用就是加强扁位的刚性，以免打插针时弯曲；齿状花纹能有效地阻止插针因板材缩水而外露，还有一些插针将扁位正反面都压成沙面或将插针扁位边缘做成齿状，这都是常见的阻止插针因板材缩水而外露的结构。

普通插针扁位一般长度为30~35mm，厚度为1.0~1.3mm，尾针直径为1.3~1.5mm。

2. 插针的规格表示和长度计算

插针的形状及所配铰链的规格多种多样，目前我们国家眼镜行业还没有制订统一的国家标准或行业标准，因此插针的规格型号均为各生产厂家自行编制。一般厂家插针的规格多用扁位的宽度、尾针的直径和插针总长度这3个参数表示。具体表示如下：3.2×ϕ1.4-135mm。如图4-15所示，插针铰链孔中心至插针头这段称为插针头部，插针头部是打插针时装夹插针的，这段的长度为5~8mm。在成品眼镜架上，插针头部已被切除。另外，插针尾尖一般要求至板材脚丝尾8mm，因此可以计算出插针总长度与脚丝长度的关系为：插针总长度=脚丝长度-（0~3）mm。

3. 插针的材料

插针的材料主要有白铜、高镍白铜和不锈钢。白铜主要用来制作较为粗大的插针，不锈钢用于制作较为细小的插针，高镍白铜的综合性能较好，是最常用的插针材料。

4. 插针的选用

选用插针一般考虑以下因素：

① 客供样板：选用最接近客供样架的插针和铰链。

② 板材脚丝的宽度：要保证插针表面覆盖的板材厚度不小于0.8mm。

③ 板材脚丝的装配结构：插针的铰链应符合脚丝的装配结构关系。

④ 板材脚丝长度及尾部厚度：插针的长度及尾针的粗细要与板材脚丝相匹配。

⑤ 插针的防滑结构：尽量选用防滑效果好的插针。

⑥ 插针的价格：在符合质量要求的情况下，由价格来决定。

三、注塑架其他金属配件

注塑眼镜架除使用普通的金属钉铰外，还会使用一些其他金属零部件。这些金属零部件的应用有时不仅可以简化注塑模具的结构，还可以起到提高镜架佩戴舒适度、增强金属感、提高品位、增加产品配色款式和产品多样性等作用。

1. 销钉连接铰链

注塑眼镜架镜框与脚丝装配除使用钉铰或注塑铰链外，还有使用销钉（或螺纹）连接的金属铰链，这种铰链没有钉脚，使用销钉或螺纹进行装配，如图4-17所示。

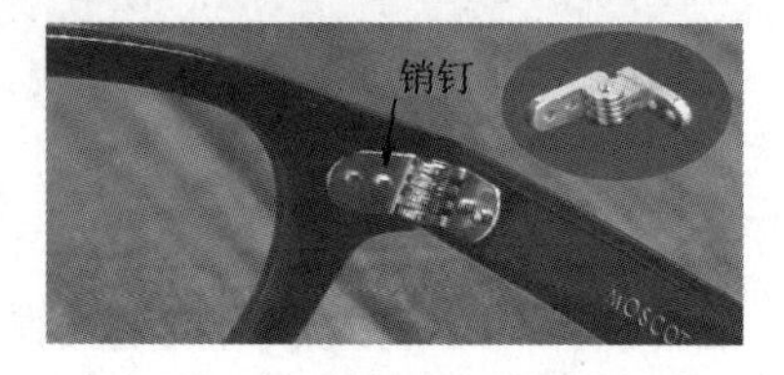

图4-17　销钉连接的铰链及其装配结构

2. 带钉脚烟斗

板材眼镜架或注塑眼镜架的托叶一般是与镜框一体制出的，托叶的形状和位置是不能调整的，因而这样的托叶不可能适合每一个人的鼻子外形，往往会出现托叶不吻合、佩戴感到不舒适的现象。带钉脚的金属烟斗装配在注塑眼镜架（板材眼镜架）上就是为了解决这个问题。带钉脚的烟斗及其装配结构如图4-18所示。

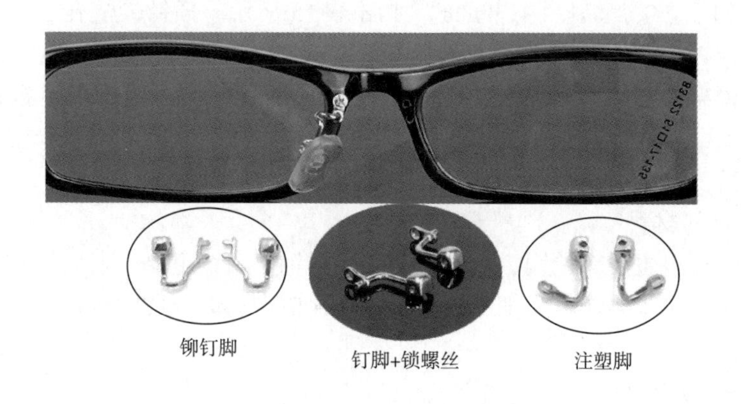

图4-18　带钉脚的烟斗及其装配结构

3. 带铰链的注塑金属脾头

注塑铰链无论是强度还是耐磨性都远不及金属铰链，因此高档注塑眼镜架基本都使用金属铰链，如果使用普通金属钉铰，为保证钉铰的牢固度，势必要加大镜架脚丝的厚度，这样脚丝就显得粗大，因此一般会将更加精巧的焊接有铰链的金属脾头注塑在脚丝头部中，类似于板材插针。注塑金属脚丝头部及装配结构如图4-19所示。

图 4-19　注塑金属脚丝头部及装配结构

4. 注塑用金属脚丝尾部

注塑脚丝材料大多为 TR90，TR90 是一种高强度、高弹性的尼龙材料，所以脚丝一经注塑成型后其形状很难改变，也就是说注塑眼镜架几乎无法调整架形，而脚丝尾部的形状与佩戴者头型的吻合情况存在差异，所以需要对脚丝尾部进行个性化调整。注塑脚丝使用金属脚丝尾+脚套的结构很好地解决了这个问题。另外，脚丝与脚套的颜色搭配可以实现多样化。注塑金属脚丝尾部及其装配结构图 4-20 所示。

图 4-20　注塑金属脚丝尾部及装配结构

知识链接

塑料的热塑性和热固性概念

塑料根据其热变化状况分为两大类：热塑性塑料和热固性塑料。

一、热塑性塑料

热塑性塑料是指当材料在加热时，随着温度的上升而慢慢变软以至流动，在冷却时又会随着温度的下降而慢慢变硬，这种过程是可逆的，可以反复进行。具有这种性能的塑料称为热塑性塑料。

热塑性塑料中树脂分子链都是线型或带支链的结构，分子链之间无化学键产生，加热时软化流动、冷却时变硬的过程是物理变化。这类塑料包括尼龙（Nylon）、聚乙烯（PE）、聚丙烯（PP）、聚氯乙烯（PVC）、丙烯腈-丁二烯-苯乙烯（ABS）、聚苯乙烯（PS）、聚甲醛（POM）、聚碳酸酯（PC）、聚氨酯

(PU)、聚四氟乙烯（铁氟龙，PTFE）等。

二、热固性塑料

热固性塑料是指第一次加热时可以软化流动，加热到一定的温度，材料内部会产生化学反应——交联反应而固化变硬，这种变化是不可逆的，此后，再次加热时，已不能再变软流动了。具有这种性能的塑料称为热固性塑料。

热固性塑料的树脂固化前是线型或带支链的，固化后分子链之间形成化学键，成为三度的网状结构，不仅不能再熔触，在溶剂中也不能溶解。这类塑料包括酚醛、脲醛、三聚氰胺甲醛、环氧、不饱和聚酯、有机硅等。用于隔热、耐磨、绝缘、耐高压电等在恶劣环境中使用的塑料，大部分是热固性塑料，日常生活中最常见的应该是炒锅锅把手和高低压电器盒。

本章作业

1. 板材料有哪些特点？
2. 白明料、皮子料各有什么特点？
3. 插针编号 35×3.2×ϕ1.4-138mm，表示什么意思？
4. 选用插针和钉铰时需考虑哪些因素？
5. 钉铰的底板大小及钉脚的高度与钉铰的稳定性有什么关系？
6. 插针扁位上的凸筋和齿状花纹的作用是什么？
7. 选用插针时长度如何确定？
8. 插针的材料有哪些？插针材料与插针的大小有什么关系？

第五章　眼镜通用的成品包装零部件

本章内容要点

1. 常用眼镜架所用的零配件名称、结构、材料及特性和用途。
2. 常用太阳镜镜片的种类、材料、性能和规格表示方法。
3. 异形太阳镜镜片的结构和特点。

第一节　镜片

镜片是体现眼镜光学功能的最主要的部件。在这里不讨论光学镜片，只介绍与眼镜架设计和加工有关的镜片知识。眼镜出厂时的镜片有两种，一种是定型片，另一种是成品镜片。定型片用于配光学眼镜，在零售时根据使用者需要更换成光学镜片；成品镜片可以直接提供给使用者使用。

一、定型片

光学眼镜因无法预知消费者的个体情况，其最终镜片加工一般由眼镜零售店来完成，所以对于光学眼镜架，出厂时眼镜架上的镜片只起一个定型作用，是中间品，称之为定型片。

1. 定型片的结构

定型片一般为等厚的白色聚碳酸酯片，形状为球面圆片。定型片的球面有不同的曲率，镜片的大小和厚度也有不同规格。定型片结构如图 5-1 所示。

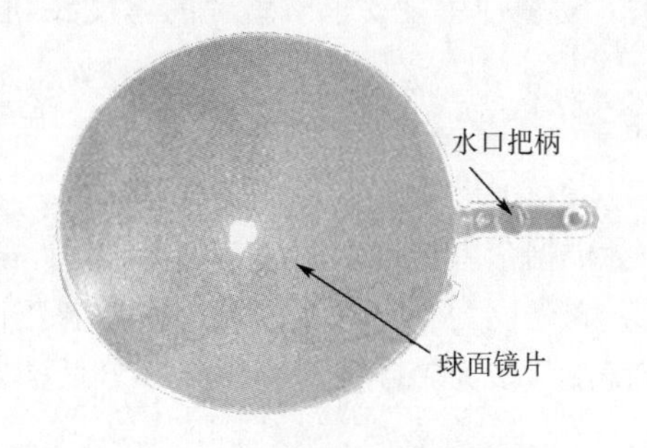

图 5-1　定型片结构示意图

2. 定型片的弯度

① 常用的镜片弯度：光学眼镜架镜片弯度为 4. 0~5. 0C（400~500D），太阳眼镜架镜片弯度为 6. 0 ~ 8. 0C（600~800D）。最常见的光学眼镜架镜片弯度为 4. 5C。

② 镜片弯度与镜片表面球面半径的关系：镜片球面半径 $R=523\div C$（mm）。如 450D 镜片其球面半径 $R=52300\div450\approx116$（mm）。镜片弯度值越大，镜片球面半径越小，镜片越凸。

镜圈弧度必须与镜片弯度一致，否则镜片装配后就不能与镜圈很好地吻合，容易产生弹片。

3. 定型片的规格

定型片的规格用镜片的大小、厚度和镜片弯度来表示，如图 5-2 所示。

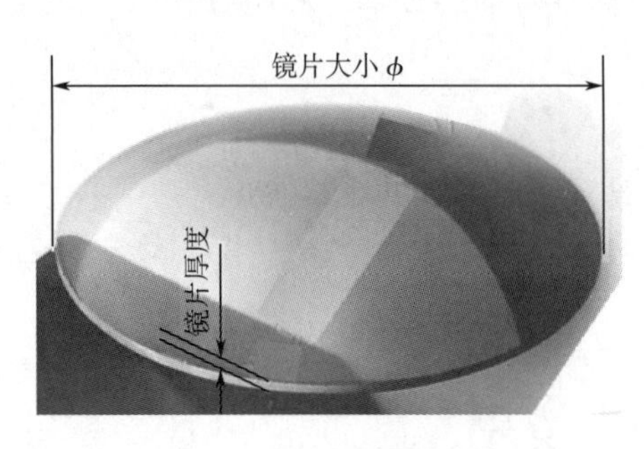

图 5-2　定型片规格示意图

具体表示如：$\phi 65 \times 1.2 \times 600$，即表示镜片大小为 ϕ65mm，厚度为 1.2mm，镜片弯度为 600D。定型片常用镜片的大小规格有 55、60、65、70mm。厚度规格有 1.0、1.1、1.2、1.3、1.5、1.8、2.0、2.3、2.5、3.0mm。其中厚度在 1.5mm 以下的镜片用于全框架，厚度为 1.8～2.3mm 的镜片用于半框架，2.3mm 及以上厚度的镜片用于无框架。

4. 定型片的选用

选用定型片应考虑以下几个因素：

① 镜圈的大小：定型片一般应比镜圈内圈的最大直径大 5mm 左右。

② 圈丝规格：定型片的厚度应与圈丝规格相符，渔丝架的定型片厚度应与圈丝宽度相等。

③ 镜圈结构：全框、半框和无框架的定型片厚度是不同的。

④ 客户要求：客户有指定厚度要求的要满足其要求。

⑤ 镜片弯度要求：镜片的弯度要与镜圈弯度或镜架弯度一致。

二、老花镜镜片

老花镜的镜片大多在眼镜架加工厂就装配好，只有部分较为高档的老花镜，才会根据个人情况配镜。老花镜镜片是凸透镜，即镜片的中心厚度大于边缘厚度，屈光度为正，具有放大作用。老花镜镜片的屈光度一般为+100°～+400°。老花镜镜片多为聚碳酸酯材料，部分低档老花镜使用亚克力材料。

三、太阳镜镜片

随着眼镜产品的时尚化和人们对眼睛健康保护越来越重视，太阳镜已在眼镜市场上占据了半壁江山，在数量上，已超过了光学镜。太阳镜镜片是太阳镜最重要的功能结构件。太阳镜镜片的种类很多，主要分类方法有两种。

1. 按镜片材料分类

太阳镜镜片按材料分，主要有 CR-39 片（普通太阳片）、聚碳酸酯片、尼龙片、偏光片等。事实上，镜片的材料并非是单一的，为了提高镜片的综合性能，大多镜片都经过了渗色、镀膜等处理，所以镜片往往是复合材料。

（1）CR-39片　CR-39片是使用最广泛的太阳镜镜片，常称的普通太阳片就是指CR-3片。CR-39材料的学名叫碳本酸丙烯乙酸，或称烯丙基二甘醇酸酯（Dially Glycol Carbonates），属于热固性材料，它于20世纪40年代被美国哥伦比亚公司的化学家发现，是美国空军所研制的一系列聚合物中的第39号材料，因此，被称为CR-39（Columbia Resin 39）即哥伦比亚第39号树脂。

CR-39太阳镜镜片有以下优点：

① 重量轻：硬树脂镜片的密度为1.31g/cm^3，几乎是玻璃镜片密度的一半，戴眼镜者配戴这种镜片更为舒适。

② 安全防护性能好：CR-39片符合CEN镜片强度标准，有较好的抗冲击性能。同时CR-39片还可有效地阻止紫外线。

③ 光学性能良好：硬树脂镜片有很高的透光性能（是光学塑料中透光性最高的一种），透光率达到了92%。

④ 再加工性能好：CR-39片有较好的切削加工性能，着色性能也非常好，几乎可以染成任何颜色。

⑤ 稳定性好：CR-39片不易变形。

CR-39片也有其自身的缺点，主要表现在以下几个方面：

① 容易擦伤：镜片的耐刮性较玻璃镜片差，但可通过表面硬化处理得到改善。

② 折射率低：CR-39片的折射率低于玻璃镜片，因此更适合用于太阳镜，如用于制作光学镜片，镜片厚度比玻璃镜片要厚。

③ 抗疲劳强度差：当镜片受到外力的长久作用时，CR-39片易发生变形甚至断裂。

④ 热敏感性：虽然CR-39片为热固性树脂材料，但材料的热膨胀系数较大，基片与膜层之间有非常大的内应力，膜层易碎，即表面镀层会因温度变化而产生龟裂现象。

（2）聚碳酸酯片　聚碳酸酯片又称太空片，它最初为太空产品，用于航天航空，近年才被广泛地用于眼镜业。聚碳酸酯片除具有一般树脂镜片的特点外，还具有比普通树脂镜片更多的特点。

① 强度和硬度更好：聚碳酸酯片比普通树脂镜片有更高的强度和硬度，不易划伤和破碎。

② 超强的抗冲击韧性：聚碳酸酯片的抗冲击力为CR-39片的10倍以上，最适合于无框架的制作。

③ 稳定性更高：聚碳酸酯片比普通树脂镜片更耐热、耐油、耐润滑脂和耐酸，且吸水性低，有高度的尺寸稳定性。

④ 防紫外线性能好：聚碳酸酯片能有效地吸收385nm以下的紫外线。

⑤ 兼容性较差：聚碳酸酯片与其他树脂的相溶性较差，难以进行性能改良。

⑥ 加工难度大：聚碳酸酯片强度高，硬度大，且摩擦因数较大，无自润滑性，因此难以加工。

(3) 偏光片　偏光片是一种具有偏振光栅作用的镜片。偏振光片能有选择地让某个方向振动的光线通过，是全球公认的最适合驾驶员使用的镜片。因为光由物体表面反射时已部分被偏振产生眩光，眩光具有反面作用——增强亮度，减弱色彩饱和度，使物体轮廓变得模糊不清，易使眼睛产生疲劳和不适。偏光片具有消除眩光的特殊功能，令驾驶者改善视觉，增添驾乘乐趣。

偏光太阳片著名的生产厂家是宝丽来公司，所以通常称偏光片为宝丽来片。宝丽来片是一种复合材料镜片，由多层薄薄的树脂材料压制合成，一般有5~9层，各层具有不同的功效。

如图5-3所示，宝丽来片最中间部分是偏光层，可以过滤掉杂散的反射光线；其次是过滤层，可以100%地阻止有害紫外线并降低光线强度；再往外就是抗冲击层，使镜片不易破裂；最外层为强化的耐磨层，使镜片不易划伤和磨损。因此保丽来片具有很多优点：密度小，抗磨性能好，耐高温，抗冲击力强（强度、硬度、韧性好），可以完全阻止紫外线。

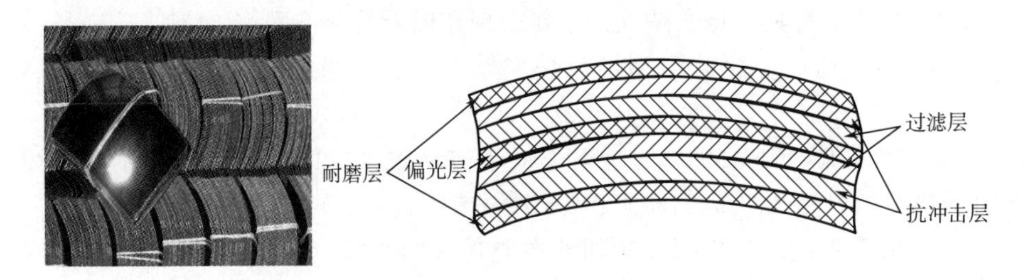

图5-3　宝丽来片结构示意图

宝丽来片一般为方形，其规格用镜片大小、厚度和镜弯表示，如：55×55×0.75×600。常见宝丽来片的厚度规格有0.75、0.90、1.10、1.30、1.50、1.80mm。

宝丽来片的加工工艺较为复杂，技术含量很高，所以价格较贵。目前国内只有二次加工（压弯、裁剪）能力，还不具备完全的生产技术。

(4) 尼龙片　尼龙（Nylon）的学名叫聚酰胺，简称PA，是分子主链上含有重复酰胺基团（NHCO）的热塑性树脂的总称，有很多改性产品。用尼龙材料制作的镜片称之为尼龙片。尼龙片是中高档太阳镜使用最广泛的镜片，它有以下优点：

① 密度小。

② 光学性能优良，色泽清透，视觉感好。

③ 有很高的机械强度，耐冲击性能好，韧性好。

④ 性能稳定，耐油、耐弱酸、耐碱和一般溶剂。

⑤ 耐候性好，无毒、无臭，有自熄性。

⑥ 可有效地阻挡紫外线。

⑦ 易成型，价格适中。

（5）玻璃片　有色玻璃也常用于制作太阳镜片。玻璃镜片刚性好，不会变形，耐磨、抗擦花，但玻璃易碎，且密度较大，所以用量越来越少。

2. 按镜片表面形状分类

镜片按曲面形状分类，主要有单球面镜片、柱面镜片、双曲面镜片、连体风镜镜片等。

（1）单球面镜片　单球面镜片是指镜片为单一球体表面的一部分。单球面镜片应用最为广泛，因此被称为普通镜片。一般出厂时的形状有圆形和扁圆形两种，如图 5-4 所示。

图 5-4　单球面镜片

（2）柱面镜片　柱面镜片的表面形状为圆柱表面的一部分，外形一般为长方形。镜片的垂直方向没有弯度，特别适合于钢片太阳架，如图 5-5 所示。

（3）双曲面镜片　双曲面镜片也称为双弯镜片，其表面为非球曲面，镜片弯度在横向（水平方向）与纵向（垂直方向）是不同的，横向镜片弯度较大些，而纵向镜片弯度则较小，如图 5-6 所示。

双曲面镜片的弯度设计更符合人体面部曲线，使视觉更清晰。一般单片镜片水平方向镜片弯度为 6~8C，垂直方向镜片弯度为 4~6C。

图 5-5　柱面太阳镜镜片

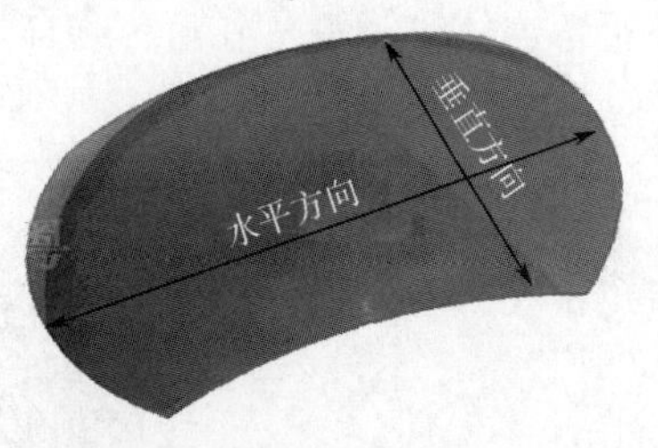

图 5-6　双曲面太阳镜镜片

（4）连体风镜镜片　连体风镜镜片是指左右镜片不是独立的单片，而是连成一体的一块整片，这种镜片多用来制作具有防风沙等功能的运动太阳镜。连体风镜镜片的表面也有多种形状，常见的有普通风镜片、柱面风镜片、双曲（弯）风镜片、双球风镜片及折弯风镜片。

① 普通连体风镜片：普通风镜片为单一球面镜片，镜片弯度一般 4~6.5C，其形状如图 5-7 所示。

② 柱面连体风镜片：柱面连体风镜片的表面为一圆柱面，如图 5-8 所示。

图 5-7　普通连体风镜镜片

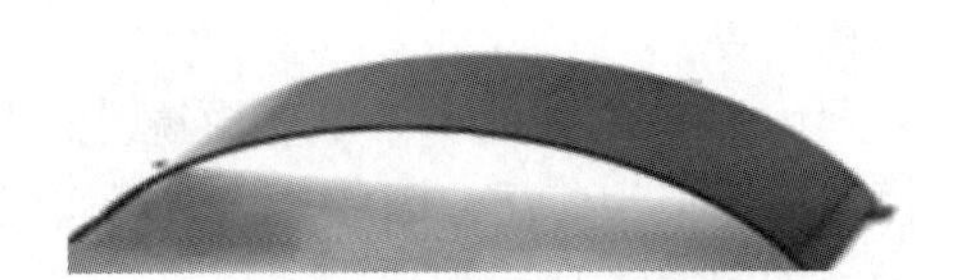

图 5-8　柱面连体风镜镜片

③ 双曲（弯）连体风镜镜片：双曲（弯）连体风镜片就是具有双弯曲面设计的一体风镜片，但其镜片弯度与单片双弯片不同，一般水平方向镜片弯度为 5~8C，垂直方向镜片弯度为 4~5C，如图 5-9 所示。

④ 双球面连体风镜镜片：双球面连体风镜片是由两个相同曲率的独立球面相连而成。其外形有如人的臀部，因此有个不雅的俗名叫屁股片。双球面连体风镜片如图 5-10 所示。

图 5-9　双曲（弯）连体风镜镜片

图 5-10　双球面连体风镜镜片

⑤ 折弯连体风镜镜片：折弯连体风镜镜片的结构如图 5-11 所示。

图 5-11　折弯连体风镜镜片

3. 太阳镜镜片的颜色及特点

太阳镜镜片的颜色主要有绿色、茶色（棕色）、灰色三大系列。此外，还有黄色、蓝色、粉红色及渐进色镜片和变色镜片等。

（1）绿色镜片　这种镜片在吸收光线的同时，最大限度地增加到达眼睛的绿色光，所以有令人凉爽舒适的感觉，适合眼睛容易疲劳的人使用。但由于其透光度及清晰度较低，一般适合休闲时佩戴。

（2）茶色镜片　茶色镜片可吸收光线中的紫色、青色，能几乎全吸收紫外线和红外线，能挡住平滑光亮表面的反射光线，戴眼镜者仍可看清细微的部分，最适宜驾车时佩戴。

（3）灰色镜片　灰色镜片对任何色谱吸收均衡，因此观看景物只会变暗但不会有明显色差，展现真实自然的感觉。

（4）黄色镜片　黄色镜片几乎不减少可见光，但在多雾和黄昏时刻，黄色镜片可提高对比度，提供更准确的视像，所以又称为夜视镜。打猎、射击时，佩戴黄色镜片当滤光镜是十分普遍的。

（5）蓝色镜片　这是最流行的太阳镜镜片颜色，能有效滤去海水及天空反射的浅蓝色，适合到海滩游玩时佩戴。

（6）粉色镜片　装饰性多于实用性的镜片。

（7）水银反光镜片　镜片表面采用高密度的镀膜。这种镜片能更多地吸收与反射可见光，适合户外运动人士使用。

（8）渐进色镜片　有相当部分的太阳镜镜片为渐进色树脂镜片，即镜片颜色上深下浅，逐渐变化，直至接近无色，这样的镜片在户外佩戴时既可以阻挡来自上前方的日光，在户内或在车内又可更清晰逼真地观看近物。另外浅色渐进色还会带来不错的装饰效果，特别适合女性消费者，如图 5-12 所示。

图 5-12　渐进色镜片

（9）变色镜片　变色镜片可以根据太阳光照射的强度变化而使其颜色发生变化，因此也称为光致变色镜片。

变色镜片的变色原理是：在镜片中含有银的溴化物或碘化物，当光照时，光线的能量使镜片中的卤化银分解成为银和卤原子，镜片颜色变深，这时的遮光率可达 50%；当阳光消失时，镜片中的银和卤原子呈结合状态，镜片颜色变浅，遮光率为 15%。变色镜片的颜色还受温度的影响，温度高时颜色浅，温度低时颜色深。

变色眼镜的优点是在强光下镜片能减少强光透过，起到遮光的作用，并能防止紫外线损伤眼睛，在暗处时镜片颜色变浅而不影响视物。

4. 镜片的颜色深浅

太阳镜镜片的颜色按深度分为 4 种，分别是 15%、35%、50% 和 70%。15% 的深度最浅，适合室内佩戴，尤其对于近视患者，可使用这种颜色深度的近视镜片，避免更换眼镜架的麻烦；35%的深度，适合在室外的阳光下使用；50%深度的太阳镜，可在烈日下或海边佩戴；而深度达70%的太阳镜在日常生活中不常用，一般都是电焊工等专业人员所用。

镜片颜色的深浅只影响对可见光的吸收性能，与抗紫外线能力无关，因为紫外线为不可见光，抗紫外线能力取决于镜片的材质，而不是镜片颜色的深浅，一些树脂片无色透明，但仍能100%抗紫外线。

5. 太阳镜镜片的规格表示

太阳镜镜片的外形结构种类繁多，因此其镜片规格的表示也没有统一的标准，一般表示方法为：镜片形状+形状尺寸+弯度+颜色代号。颜色代号各厂家有不同，选用时需查看样板。

（1）普通球面圆片规格表示方法：镜片材料+镜片直径+厚度+镜片弯度+颜色（编号），如CR39-ϕ70×2.1×6C-渐变茶（7201），如图5-13所示。

（2）柱面镜片规格表示方法：镜片材料+表面形状+尺寸+厚度+镜片弯度+颜色（编号），如宝丽来柱面70×55×1.3×6C-灰色，如图5-14所示。

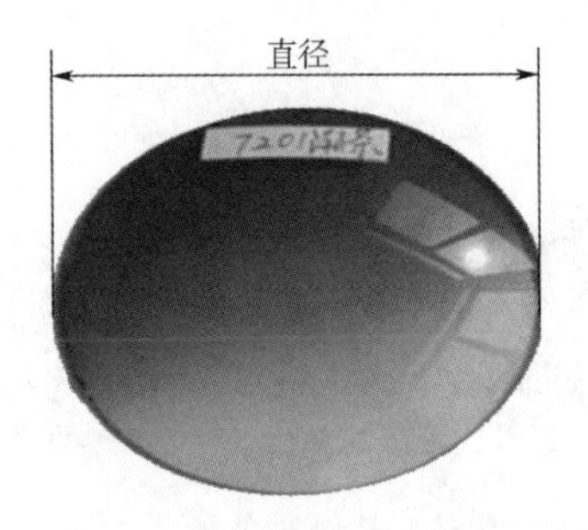

图5-13　单球面尺寸规格示意图

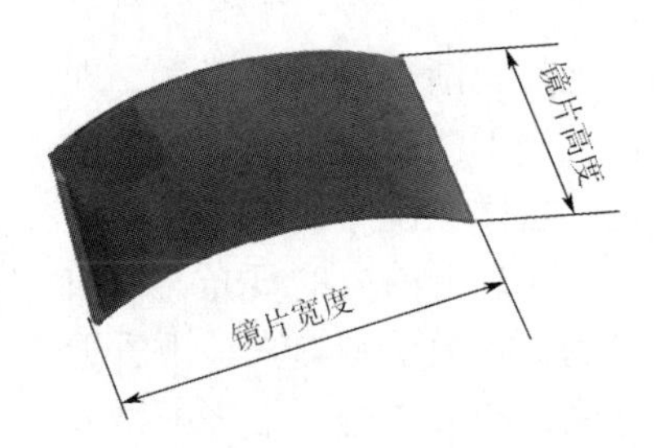

图5-14　柱面镜片规格尺寸示意图

（3）双弯镜片规格表示方法　材料+形状+尺寸+厚度+镜片弯度+颜色（或颜色代号），如尼龙双弯片140×60×2.1×6C-4.5C-灰色，如图5-15所示。

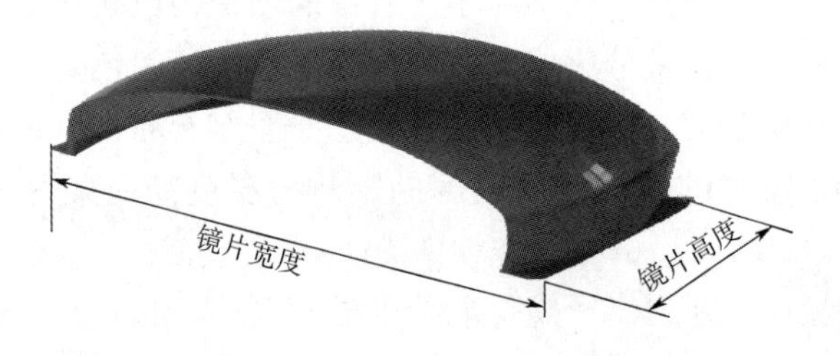

图5-15　双弯镜片规格尺寸示意图

（4）折弯连体风镜镜片规格表示方法　材料+形状+尺寸+厚度+镜片弯度+颜色（或颜色代号），如尼龙折弯双弯片130×70×2.3×6C-4.5C灰色。

（5）双球面连体风镜镜片规格表示方法　材料+形状+尺寸+镜片弯度+颜色　如尼龙双球风镜片 130×70×2.3×8C 绿色，如图 5-16 所示。

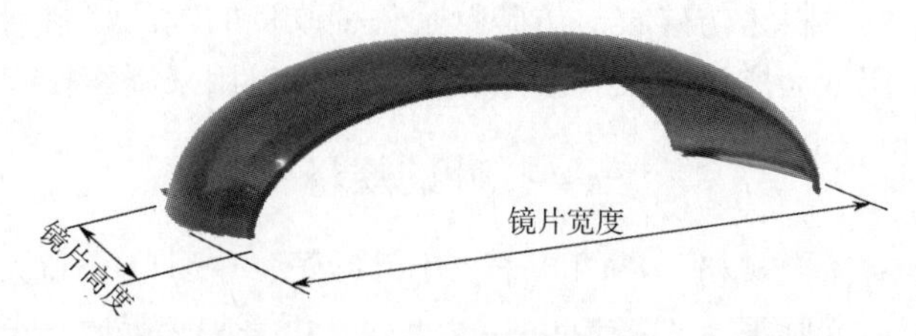

图 5-16　双球面连体风镜镜片规格尺寸示意图

第二节　托叶

托叶是成品眼镜架不可或缺的一个重要配件，安装在烟斗上，其作用是承托眼镜的重量，托叶的大小、形状及材质均对眼镜佩戴的舒适度有直接的影响。

一、托叶的结构

普通托叶的形状像一片树叶，在托叶的底面中间部位有一个安装吊耳，吊耳分有孔和无孔两种，分别配合于锁式烟斗和夹式烟斗。吊耳又分为金属和非金属两种，金属吊耳一端注入托叶中心，这种托叶常称为金属芯托叶，是使用最为广泛的眼镜托叶。普通托叶的结构形状如图 5-17 所示。

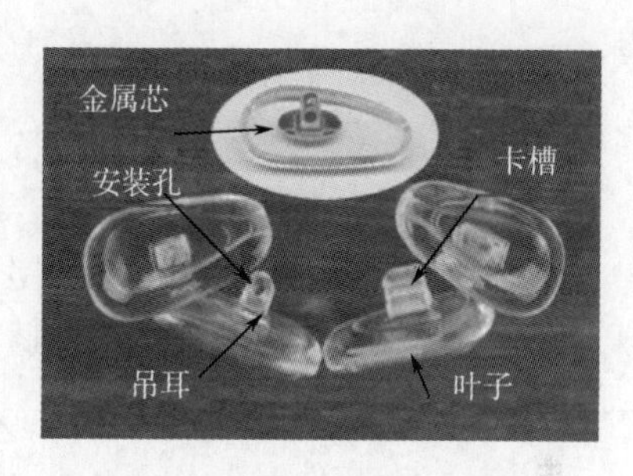

图 5-17　普通托叶结构

不同厂家生产的托叶的外形也有差异，吊耳的形状与烟斗的结构有关，它们的装配结构也不同。大部分托叶都是左右分体的，但也有连体托叶。不同形状的托叶及装配结构如图 5-18 所示。

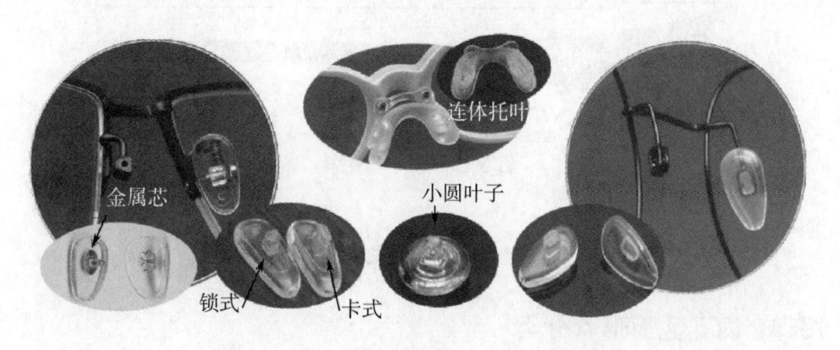

图 5-18　不同形状的托叶及装配结构

二、托叶的材料

托叶最常用的材料是仿硅胶，仿硅胶是一种改良的苯乙烯材料，柔软度和刚性适宜，因而使用最为广泛。聚碳酸酯和橡胶也可以用来制作托叶。

三、托叶的规格

常见的托叶有4个规格：小圆叶子、小号叶子、中号叶子和大号叶子。小圆叶子外形为圆形或椭圆形，直径为9mm，小号、中号和大号叶子分别对应的长度为13、15、17mm。托叶的规格用托叶的最大尺寸+中文表示，如中号金属芯仿硅胶托叶。托叶规格如图5-19所示。

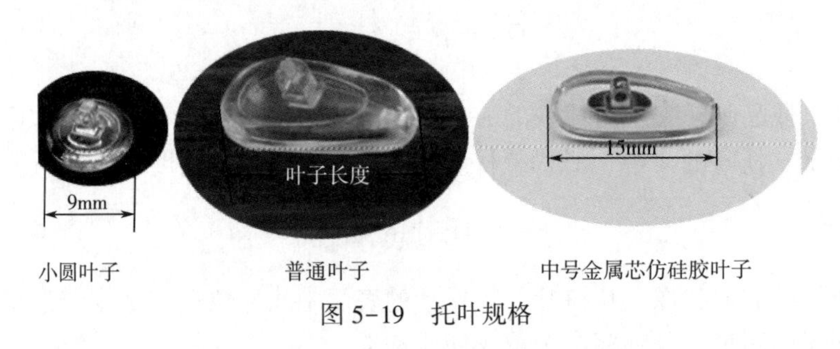

图5-19 托叶规格

第三节 脚套

脚套是套在眼镜架金属脚丝尾部的非金属部件，其作用就是避免金属脚丝与人体直接接触，提高防滑性和舒适感。

一、脚套结构

脚套的外形形状多种多样，常见的脚套结构如图5-20所示。

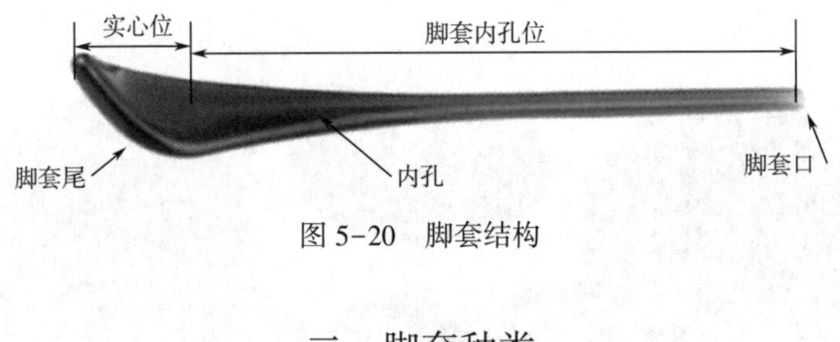

图5-20 脚套结构

二、脚套种类

1. 按脚套内孔截面形状分类

脚套根据脚套口内孔形状分为圆孔脚套和方（扁）孔脚套。

（1）圆孔脚套　圆孔脚套是最常见的，一般与圆尾针的油压脚丝和钢线脚丝配合，圆孔脚套装配后脚套易产生转动。圆孔脚套及装配结构如图 5-21 所示。

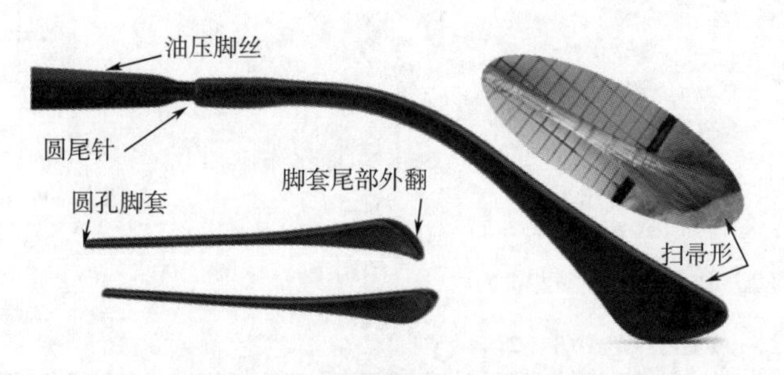

图 5-21　普通脚套及装配结构

（2）方孔（扁口）脚套　方孔脚套也叫扁口脚套，一般脚套前端的外形及内孔截面均为扁方形状。方孔脚套多与扁平尾针的脚丝配合，装配后脚套不会产生旋转现象。方孔脚套及装配结构如图 5-22 所示。

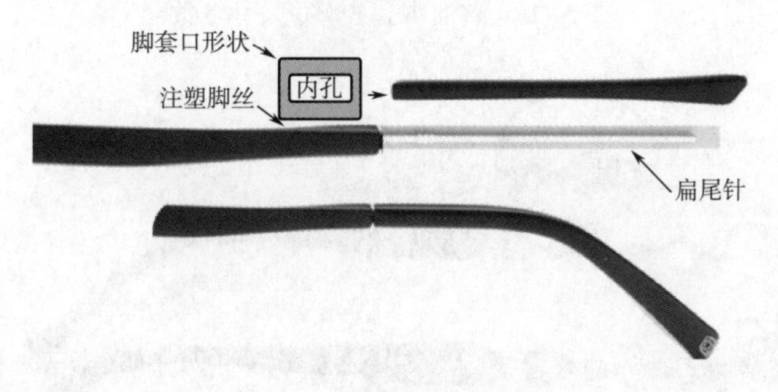

图 5-22　方孔脚套及装配结构

2. 按脚套长度分类

脚套按长度分为普通脚套和长脚套。

（1）普通脚套　普通脚套长度为 65mm，内孔长度为 57mm，尾部实心部位长度 8mm。普通脚套内孔有圆孔，也有扁孔，不过圆孔居多。普通脚套结构如图 5-23 所示。

（2）长脚套　长脚套是指长度大于 65mm 的脚套，一般长脚套长度都不小于 80mm，有的长脚套长度甚至达到 120mm 以上。长脚套大多是方（扁）孔的，少部分为圆孔。长脚套因为长度尺寸较大，脚套缩水比普通脚套大，易在脚套与金属脚丝合口处出现间隙，所以一般长脚套会在近脚套口 3～5mm 处的脚套底面用螺丝与金属脚丝尾部锁紧。长脚套及其安装结构如图 5-24 所示。

3. 其他脚套

眼镜脚套除上述种类外，还有橡胶脚套和皮脚套。

（1）橡胶（硅胶）脚套　橡胶以及硅胶也常用于制作眼镜脚套，橡胶（硅

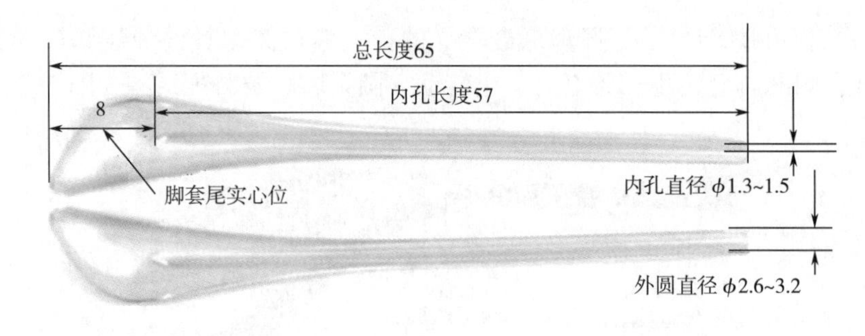

图 5-23　普通脚套各部位尺寸参数

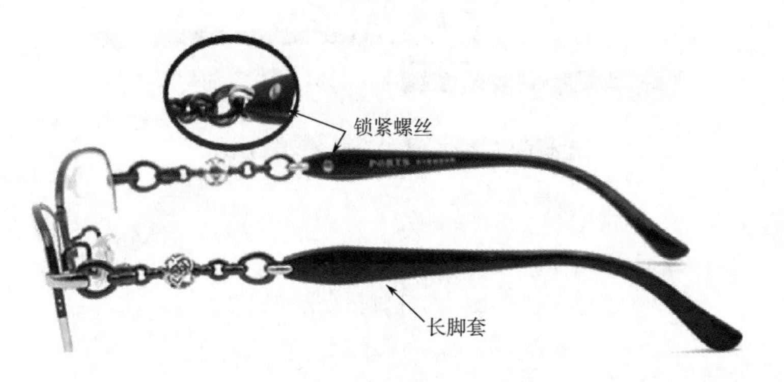

图 5-24　长脚套及其安装结构

胶）具有佩戴舒适感和很高的摩擦因数，佩戴时不易滑落。硅胶脚套如图 5-25 所示。

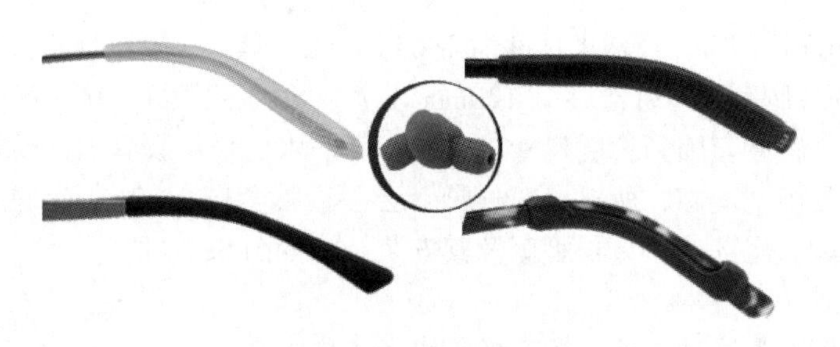

图 5-25　橡胶（硅胶）脚套

（2）皮革（布）脚套　皮革以及布料也可以用来制作脚套，如图 5-26 所示。

图 5-26　皮革脚套

三、脚套材料

脚套的材料有板材、聚碳酸酯、橡胶、皮革。最常用的为板材。

四、脚套规格

脚套外形多种多样，没有统一规格，需要对照厂家提供的样板。一般情况下，脚套的规格用脚套内孔直径及总长度表示，如 ϕ1.5×65mm。普通脚套长度为 65mm。

第四节　钻石

普通眼镜上所镶的钻石并非宝石，而是人工仿制的玻璃产品，眼镜上常用的钻石有圆钻、方钻、扁圆钻等多种外形，其中圆钻因装配较易，使用最为广泛。

圆钻的表面为多面体球形结构，底部嵌入眼镜配件内部，一般为棱锥体或棱锥台。钻石结构如图 5-27 所示，眼镜架上镶钻的效果如图 5-28 所示。

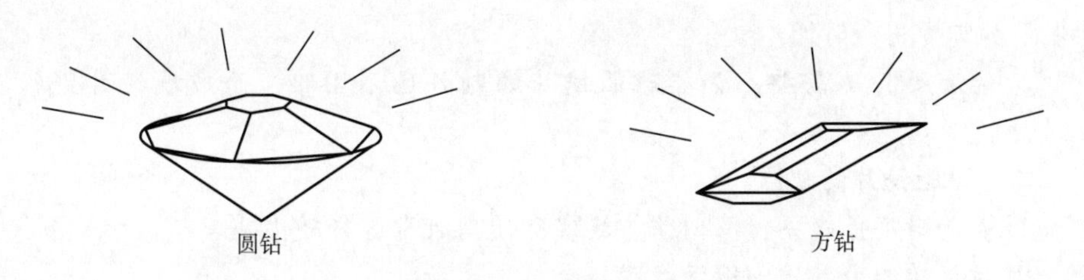

图 5-27　钻石结构

圆钻的规格用表面球形的直径大小表示，常见圆钻的规格有 1.0、1.2、1.5、1.8、2.0、2.5、3.0mm。方钻的规格用方形的尺寸大小表示，如 ϕ1.5 钻石、2.5×1.5 方钻、1.5×1.5 方钻等。

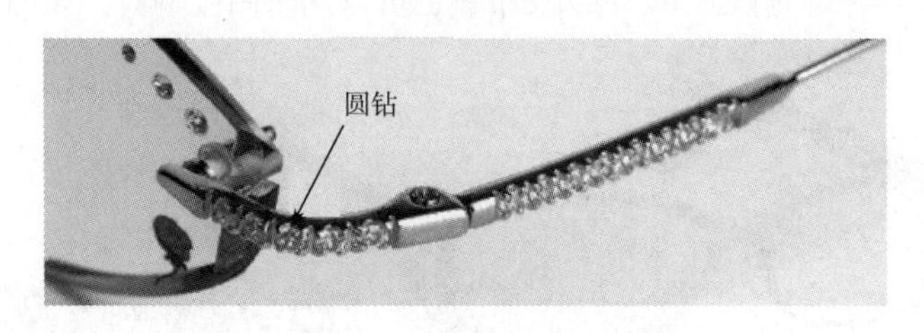

图 5-28 眼镜架镶钻效果

眼镜上使用的钻石颜色有多种，白色、红色、绿色、黄色等，其中以白色最为普遍。

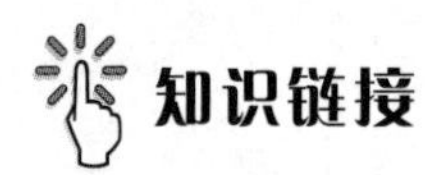

知识链接

树脂镜片

树脂镜片是一种以树脂为材料的光学镜片。其材料有很多种，与玻璃镜片相比，有其独特之处。

一、树脂镜片的优点

① 重量轻：一般树脂镜片相对密度是 0.83~1.50，而光学玻璃的相对密度则为 2.27~5.95。

② 抗冲击力强：树脂镜片的抗冲击力一般为 80~100N/cm^2，是玻璃的好几倍，故而不易破碎，安全耐用。

③ 透光性好：在可见光区，树脂镜片透光率与玻璃相似；红外光区，比玻璃稍高；紫外区，以 0.4μm 开始随着波长的减小透光率降低，波长小于 0.3μm 的光几乎全部吸收。

④ 成本低：注射成型的镜片，只需制作一个精密的模子后，就可大量生产，节省了加工费用和时间。

⑤ 能满足特殊需要：如非球面镜片的制作已不困难，而玻璃镜片则很难办到。

二、树脂镜片的缺点

① 表面耐磨性能差，易划伤，故实际使用时常进行硬化处理。

② 抗化学能力差，需镀保护膜。

③ 吸水性比玻璃大，需通过镀膜方法改善。

④ 热膨胀系数高，导热性差。

⑤ 软化温度低，容易变形而影响光学性能。

以上 ①~③可通过表面镀膜的方法得到较好改善。④和⑤才是其致命缺点。

三、树脂镜片的光学参数

①折射率：折射率是镜片对入射光的透射光角度和入射光角度的正弦之比。其值一般为1.49~1.74。在相同度数下，折射率越高，镜片越薄，但材料的折射率越高，其色散越厉害。

②抗划伤性：抗划伤性指镜片表面在外力作用下对镜片表面的透光率的伤害程度，镜片的划伤是影响镜片使用寿命、视觉效果的重要因素。国内常用摩擦雾度值（Hs）表示，其值一般在0.2~4.5，越低越好。国外常用BAYER方法测定，其值在0.8~4，越高越好。通常所指的加硬性树脂镜片，它的抗划伤性要比一般树脂镜片好。

③UV截止率：UV截止率又称UV值，是评价镜片有效阻挡紫外线辐射的重要指标。其值必须大于315nm，一般应大于350nm和小于400nm。在眼镜店经常听到的UV400镜片，它可以有效地阻挡紫外线辐射。此外也可以在树脂镜片上加防辐射膜。

④透光率：透光率指镜片的投射光量和入射光量的比值。透光率越高，镜片越清晰。

⑤阿贝数：阿贝数是用来表示透明物质色散能力的反比例指数，可用来参考镜片对可见光的干涉及色泽的分辨能力，其值为32~60，镜片的阿贝数越高，失真越少。

⑥抗冲击性：指镜片承受冲击力的机械强度。树脂镜片的抗冲击性比玻璃镜片强，甚至有些树脂镜片是敲不碎的。

⑦涂层牢固度：涂层牢固度是用来衡量加膜镜片的膜层寿命的指标。现在很多消费者都要求镜片是加膜的，有的镜片甚至加了好几种膜，常见的有抗反射膜、加硬膜（抗磨损膜）、抗辐射膜等。

⑧抗辐射性能：抗辐射性能指镜片通过蒸镀某种金属导电物质，使其由绝缘体转变成一定程度的电导体从而屏蔽电磁辐射的能力。近年来，抗辐射镜片成为加膜镜片的主流。

⑨密度：材料密度越小，就能制造出越轻的镜片。如今，重量轻的镜片越来越受到顾客的青睐。

⑩偏光：偏光镜片可以保护人们不受反射光线的伤害，可以加强室外的视觉对比，尤其是开车时，偏光镜片能够减弱刺眼的强光。大多数染色太阳镜上都使用了偏光镜片。

⑪其他物理指标：阻燃性、黄色指数、抗凹陷、变色等。

本章作业

1. 常用的配件有哪些？怎样表示镜片、托叶、脚套、钻石的规格？

2. CR-39片有什么优缺点？

3. 定型片的选用原则有哪些？
4. 宝丽来片的优点有哪些？
5. 尼龙片的优点有哪些？
6. 常用的脚套材料有哪些？
7. 常见的托叶材料有哪些？
8. 太阳镜镜片表面结构是怎样的？
9. 风镜镜片的种类有哪些？
10. 太阳镜镜片的三大系列颜色是什么？各有什么特点？

第六章 眼镜架装配中的典型结构

本章内容要点

1. 各类眼镜架装配中的典型结构。
2. 装配结构的分解方法和步骤。
3. 装配结构中的参数概念。
4. 各种装配结构的优缺点。

第一节 镜片的装配结构

镜片的装配结构分为三大类，即全框装配结构、半框装配结构和无框装配结构。在这三类装配结构中又分别包含多种不同的具体结构。

一、全框眼镜架的镜片装配

全框镜架包括金属全框架和非金属全框架。典型的镜片装配结构有以下几种。

1. 普通金属全框架镜片装配结构

在金属全框架中，最普通的镜片装配结构就是全框镜圈卡片，这种结构是通过金属圈丝卡片来达到镜片装配的目的的。金属全框架的圈丝截面形状有V形和U形两种。V形镜圈主要用于光学镜片的装配，U形圈丝一般用于太阳眼镜架。金属全框架镜片的装配结构如图6-1所示。

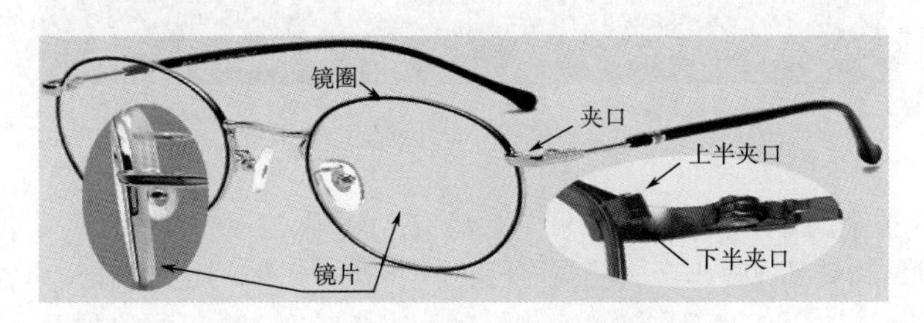

图6-1 普通金属全框架镜片的装配结构

这种结构的镜片装配有较好的稳定性，镜圈使用型材圈丝，加工容易，所以最为常见。但镜片装配时镜圈必须能够开合，所以全框镜圈都有夹口（低档全框太阳架也有不使用夹口或不切开夹口的）。

全框架的夹口一般都在桩头处，一般情况下正视眼镜架的夹口能够被桩头完全盖住。夹口在与镜圈焊接时是一体的，镜圈绕圈的合口位处于夹口的中间，眼镜架焊接桩头前须将夹口在镜圈合口位置切开。桩头焊接时只焊接上半部分夹口（连圈），下半部分夹口则通过夹口螺丝与上半夹口锁紧吻合。

2. 全框钢片铣槽镜片装配结构

这种结构就是在厚钢片框面内圈铣出凹槽，类似于普通全框架镜圈内槽，凹槽形状也有两种，即V形和U形。这种结构中钢片的厚度一般在1.6～2.0mm，一般使用无边高夹口。全框钢片铣槽镜片的装配结构如图6-2所示。

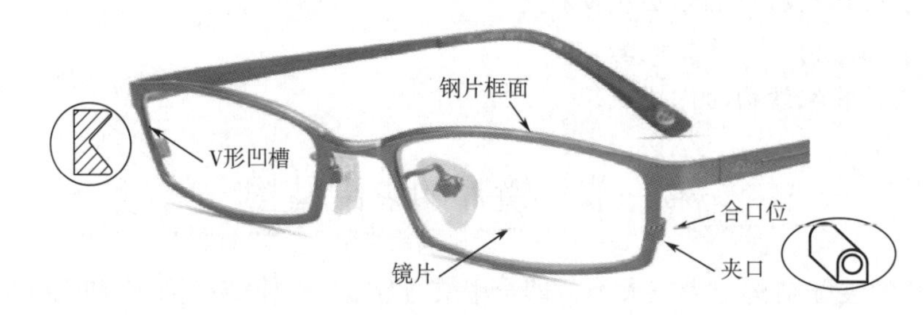

图6-2 全框钢片铣槽卡片的装配结构

3. 全框薄钢片卡片结构

这种结构中，全框钢片框面厚度一般为0.5～0.8mm，镜片结构同渔丝半框镜架，即在镜片侧面中间加工出凹槽，薄钢片直接卡在镜片凹槽内。对于配光镜，钢片框面也必须有夹口可以开合。全框薄钢片卡片装配结构如图6-3所示。

图6-3 全框薄钢片卡片装配结构示意图

4. 全框金属外圈锁非金属内圈卡片结构

这种结构就是在全框金属镜圈内再套一个塑胶镜圈，其主要作用是配合厚度较大的镜片。对于高度近视镜片而言，镜片边缘厚度较大，磨边角度也就较大，而金属镜圈因为尺寸较小，内坑凹槽的深度和宽度都比较小，因此镜片装配的稳固性难以保证，内置一个塑胶镜圈可以较好地解决这个问题。另外，金属与非金属的混搭能够产生出现不同的美观效果。全框金属外圈锁非金属内圈卡片结构如图6-4所示。

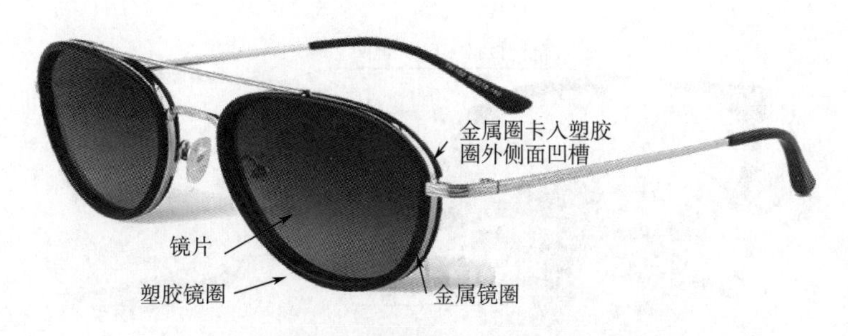

图 6-4　全框金属外圈锁非金属内圈卡片结构

5. 钢片眉毛贴金属全框镜圈结构

钢片眉毛贴全框镜圈是钢片眉毛架的一种较为典型的结构。镜圈和普通全框架镜圈结构一样，但是与眉毛紧贴的部位，其圈形与眉毛外形必须吻合。普通全框架镜圈一般首选平夹口，但钢片眉毛贴全圈的镜圈一般选用立式夹口，以保证正视时尽可能看不到夹口。镜圈的上半夹口为焊接区，下半夹口用螺丝与上半夹口锁紧。钢片眉毛贴全框镜圈结构如图 6-5 所示。

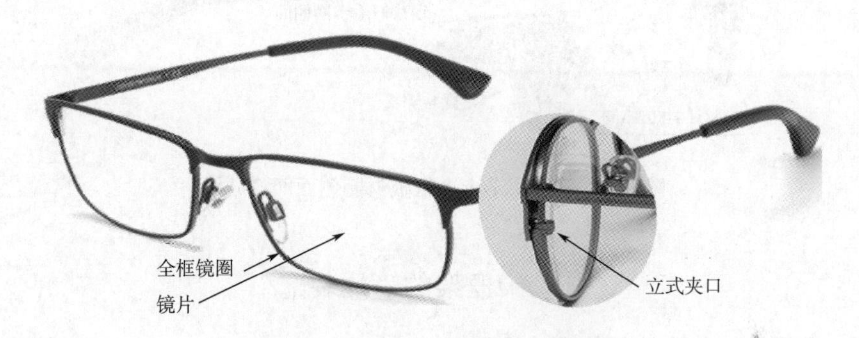

图 6-5　钢片眉毛贴全框镜圈结构

6. 钢片（眉毛）贴全框板材圈眼镜架的镜片装配结构

钢片（眉毛）贴全框板材圈眼镜架有 3 种不同结构，这 3 种结构中，镜片装配方式都是全框板材镜圈卡片，但镜圈与眉毛的装配结构有不同。

（1）钢片贴全框板材圈底结构　钢片贴全框板材圈底是最常见的结构，板材镜圈通过螺纹与金属眉毛连接，眉毛在镜圈底面。在这种结构装配关系中，眉毛与镜圈必须贴合好，否则会有缝隙。钢片贴全框板材圈底结构如图 6-6 所示。

（2）钢片眉毛卡全框板材圈侧面凹槽结构　钢片眉毛卡全框板材圈侧面凹槽结构就是在全框板材镜圈上眉部位圈侧铣槽，将金属眉毛卡入槽内，然后螺纹锁紧。这种结构金属眉毛与板材镜圈贴合紧密，正视看不到锁紧螺丝头，正反两面都看不到金属眉毛，镜架外观精美，但制作工艺相对复杂，质量要求较高。钢

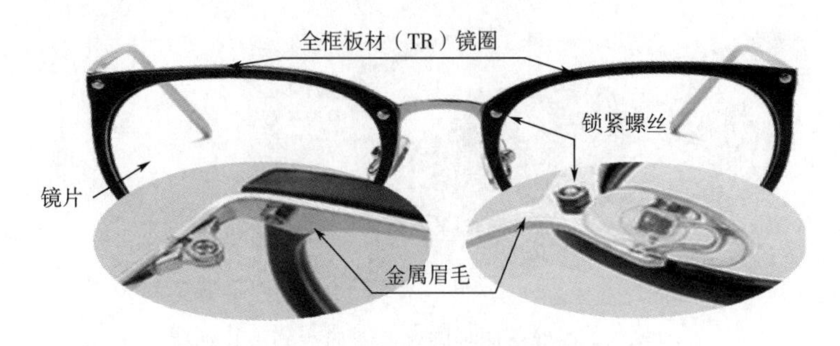

图 6-6　钢片贴全框板材圈底结构

片眉毛卡全框板材圈侧面凹槽结构如图 6-7 所示。

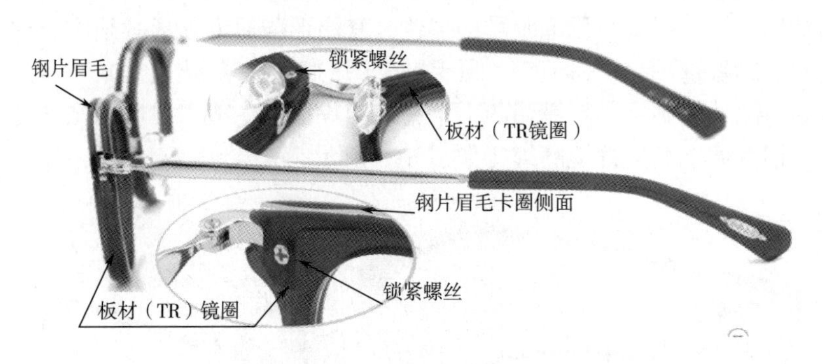

图 6-7　钢片眉毛卡全框板材圈侧面凹槽结构

二、半框架的镜片装配

1. 普通半框架镜片的装配结构

普通半框渔丝架镜片装配结构是最为常见的，镜圈为半框渔丝圈丝绕制，在圈丝两切口端部 2~4mm 处有穿丝孔，圈丝截面形状为凹“T”槽。安装镜片时，先在圈丝内插入“T”形内渔丝，适当长度的圆线外渔丝两头从圈丝端下孔内穿出后再从第二孔穿入，镜片侧边中间车有一小槽，镜片上半部分卡入内渔丝，下半部利用外渔丝箍住。普通半框渔丝架镜片装配结构如图 6-8 所示。

2. 钢片铣凸筋半框架镜片的装配结构

在较厚的（1.8~2.0mm）钢片眉毛内圈部位，机械加工做出一个凸筋，利用凸筋卡入镜片凹槽而取代内渔丝。同样在眉毛头端部 2.0~4.0mm 处打出穿丝孔，外渔丝穿丝路线与普通半框渔丝架相同。钢片铣凸筋半框渔丝架镜片装配结构如图 6-9 所示。

3. 钢片贴圈半框架镜片的装配结构

（1）“7”字型半圈　“7”字型半圈结构是一种常见钢片眉毛贴圈结构，这

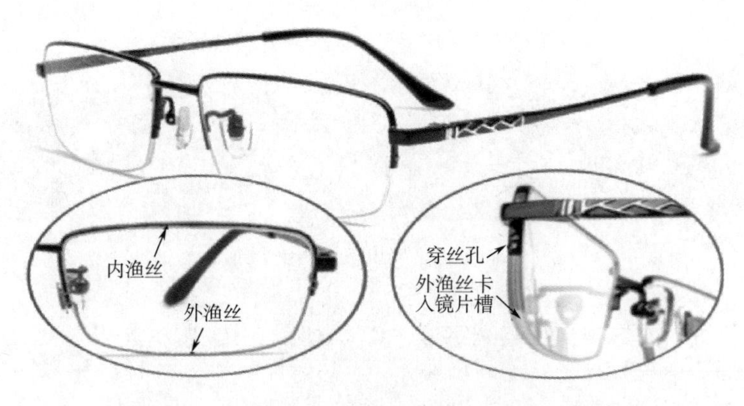

图 6-8　普通半框渔丝架镜片的装配结构

图 6-9　钢片铣凸筋半框渔丝架镜片的装配结构

种结构中的镜圈为横“7”字型，镜圈线性长度较小，约为镜片周长的 1/3，因此装配后镜片的稳定性较差，易弹片。但同一个眼镜架可以配多款镜片，只需镜片与镜圈紧贴部分的镜片外形相同即可。“7”字型半圈钢片贴圈眼镜架镜片装配结构如图 6-10 所示。

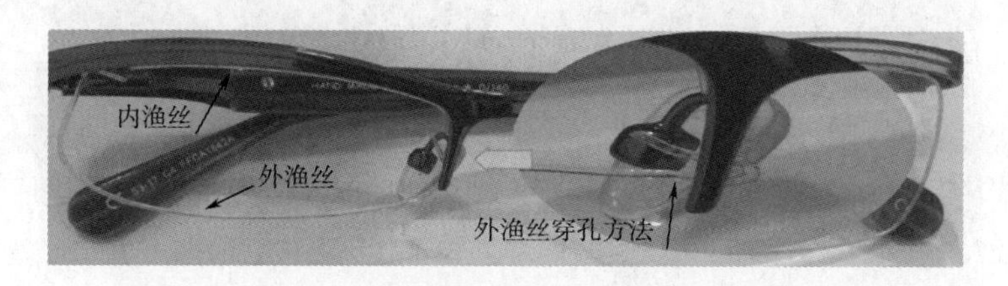

图 6-10　“7”字型半圈钢片贴圈眼镜架镜片的装配结构

（2）“n”字型半圈　“n”字型半圈结构是最常见的钢片眉毛贴圈结构，这种结构中的镜圈外形类似小写英文字母“n”，镜圈线性长度较大，占到镜片周长的一半以上，因此装配后镜片的稳定性很好。

（3）“C”字型半圈　“C”字型半圈钢片贴圈结构也是一种较为常见的钢片半框架结构，这种半框镜圈开口在眼镜架的水平向外方向，镜圈两个切头在镜

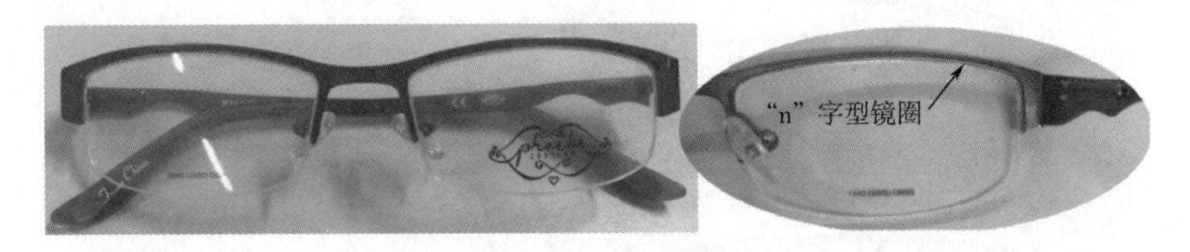

图 6-11 "n"字型半圈钢片贴圈半框眼镜架镜片的装配结构

片的上下位置，圈形类似于英文字母"C"，如图 6-12 所示。

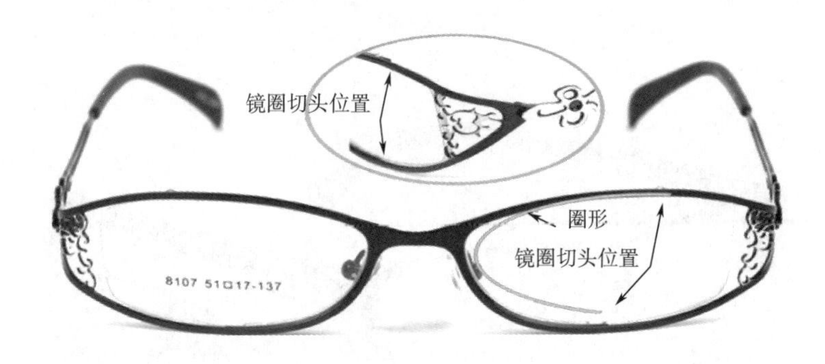

图 6-12 "C"字型半圈钢片贴圈半框架镜片的装配结构

4. 钢片卡片半框架镜片的装配结构

钢片卡片半框眼镜架镜片装配的方法就是把薄钢片直接卡在镜片侧面凹槽内，从而无需镜圈，所以钢片必须较薄。为了保证镜架整体刚性，一般钢片材料为高强度的合金，所以大多数这种结构的镜架为钛合金架。钢片卡片半框眼镜架镜片的装配结构如图 6-13 所示。

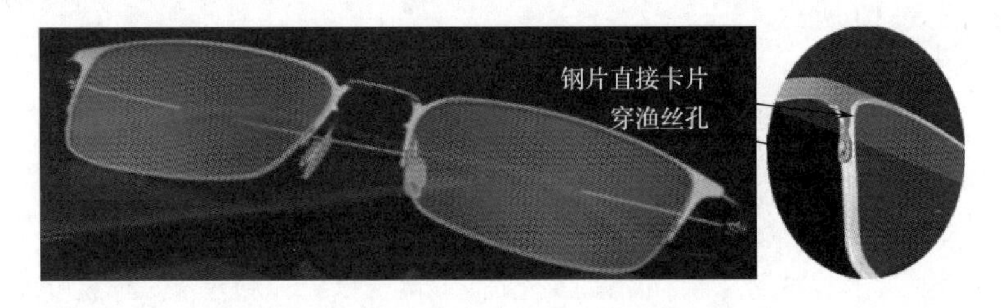

图 6-13 钢片卡片半框架镜片的装配结构

5. 板材或竹木半框镜架镜片的装配结构

板材或竹木眼镜架也有半框结构，镜片的上眉部分卡入板材或竹木眉毛内槽，在板材或竹木眉毛的近端头部位有渔丝安装孔，一般多为单孔。这种单孔穿渔丝的方法就是将渔丝头从槽内穿出后加热熔缩而达到卡紧的目的。板材半框镜架镜片的装配结构如图 6-14 所示。

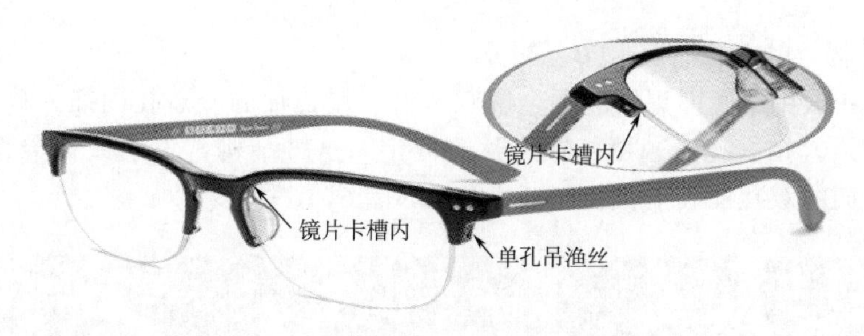

图 6-14　板材半框镜架镜片的装配结构

三、无框架的镜片装配结构

无框架具有轻巧、时尚等特点，是常见的一种眼镜架结构。无框架的镜片装配结构有下列几种。

1. 普通无框架的镜片装配结构

最常见的无框架的镜片装配结构为螺杆+螺母+直钉装配。无头螺杆和直钉焊接在金属桩头底面，镜片相应位置加工有安装孔，螺杆穿过镜片，锁紧螺母，直钉卡在卡槽内，以防镜片与桩头的转动。普通无框架镜片的装配结构如图 6-15 所示。

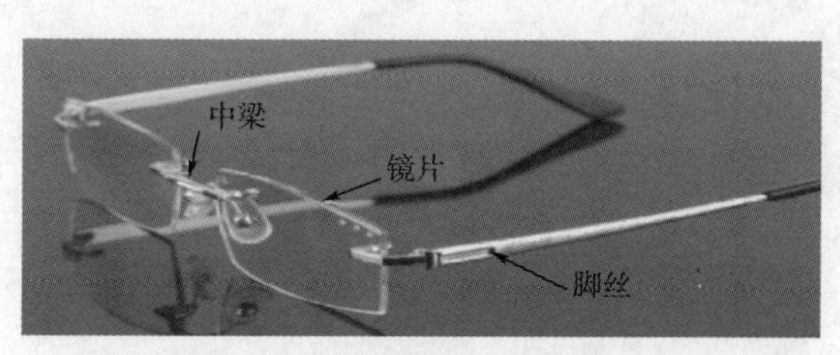

眼镜架

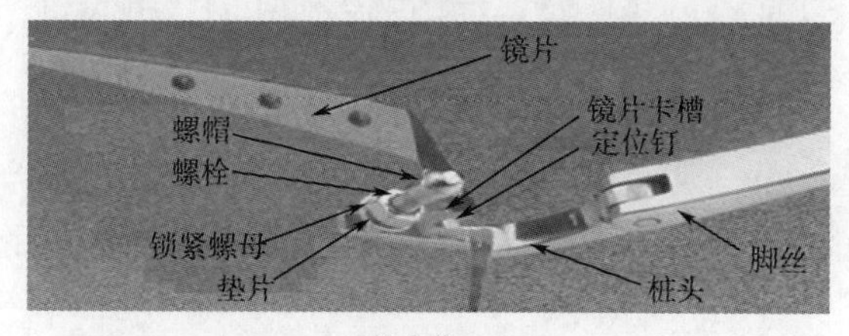

桩头位

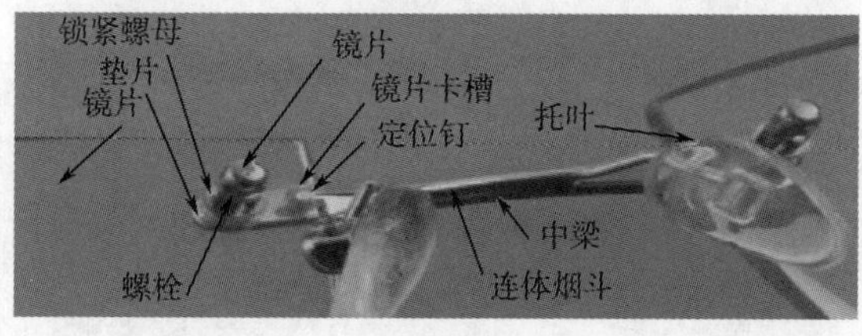

中梁位

图 6-15　普通无框架镜片的装配结构

2. 无框架的双孔硅胶卡扣装配镜片结构

在桩头或中梁底面焊接两颗金属双节钉，在镜片的安装孔内插入硅胶卡扣，双节钉插入卡扣内孔，利用胀紧力达到固定。这种结构常见于钛合金无框眼镜架。无框架的双孔硅胶卡扣装配镜片结构如图 6-16 所示。

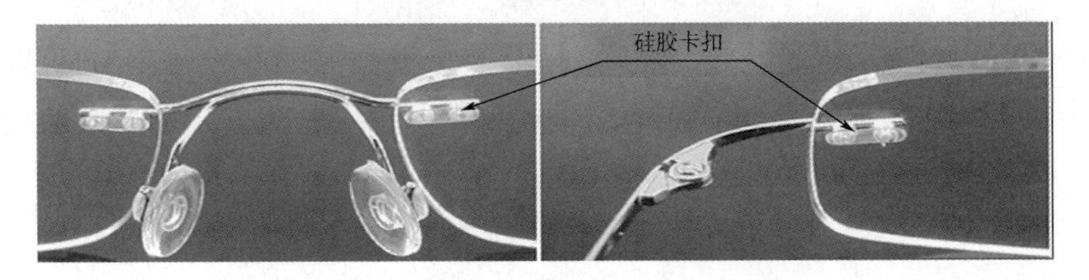

图 6-16　无框架的双孔硅胶卡扣装配镜片结构

3. 钢片贴片无框架镜片装配结构

钢片贴片无框架结构在太阳镜中较为常见。最常见的是大头螺丝穿过镜片及钢片眉毛的安装孔后，用螺母锁紧（或直接锁入钢片的螺孔），这种结构只适合太阳镜。钢片贴片无框架镜片装配结构如图 6-17 所示。

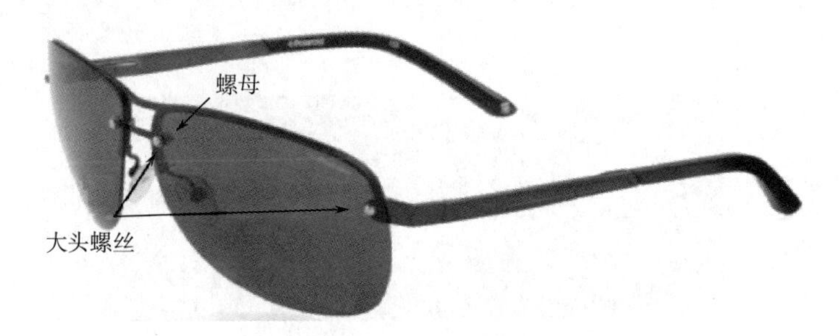

图 6-17　钢片贴片（锁片）无框架镜片装配结构

此外，还有一种类似结构，那就是在钢片框架上焊接挂钩，利用挂钩安装太阳镜镜片，或如普通光学眼镜架一样通过焊接的方式做出金属半架，然后再利用挂钩安装镜片。这种半架贴片（挂片）无框架镜片装配结构如图 6-18 所示。

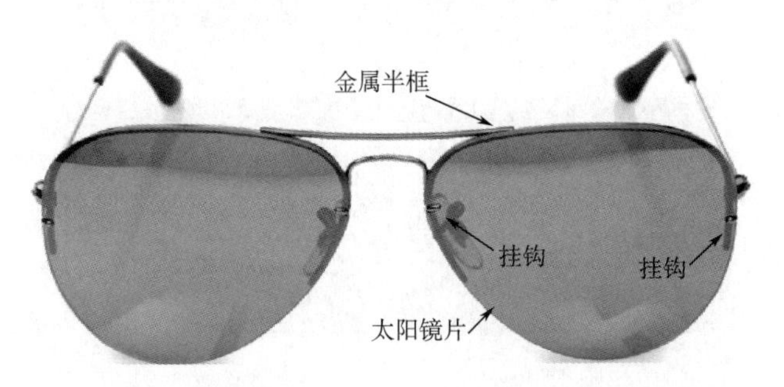

图 6-18　半架贴片（挂片）无框架镜片装配结构

4. “T”字型桩头的无框架镜片装配结构

“T”字型桩头的无框架镜片装配结构中桩头（中梁）的外形为“T”形，头部底面焊接一颗螺钉，螺钉穿过镜片，用螺母锁紧，桩头（中梁）有一个卡边的结构，卡住镜片以防其转动，这种结构的无框架具有复古风味，近年来在市场上也很多见，如图 6-19 所示。

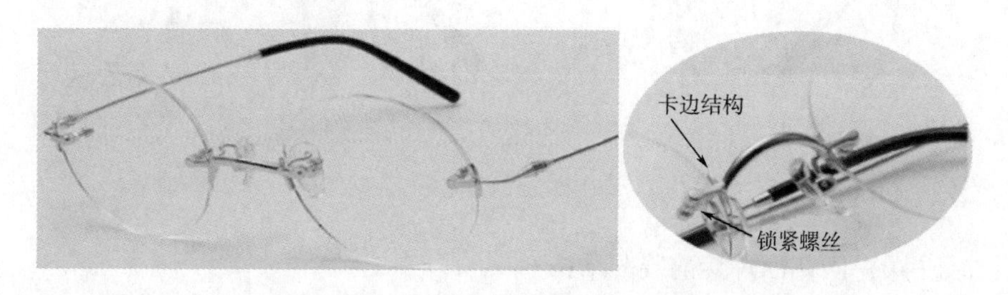

图 6-19　“T”字型桩头的无框架镜片装配结构

第二节　金属眼镜架中梁（上梁）与镜圈的装配结构

一、常见金属眼镜架中梁与圈的装配结构

1. 中梁搭圈正面焊接的装配结构

中梁搭圈正面焊接结构是普通金属光学架最为常见的结构。在这种结构中，先根据镜圈形状及焊接位置要求，在中梁粗坯端部底面锣切级位，然后搭在镜圈表面焊接。这种结构具有焊接强度好、外形美观及焊接工艺简单等特点。中梁搭圈正面焊接结构如图 6-20 所示。

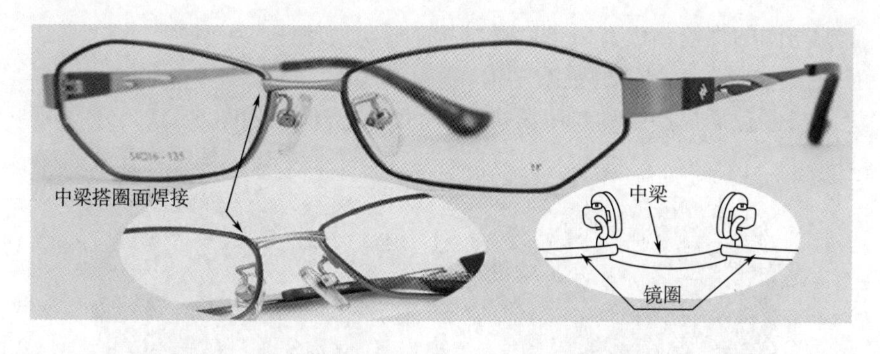

图 6-20　中梁搭圈正面焊接的装配结构

2. 中梁搭圈底焊接的装配结构

中梁搭圈底焊接就是在中梁端部表面锣切一个级位，然后搭在镜圈底面进行

焊接，其焊接工艺简单，强度同样很好，缺点就是焊缝在表面。图 6-21 所示为中梁搭圈底焊接的装配结构。

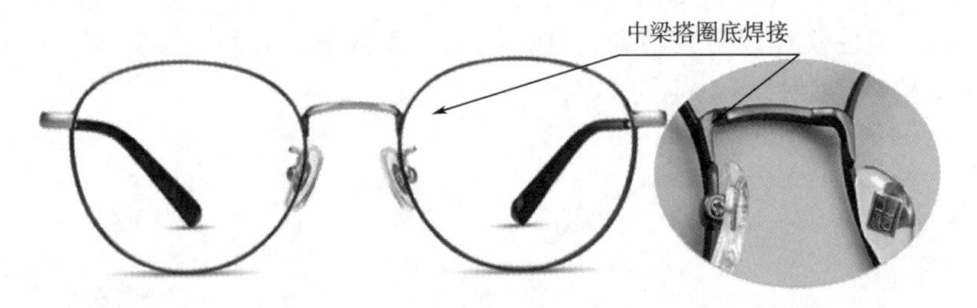

图 6-21　中梁搭圈底焊接的装配结构

3. 中梁贴圈侧面焊接的装配结构

中梁与镜圈的焊接结构还有一种就是中梁贴镜圈侧面焊接，这种焊接结构多见于太阳镜架，如图 6-22 所示。

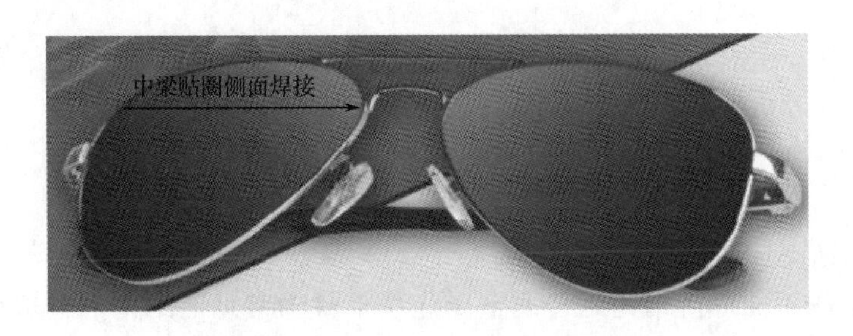

图 6-22　中梁贴圈侧面焊接太阳镜架

二、常见上梁与圈焊接的装配结构

上梁与圈的焊接一般有以下两种结构。

1. 上梁搭圈正面焊接的装配结构

上梁搭圈正面焊接结构与中梁搭圈正面结构类似，如图 6-23 所示。

图 6-23　上梁搭圈正面焊接的装配结构

2. 上梁贴圈侧面焊接的装配结构

上梁贴圈侧面焊接就是上梁贴焊在镜圈的上眉部位。上梁端部必须与镜圈侧面吻合，焊接区长度不小于 1.5mm。上梁贴圈侧面焊接的装配结构如图 6-24 所示。

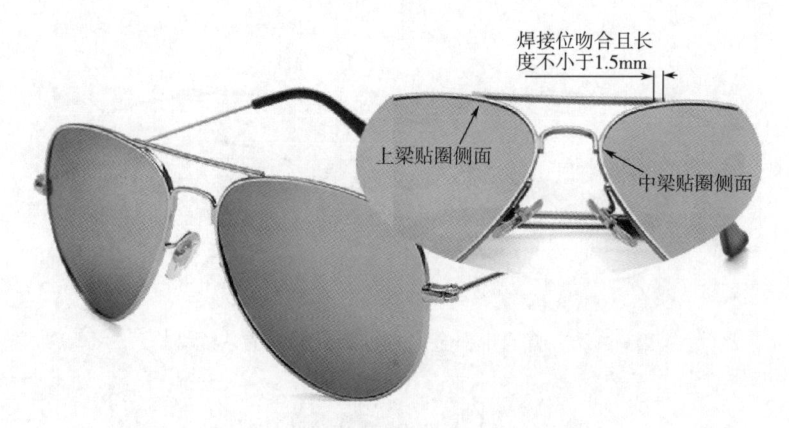

图 6-24　上梁贴圈侧面焊接的装配结构

在双梁眼镜架中，上梁搭圈正面焊接结构一般与中梁搭圈正面焊接配合，而上梁贴圈侧面则多与中梁贴圈侧面出现在同一副眼镜架上。

第三节　典型眼镜架桩头与镜圈的装配结构

一、普通金属架桩头与镜圈的装配结构

普通金属架桩头与镜圈的装配结构最常见的是桩头贴镜圈表面焊接。

1. 普通全框金属架桩头与镜圈的装配结构

普通全框金属架因镜片的装配原因，镜圈都焊有夹口，夹口与镜圈焊接后，会被切开分为上下两半。桩头与镜圈装配时，只有上半夹口连同镜圈一起与桩头焊接，而下半部分镜圈与下半夹口则通过夹口螺丝与上半夹口锁紧装配，如图 6-25 所示。

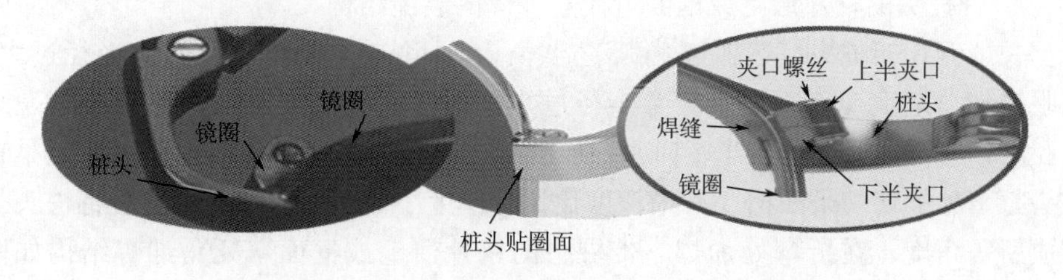

图 6-25　普通全框金属架桩头与镜圈的装配结构

2. 普通半框金属架桩头与镜圈的装配结构

半框金属架桩头与镜圈的装配结构最常见的是桩头贴镜圈焊接，当桩头厚度较大时（≥1.2mm），桩头往往采用在底部锣切级位搭镜圈焊接的形式装配，这样既美观又可以增大焊接强度。普通半框金属架桩头与镜圈的装配结构如图 6-26 所示。

图 6-26　普通半框金属架桩头与镜圈的装配结构

二、钢片架桩头装配结构

钢片架的结构有多种形式，其桩头的装配结构也是多种多样，下面介绍的只是较为典型的桩头装配结构。

1. 普通钢片架桩头装配结构

最常见的钢片架是眉毛连体桩头结构，这种结构的钢片眉毛桩头只需打弯即可，如图 6-27 所示。

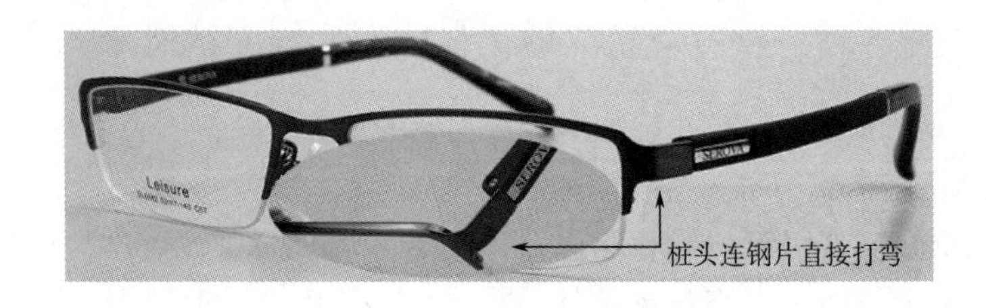

图 6-27　普通钢片架桩头装配结构

2. 带桩头的钢片眉毛或框面弯死角加焊的装配结构

一般钢片架桩头打弯弧（内弧）半径为 3~4mm。如果桩头打弯半径过大，则眼镜架总架宽变大；如果打弯半径过小，则打弯难度增大，甚至出现弯裂现象，所以当需要较小弯角半径时，一般就做出死角弯。死角弯的加工方法就是在桩头打弯处锣切一条凹槽（凹槽深度比钢片厚度小 0.3mm 左右），然后将桩头折弯成所需角度，在折弯处加焊。带桩头的钢片眉毛或框面弯死角加焊结构如图 6-28 所示。

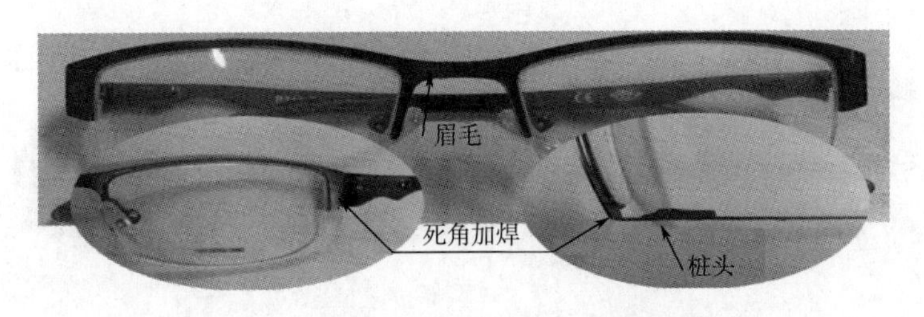

图 6-28　带桩头的钢片眉毛弯死角加焊结构

3. 短桩头对接眉毛或框面底面装配结构

在钢片眉毛架中，短桩头对接眉毛底面的装配方式也是一种常见结构，如图 6-29 所示。

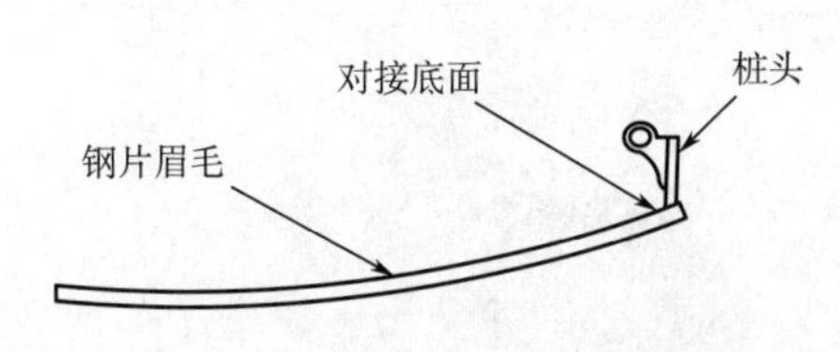

图 6-29　短桩头对接眉毛底面的装配结构

4. 桩头贴眉毛侧面焊接装配结构

桩头贴眉毛侧面焊接的装配结构一般出现在厚钢片眉毛架中，如图 6-30 所示。

图 6-30　桩头贴眉毛侧面焊接的装配结构

5. 钢片眉毛底面对接铰链与脚丝装配结构

直接用前铰替代短桩头对接在钢片眉毛底面与脚丝铰链装配，这种装配结构形式也常出现在钢片架中，如图 6-31 所示。

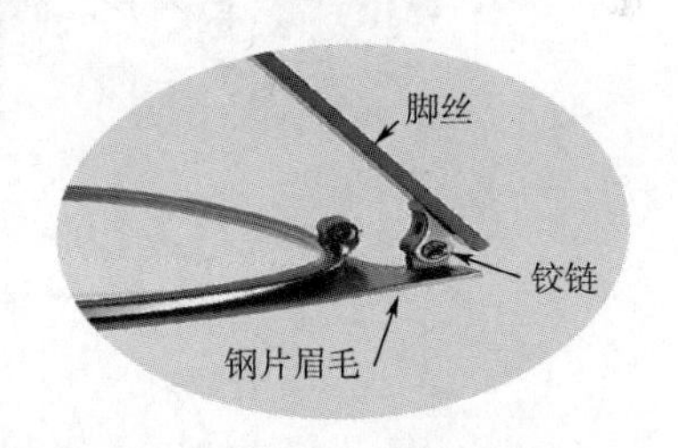

图 6-31　钢片眉毛底面对接铰链与脚丝的装配结构

6. 桩头搭贴钢片眉毛表面焊接装配结构

金属桩头搭钢片眉毛表面焊接，使钢片表面有立体的效果，因而这种装配形式也常见于钢片架中，如图 6-32 所示。

7. 桩头贴钢片眉毛底面焊接装配结构

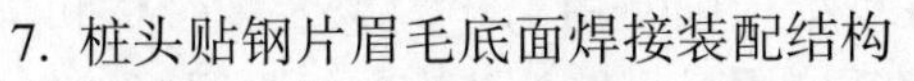

在钢片架中，也有桩头贴钢片眉毛底面焊接的装配形式，其结构如图 6-33 所示。

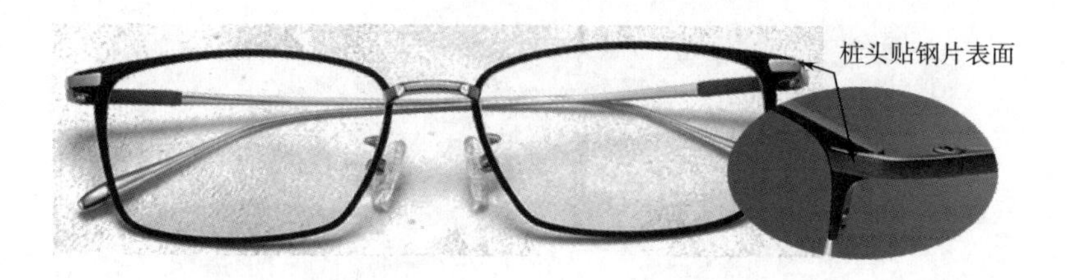

图 6-32　桩头搭贴钢片眉毛表面焊接装配结构

图 6-33　桩头贴钢片眉毛底面焊接装配结构

三、猪腰铰链装配结构

猪腰铰链是一个集夹口、桩头及铰链于一体的多功能金属配件，具有结构简洁、功能强大、加工工艺简单等特点，因此猪腰铰链在眼镜架设计中被广泛应用，如图 6-34 所示。

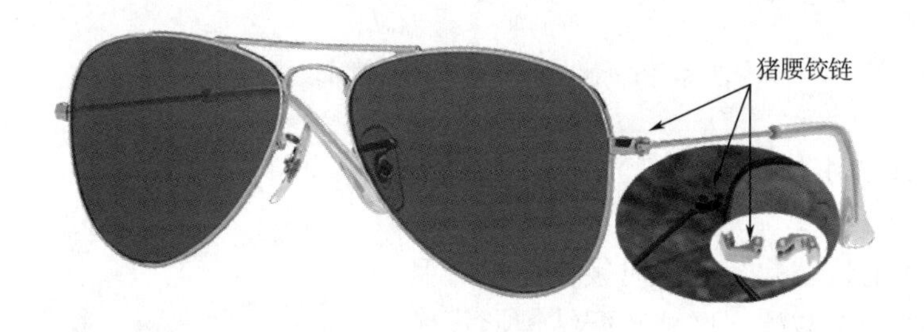

图 6-34　猪腰铰链装配结构

四、板材或注塑眼镜架镜框与脚丝的装配结构

板材或注塑眼镜架只有两种结构，即平桩头结构和弯桩头结构。平桩头结构使用 90°钉铰装配镜框和脚丝，而弯桩头结构则使用 180°钉铰装配镜框和脚丝。随着数控加工在板材眼镜架制作中的广泛应用，平桩头结构的板材眼镜架在市场中的比例越来越大。

1. 平桩头板材眼镜架镜框与脚丝的装配结构

在平桩头结构板材眼镜架中，板材镜框与板材脚丝的装配通过金属铰链来完成，常见的装配结构有两种形式。

（1）90°钉铰装配　最常见的装配形式就是前铰为 90°钉铰，钉入板材框，后铰焊接在铜芯上并与铜芯一同打插进入板材脚丝内，如图 6-35 所示。

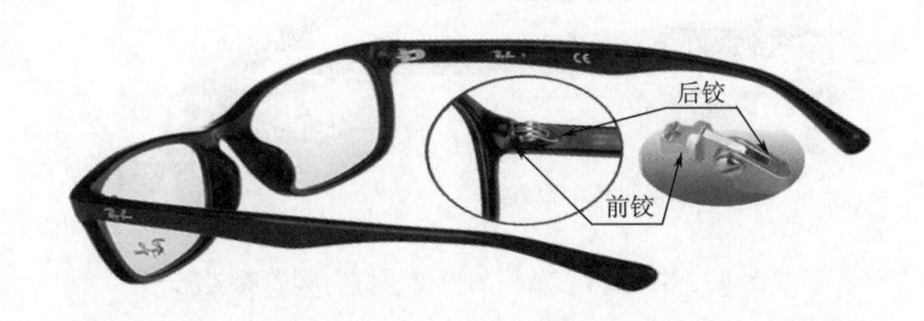

图 6-35　平桩头板材眼镜架镜框与脚丝的装配结构（90°钉铰装配）

（2）90°销钉装配　另一种装配形式就是金属铰链以螺纹连接的形式锁紧在板材框或板材脚丝上，如图 6-36 所示。这种装配结构也是竹木眼镜架的镜框与脚丝最为常见的装配形式，如图 6-37 所示。

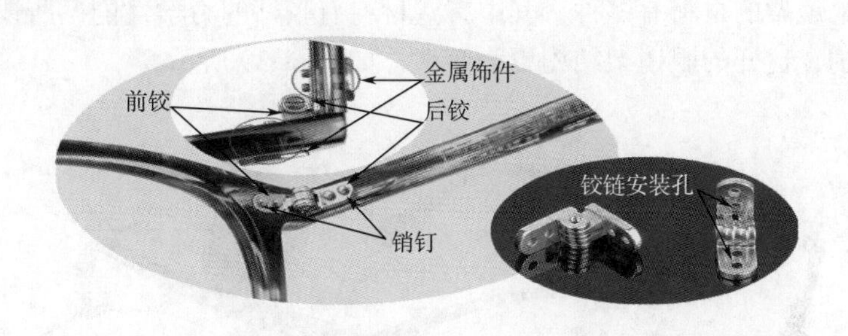

图 6-36　平桩头板材眼镜架镜框与脚丝的装配结构（90°销钉装配）

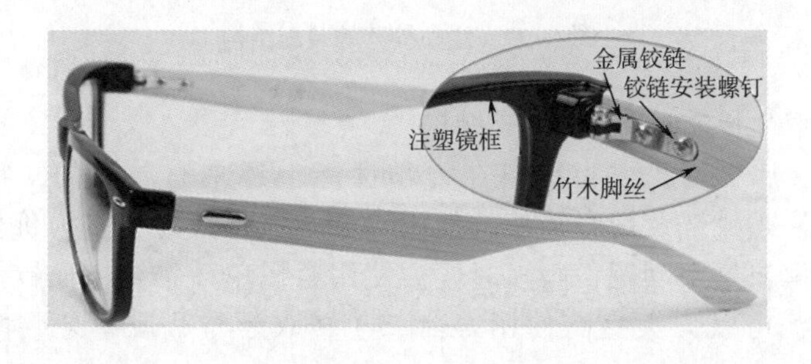

图 6-37　竹木脚丝与镜框的装配结构

2. 弯桩头结构的板材镜框与脚丝的装配（180°钉铰装配）

弯桩头结构的板材镜框与脚丝使用180°钉铰装配，在这种装配关系中，前铰钉入打弯后的桩头内侧，后铰与板材脚丝的铜芯焊接，如图6-38所示。

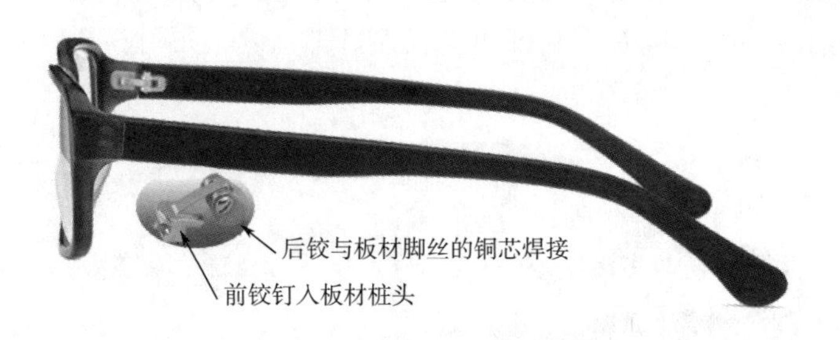

图6-38　弯桩头结构的板材镜框与脚丝的装配

五、注塑眼镜架镜框与脚丝的装配

注塑眼镜架与板材眼镜架的结构类似，但其装配形式与板材眼镜架又不同，除前面介绍过的几种外，注塑眼镜架还有下面几种较为常见的结构。

1. 注塑铰链之间的装配结构

注塑眼镜架的材料有多种，其中有些材料有较好的力学性能，所以可以注塑出铰链结构，这样的眼镜架结构更为简洁，如图6-39所示。

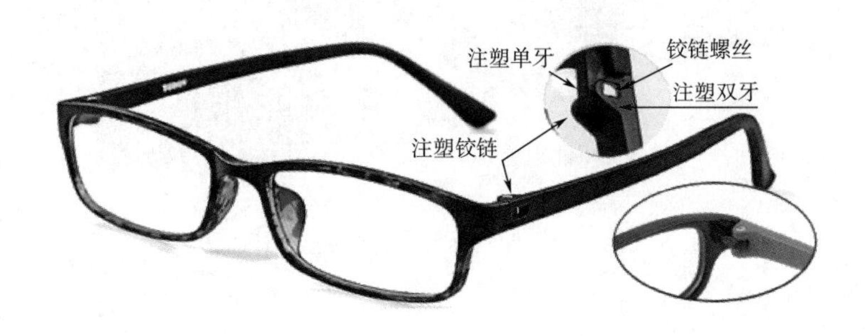

图6-39　注塑铰链的装配结构

2. 注塑双牙与金属单牙的装配结构

相比于金属材料，树脂材料在力学性能上还是有差距的，特别是耐磨性，因此全注塑铰链装配眼镜架的使用寿命一般都较短，多为价位较低的眼镜架。为了解决这个问题，很多时候会使用金属单牙结构，而铰链双牙采用注塑的方法，可以大大提高使用寿命。注塑双牙与金属单牙装配结构如图6-40所示。

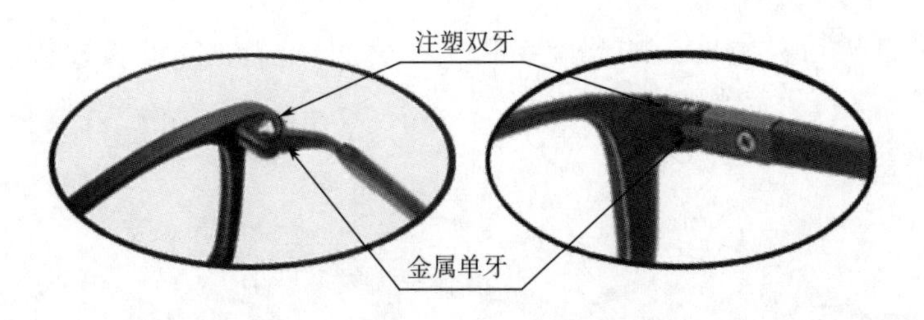

图 6-40　注塑双牙与金属单牙的装配结构

第四节　典型的混合材料眼镜架的装配结构

随着眼镜制作技术的不断发展，眼镜架结构也日益复杂，镜架材料也日益增多，于是混搭便成了眼镜设计的主流。眼镜产品中的混搭设计最主要是在金属与非金属材料之间进行。

眼镜产品各部件之间的装配方法主要 4 种：焊接、螺纹连接、铆接和镶嵌。

焊接主要用于金属零部件之间的装配，焊接装配一般具有结构简洁，外观美丽，强度大及结构尺寸稳定的优点，是金属眼镜架装配的首选方法。但焊接装配结构是不可拆结构，难以维修。

螺纹连接是工业产品中最为常见的一种装配方法，在眼镜产品中，螺纹连接主要用在金属部件与非金属部件之间的装配。螺纹连接的装配结构是可拆的，所以这种结构有利于维修。眼镜产品中的螺纹连接主要有 3 种形式：螺栓+螺母、大头螺丝+丝通、螺丝+螺孔。

铆接工艺主要用于塑性和弹性较好的材料制作的零部件中，在眼镜产品中，铆接主要出现在金属与非金属部件之间的装配，金属材料之间以及非金属材料之间也会使用铆接方法装配。铆接装配的结构稳定性和强度与焊接及螺纹连接相比较差，所以铆接一般用于强度要求不高的装配结构中，如较小的金属配饰与板材或木材的装配。

镶嵌就是将某尺寸较小的零件嵌入尺寸较大的另一零件中，镶嵌往往需要使用黏结剂。在眼镜产品中，采用镶嵌工艺装配的基本都是尺寸较小的配饰，如防伪 LOGO、珠、钻等。

在混合材料的眼镜架中，装配的形式更加多样化，装配结构也出现多种多样。下面介绍常见的装配结构。

一、金属桩头与非金属镜框的一般装配结构

混合材料眼镜架中最多的就是非金属镜框配金属脚丝或金属镜框配非金属脚丝。非金属镜框材料多为树脂，也可以是碳素纤维和竹木等。

1. 金属桩头贴镜框表面装配

非金属镜框与金属桩头的装配结构中最常见的就是金属桩头贴镜框表面装配，如图 6-41 所示。

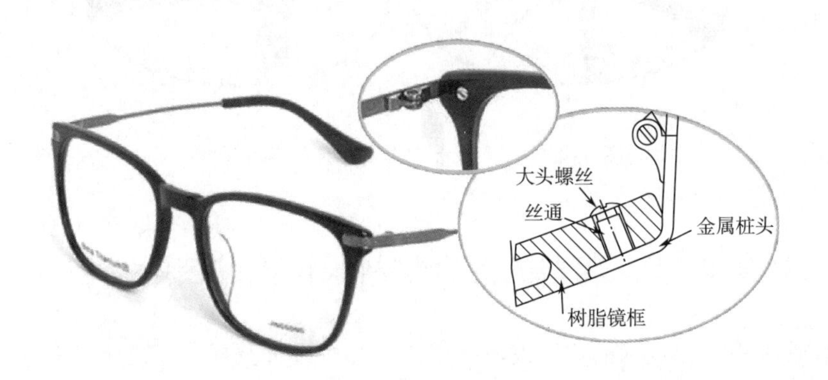

图 6-41　树脂镜框与金属桩头最常见的装配结构

在这种装配结构中，金属桩头底面焊接一粒金属（不锈钢）丝通，丝通规格一般为 ϕ1. 8×M1. 4，丝通高度视镜框厚度而定，一般装配后丝通低于镜框底面 0. 5~0. 8mm 为佳；镜框加工有安装孔，孔的大小比丝通外径稍大（大 0. 1~0. 2mm）；镜框表面加工有凹槽，凹槽形状与桩头吻合，凹槽深度与桩头厚度有关，一般比桩头厚度小 0~0. 5mm；大头螺丝从镜框底面锁入丝通，螺丝头直径一般在 2. 5~3. 0mm，锁紧螺丝便达到将镜框与桩头装配的目的。

2. 金属桩头贴镜框底面装配

对于有框眼镜，一般结构都是桩头搭圈面焊接，但是也有桩头贴圈底焊接的。桩头贴圈底焊接结构如图 6-42 所示。

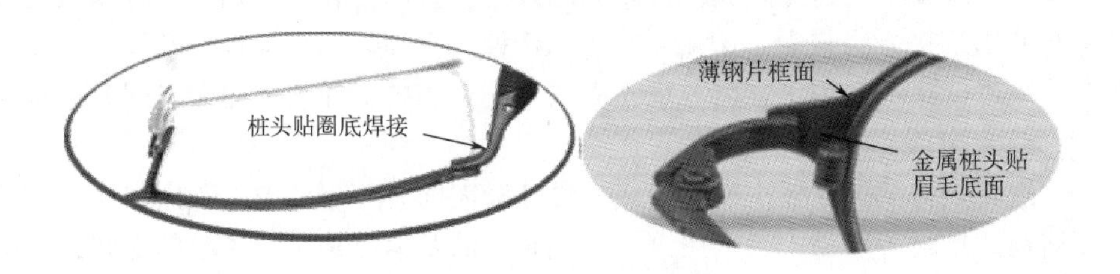

图 6-42　桩头贴圈底焊接结构

3. 金属桩头插板材镜框侧面凹槽装配

金属桩头插板材镜框侧面凹槽装配在混合眼镜架中是一种常见的结构，金属桩头头部有螺孔，插入板材（或注塑）镜框侧面凹槽内，再从镜框底面锁入锁紧螺丝固定，如图 6-43 所示。

图 6-43　金属桩头插板材镜框侧面凹槽装配结构

二、金属桩头与非金属脚丝的装配结构

眼镜架中非金属脚丝主要有板材脚丝和注塑脚丝，其他还有竹木脚丝、碳素纤维脚丝以及牛角脚丝等。下面介绍 3 种常见的非金属脚丝与金属桩头的装配结构。

1. 板材脚丝与短金属桩头的装配结构

板材脚丝与短金属桩头的装配是最常见的一般金属与非金属的装配形式。在这种结构关系中，金属桩头焊接有金属前铰，而板材脚丝通过插针的后铰与桩头装配，如图 6-44 所示。

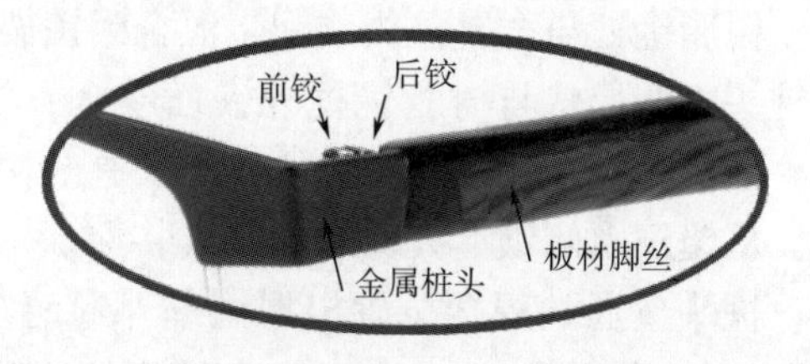

图 6-44　板材脚丝与短金属桩头的装配结构

2. 注塑脚丝与短金属桩头的装配结构

近年来，因 TR 材料的优越性能，使得其在眼镜架上的应用越来越广泛，TR 脚丝更是有替代板材脚丝的势头。TR 脚丝可以直接注塑出后铰，也可以将金属铰链注塑在金属内。TR 注塑脚丝与金属桩头的装配结构如图 6-45 所示。

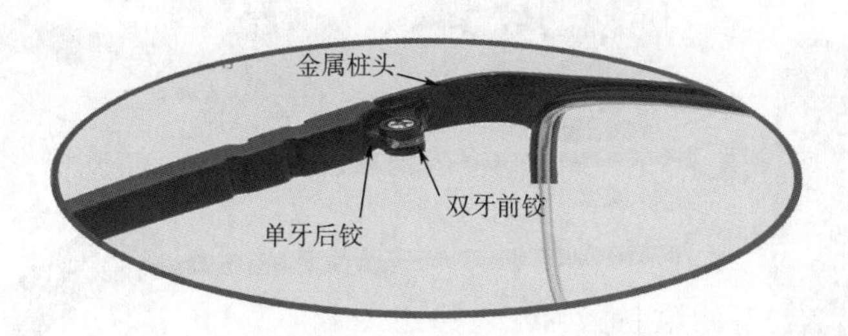

图 6-45　TR 注塑脚丝与短金属桩头的装配结构示意图

3. 碳素纤维脚丝与金属脚丝头的装配结构

碳素纤维材料性能卓越，有着超强的强度、弹性和韧性。但目前眼镜行业的大多数企业还不具备完全的碳素纤维材料加工技术，基本停留在简单的机加工水

平。所以对于碳素纤维脚丝，其装配均为螺纹连接和铆接两种形式。图 6-46 为螺纹连接形式的碳素纤维脚丝的装配结构。

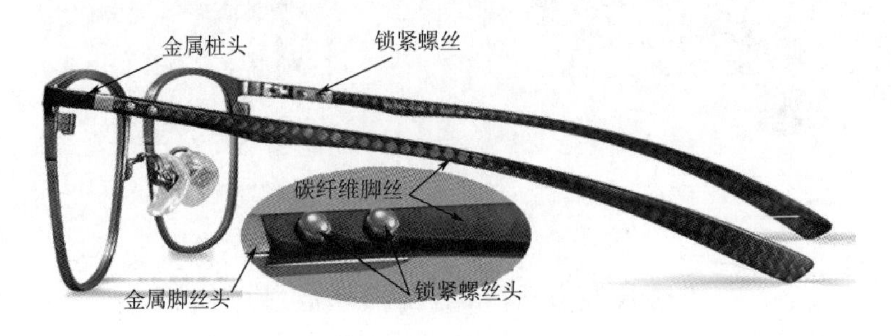

图 6-46 螺纹连接形式的碳纤维脚丝的装配结构示意图

三、弯金属桩头与树脂镜框的装配结构

树脂镜框与金属桩头装配是混合眼镜架的常见结构，在这种装配结构中，金属桩头打弯形状与树脂镜框外表面吻合，桩头内表面焊接有适当高度的金属丝通，镜框桩头在装配的相应位置加工有凹槽及与丝通对应的通孔，桩头卡入凹槽后，从镜框内侧锁上大头螺丝完成装配。

桩头丝通的焊接位置根据镜框外形而定，一般丝通孔位置在镜框正面方向（图 6-47 中位置 A），也可以在镜框侧面位置（图 6-47 中的位置 B）。

镜框凹槽形状与金属桩头吻合，凹槽深度一般与金属桩头厚度相同或小于桩头厚度 0.3～0.5mm，使装配后金属桩头表面与镜框平齐或高出镜框 0.3～0.5mm。

弯金属桩头与树脂镜框的装配结构如图 6-47 所示。

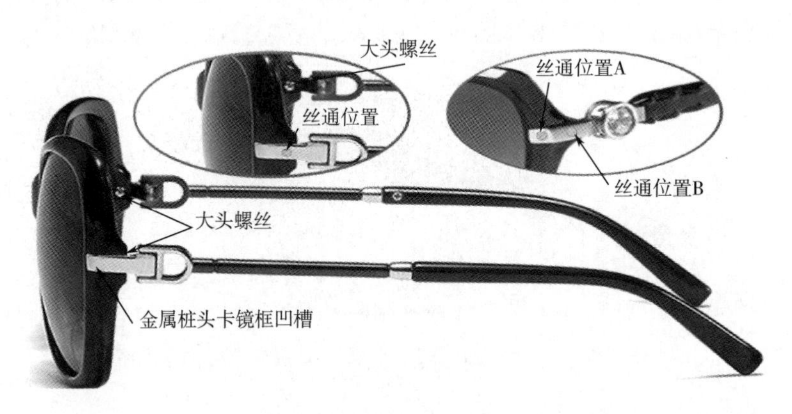

图 6-47 弯金属桩头与树脂镜框的装配结构

四、叉子金属角花与树脂镜框的装配结构

1. 一般尺寸叉子金属角花与树脂镜框的装配结构

叉子角花是指叉子状的桩头，这种桩头一般尺寸较大且有两个叉子，它们与树脂镜框的装配结构一般是贴在镜框桩头侧面相应凹位，在金属角花叉子两端位置底面焊接丝通，穿过树脂桩头凹位对应的孔，再从树脂桩头底面锁紧大头螺丝，使之连接装配在一起，如图6-48所示。

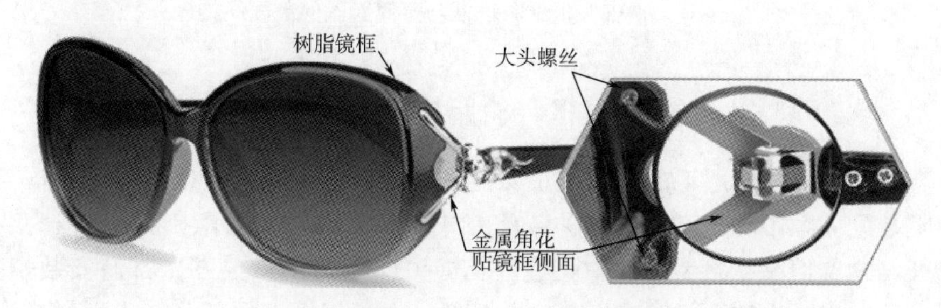

图6-48　叉子金属角花贴非金属镜框侧面的装配结构

2. 大尺寸叉子角花与树脂镜框的装配结构

叉子角花外形差异较大，尺寸也有较大差异。叉子更长的角花往往会打弯后搭贴在镜框正面装配，一般情况下在镜框安装角花的对应位置也会加工出与角花外形吻合的凹槽，从而使金属角花部分或刚好全部卡入，这样不仅保证了装配结构的稳定性，也提高了产品外观的美感。长叉子角花与树脂镜框的装配结构如图6-49所示。

图6-49　长叉子金属角花搭贴非金属镜框正面的装配结构

五、平桩头树脂镜框与金属脚丝的装配结构

平桩头板材镜框与金属脚丝的装配也采用90°钉铰结构，即前铰为90°钉铰钉入镜框，而后铰直接与金属脚丝焊接，如图6-50所示。

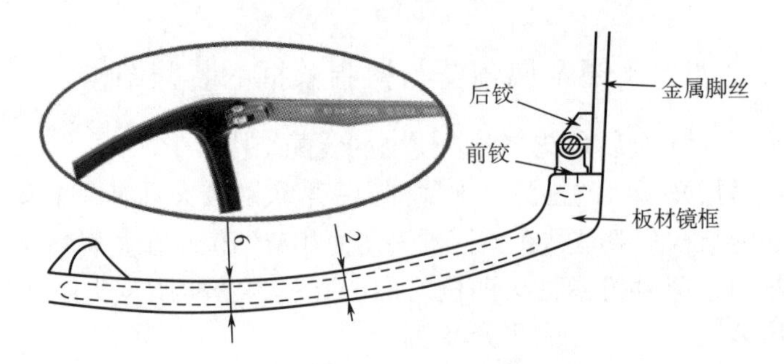

图 6-50　平桩头板材眼镜框与金属脚丝的装配结构

六、金属镜框与树脂眉毛的装配结构

金属镜框与树脂眉毛的搭配是最常见的一种结构。螺纹连接是金属镜框与树脂眉毛装配关系中的最常见的一种装配方式。如图 6-51 所示，金属镜框为普通的半架结构，但是在眼镜架的中梁端位及桩头位置（夹口上方）都有安装螺孔；板材或注塑眉毛内侧面加工有凹槽，装配时，金属镜框上眉部分卡入板材或注塑眉毛凹槽内，然后从眉毛内表面锁入锁紧螺丝。

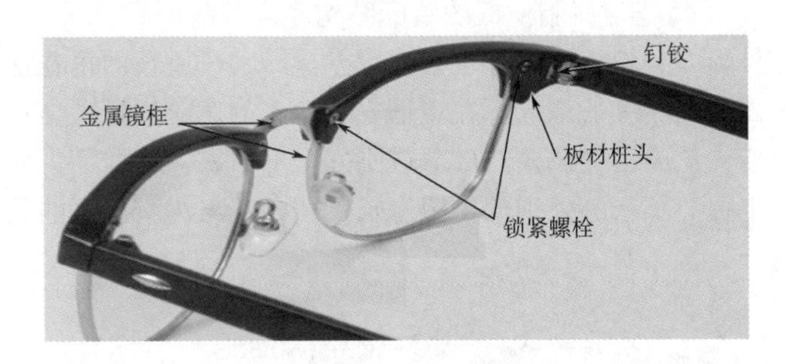

图 6-51　金属镜框与树脂眉毛的装配结构

七、金属眉毛与树脂镜框的装配结构

1. 金属眉毛外贴树脂镜圈的装配结构

金属眉毛贴树脂镜框结构的光学眼镜架，也是近年来较为流行的一种混合架款式。大多数情况下，树脂镜框都是外贴金属眉毛，在这种结构中主要的装配形式也是螺纹连接。图 6-52 为金属眉毛外贴注塑镜框结构的流行光学眼镜架。

图 6~52 中，金属眉毛与注塑镜框面贴面装配，锁紧螺丝穿过镜框和眉毛后与螺母紧扣，这种装配结构工艺简单，成本较低，但眼镜架外观略显粗糙。在价位较高的产品中，一般镜框内表面加工有与眉毛吻合的凹槽，装配后金属眉毛卡入镜框凹槽，眉毛内表面与镜框内表面平齐或略高出 0.3~0.5mm，锁紧螺丝穿过镜框后锁入金属眉毛的螺孔而不需要螺母，这样整副眼镜架外观更显精致。

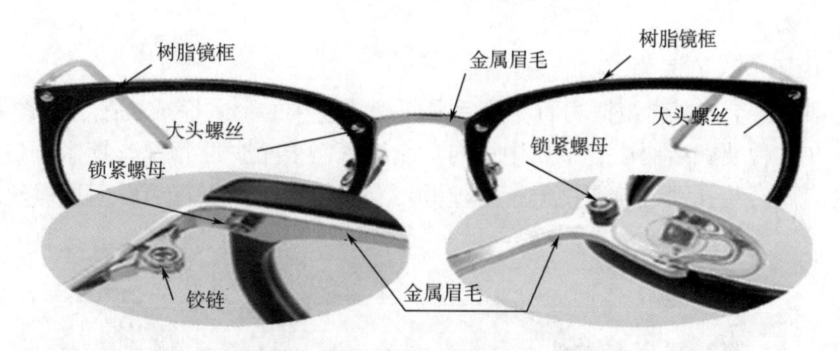

图 6-52　金属眉毛外贴树脂镜圈的装配结构

2. 金属眉毛卡树脂镜圈侧面的装配结构

金属眉毛与树脂镜框的装配关系除眉毛贴镜框内、外表面外，眉毛卡镜框侧面凹槽的装配结构使得眼镜架外观更显精致，镜框部位外露的金属表面比例更小，树脂镜框与金属眉毛的配合更吻合，装配后的结构稳定性更好。金属眉毛卡树脂镜圈侧面的装配结构如图 6-53 所示。

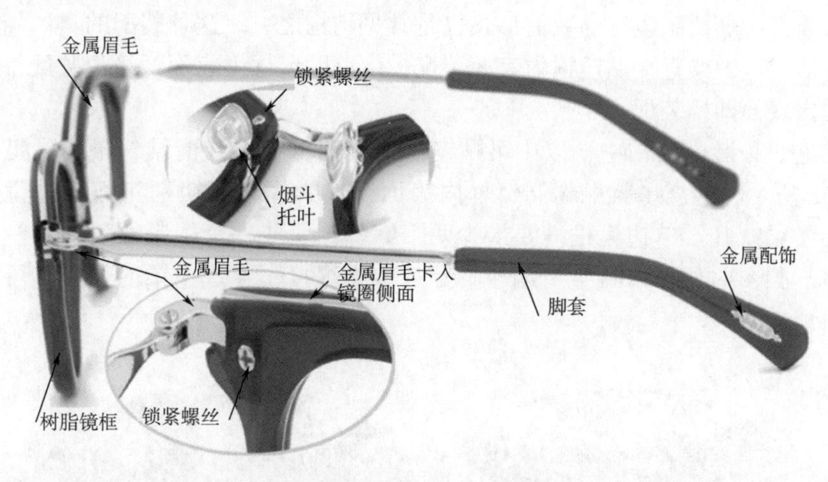

图 6-53　金属眉毛卡树脂镜圈侧面的装配结构示意图

由图 6-53 可以看出，在这种装配结构中，树脂镜框与金属眉毛的装配也是用螺纹连接的方式，即金属眉毛在桩头和中梁位置共有 4 个螺孔，眉毛卡入镜框后，从镜框内表面相应位置锁入大头螺丝，螺丝的长度刚好穿过金属眉毛，这样镜框外表面就看不到任何金属部件。

八、典型的金属中梁与树脂镜框的装配结构

近年国内市场较为流行的所谓韩版眼镜架，其中最常见的一种装配结构就是大拱弧金属中梁与树脂镜框的装配。下面介绍 3 种最常见的金属中梁与树脂镜框

的装配结构。

1. 中梁卡入镜框侧面的装配结构

金属中梁卡入树脂镜框侧面，然后采用螺纹连接的形式完成装配，如图 6-54 所示。在这种装配结构中，金属中梁与树脂镜框需要至少两颗螺丝锁紧。螺丝从镜框内表面安装孔锁入金属中梁，螺丝并不穿透镜框，所以正面看不见螺丝头。

图 6-54　中梁卡镜框侧面的装配结构

2. 中梁贴镜框底面的装配结构

金属中梁贴树脂镜框的装配形式也是常见结构之一。这种装配的具体结构又有 3 种形式：中梁直接贴镜框内表面装配，中梁贴镜框内表面低级位装配，中梁卡镜框内表面凹槽装配。

在这 3 种装配结构中，以中梁贴镜框内表面低级位装配结构最为常见。如图 6-55 所示，金属中梁贴树脂镜框内表面，锁紧螺丝从镜框正面穿过镜框锁入金属中梁螺孔。单边镜框需要最少两个螺丝锁紧或一个锁紧螺丝再加一个卡紧销钉。很多时候可以将金属烟斗脚穿过中梁焊接，穿过中梁的烟斗脚可以替代销钉。

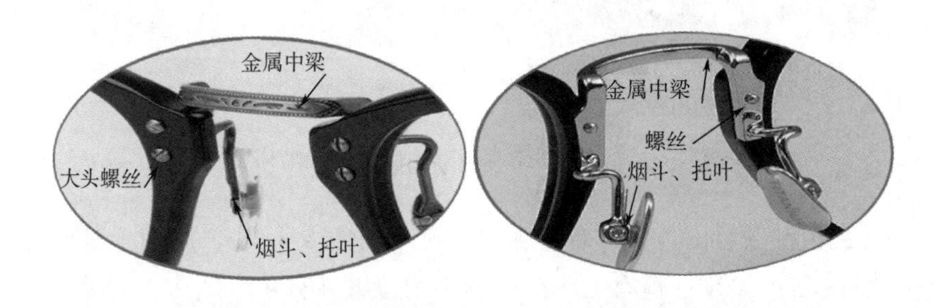

图 6-55　中梁贴镜框底面的装配结构

3. 中梁插入镜框侧面的装配结构

金属中梁插入树脂镜框侧面的装配结构如图 6-56 所示，在这种装配结构中，可以只采用一个锁紧螺丝。

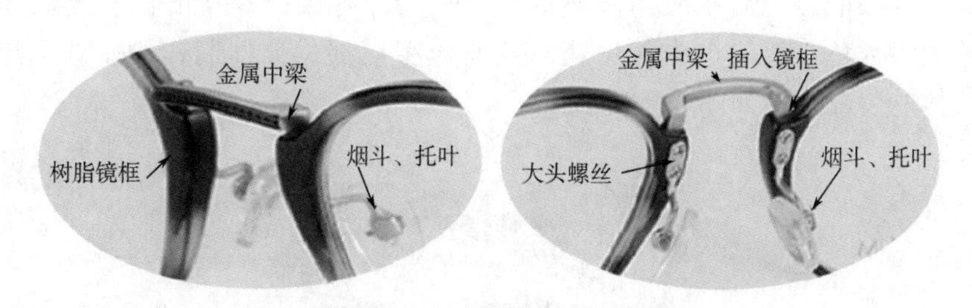

图 6-56　中梁插入镜框侧面的装配结构

第五节　桩头与脚丝的装配结构

一、普通金属桩头与金属脚丝的装配结构

金属桩头与金属脚丝的装配情况有两种：桩头与脚丝一体粗坯和桩头与脚丝分体粗坯。

1. 桩头与脚丝一体粗坯的装配结构

桩头与脚丝一体粗坯是指桩头与脚丝原配件粗坯为一体制作出来的，在眼镜架半成品加工过程中，可以将铰链组合后再焊接，焊接铰链后再从合口处切断(切铰)。这样的装配结构外观吻合性好，加工工艺简单，制作成本较低。大部分直身脚丝都是这种装配结构。桩头与脚丝一体的装配结构如图 6-57 所示。

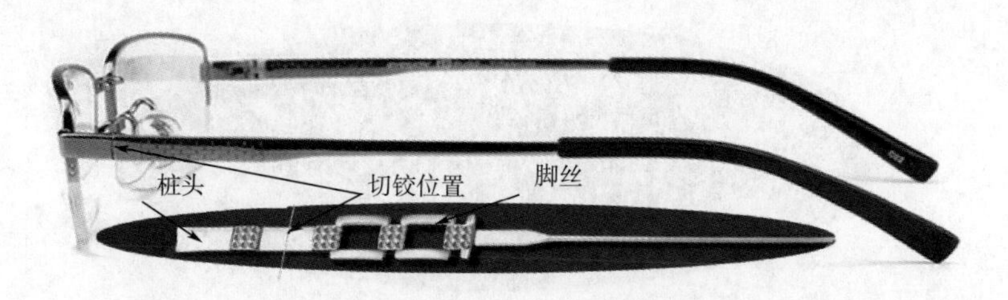

图 6-57　桩头与脚丝一体粗坯的装配结构

2. 桩头与脚丝分体粗坯的装配结构

当桩头与脚丝的外形尺寸差异很大（特别是宽度尺寸）时，桩头和脚丝一般会采用分体制作粗坯，分体制作可以大大提高材料的利用率，当批量较大时，可显著降低材料成本。另外桩头与脚丝材料不同时，必须采用分体制作粗坯。

桩头与脚丝分体制作时要求桩头与脚丝的外形特别是合口端的外形尺寸和截面形状必须高度吻合，否则装配后会出现桩头与脚丝的错位、高低级位、外形轮廓不顺畅等质量问题。

桩头和脚丝分体粗坯在装配前则必须分别焊接前铰和后铰，焊接铰链后再进行组装，为保证装配后桩头与脚丝的配合质量，对铰链焊接的位置要求非常严格。绝大多数角花架的桩头（角花）与脚丝粗坯都是分体制作的。桩头与脚丝粗坯分体的装配结构如图 6-58 所示。

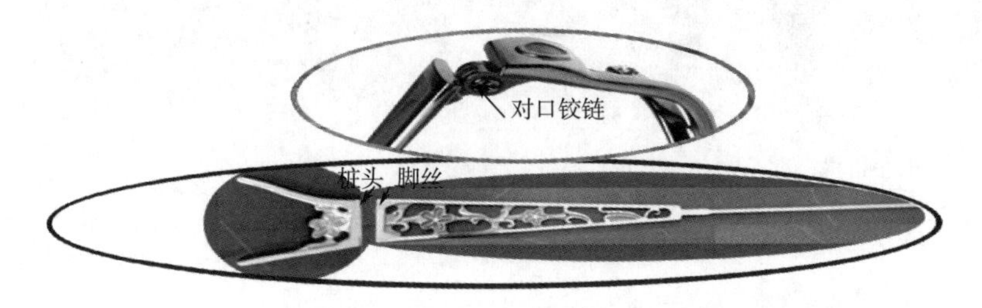

图 6-58　桩头与脚丝分体的装配结构

二、不等厚金属桩头与金属脚丝的装配结构

在金属眼镜架的设计和制作中，时常会因材料或结构等方面的原因而使得桩头与脚丝的厚度出现不一致的情况。那么不等厚桩头与脚丝如何装配呢？下面介绍 4 种常见的装配方法。

1. 厚桩头焊铰链位切斜面与脚丝厚度配合的装配结构

该装配结构就是将厚桩头焊接前铰的部位加工成斜边，使桩头端面位置厚度与脚丝厚度相符，然后焊接普通平铰以保证桩头与脚丝表面平齐，如图 6-59 所示。

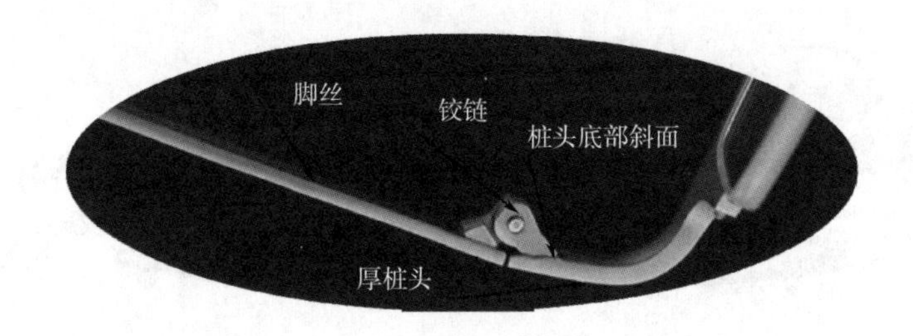

图 6-59　厚桩头铰链位切斜面与脚丝厚度配合的装配结构

2. 厚桩头与薄脚丝表面高低级位的装配结构

厚桩头与薄脚丝直接焊接普通平铰装配，使两者底面平齐，这样在脚丝与桩头表面就会出现高低级位，当这种过渡差与金属花纹高度相近时，其外观也是可以被客户接受的，所以这样的装配结构也是一种常态。厚桩头与薄脚丝表面高低级位的装配结构如图 6-60 所示。

3. 厚桩头打弯位切薄面与脚丝厚度配合的装配结构

这种装配结构就是将厚桩头从打弯位开始至桩头端面全部加工至与脚丝厚度

图 6-60 厚桩头与薄脚丝高低级位铰的装配结构

相同，然后用普通平铰进行装配，如图 6-61 所示。

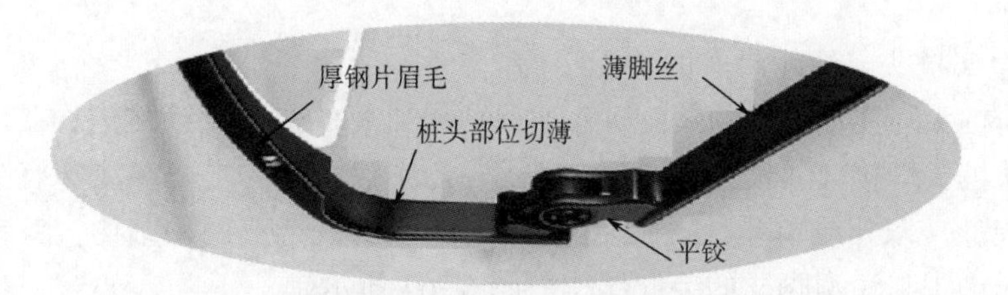

图 6-61 厚桩头打弯位切薄面与脚丝厚度配合的装配结构

4. 厚脚丝与薄桩头的高低铰链连接的装配结构

当脚丝厚度较大而桩头厚度较薄时，一般的处理方法是使用高低铰，以使桩头与脚丝表面保存平齐，如图 6-62 所示。高低铰链前后铰的高度差应与桩头与脚丝的高度差相等。

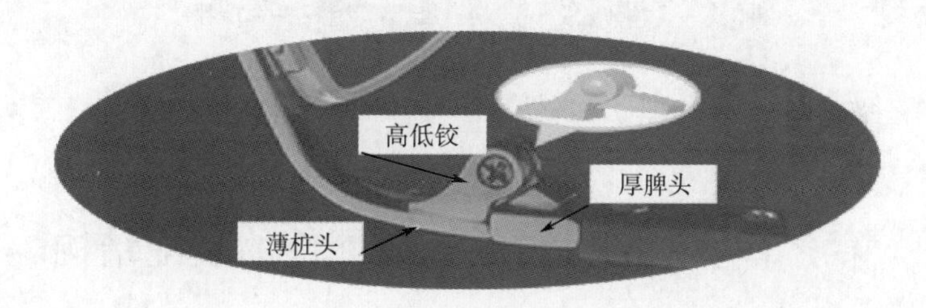

图 6-62 厚脚丝与薄桩头的高低铰链连接的装配结构

三、金属桩头与板材脚丝的装配结构

1. 金属桩头与板材脚丝的装配结构

金属桩头与板材脚丝的搭配是最常见的金胶混搭设计之一，在这种设计中，金属桩头与板材脚丝的装配是依靠铰链完成的，金属桩头焊接前铰，后铰焊接在板材脚丝的金属插针上。因为金属桩头及板材脚丝厚度不同，一般使用高低铰链。高低铰链的前后铰高度差与桩头厚度、板材脚丝厚度、插针扁位厚度及打插的位置均有关。板材脚丝的插针上的铰链可以是对口铰链，也可以是弹弓铰链。

金属桩头与板材脚丝的装配结构如图 6-63 所示。

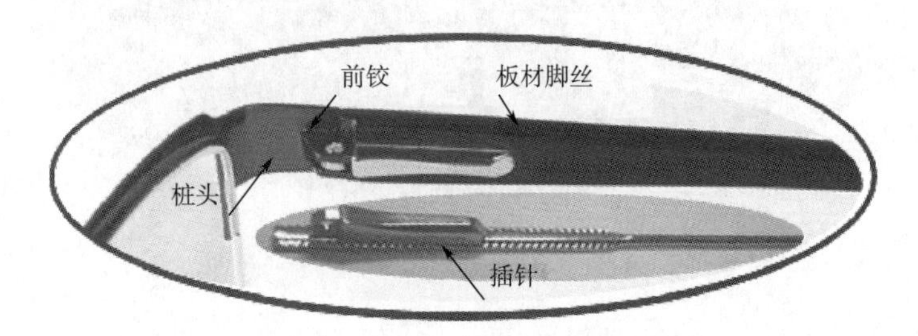

图 6-63　金属桩头与板材脚丝的装配结构

2. 金属桩头与注塑脚丝的装配结构

金属桩头与注塑脚丝的装配关系也是一种常见的混搭设计结构，在这种结构中，金属桩头焊接金属铰链（单牙或双牙），注塑脚丝与之配对注塑有金属铰链或树脂铰链（双牙或单牙）。注塑在脚丝内的金属铰链有两种结构：钉铰和短插针。金属桩头与注塑脚丝的装配结构如图 6-64 所示。

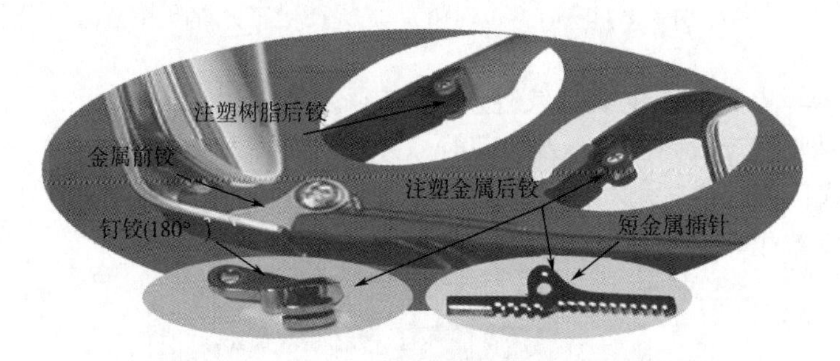

图 6-64　金属桩头与注塑脚丝的装配结构

第六节　记忆材料的金属配件的装配结构

记忆材料是钛合金的一种，加工成型后通过特殊的热处理工艺获得超高的弹性性能，普通的热加工工艺会使其超高弹性性能降低。记忆脚丝就是指使用记忆材料制作的眼镜脚丝，所以记忆脚丝一般不能进行普通的高频加热焊接，通常采用冷加工的铆接工艺装配。

一、脚丝的装配结构

脚丝的主体部分为记忆材料，脚丝前端因为要焊接铰链，一般都使用高镍白铜（或白铜），记忆材料与白铜材料的连接采用铆接方式。图 6-65 所示为脚丝的装配结构。

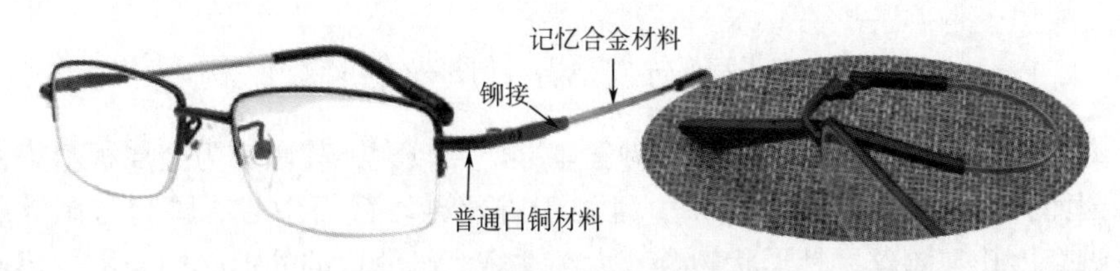

图 6-65　脚丝装配结构

二、中梁的装配结构

中梁结构如图 6-66 所示，中梁端头铆接有一小段高镍白铜材料，中梁与镜圈装配采用的是高频钎焊，装配时由中梁端头的白铜与镜圈焊接。

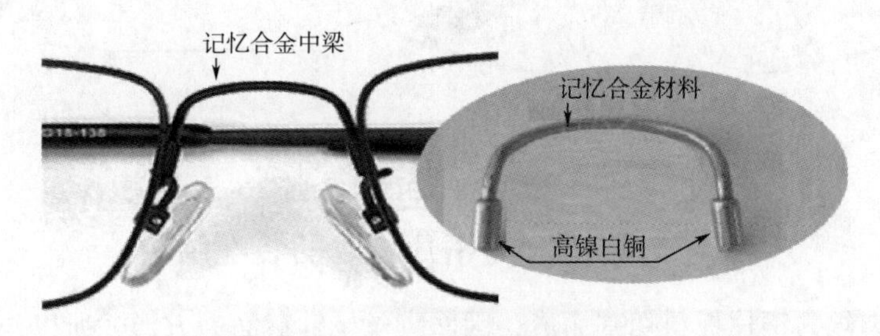

图 6-66　中梁的装配结构

第七节　脚套与脚丝的装配结构

一、普通圆口脚套与油压脚丝的装配结构

普通油压脚丝多为白铜线料经捋线、油压、飞边等加工获得粗坯，这种脚丝分为油压位和尾针两部分。油压位呈扁平状，尾针为圆形。油压位和尾针的过渡段就是髀把位，髀把位形状为扁锥状。普通圆口脚套与油压圆尾针脚丝的装配结构如图 6-67 所示。

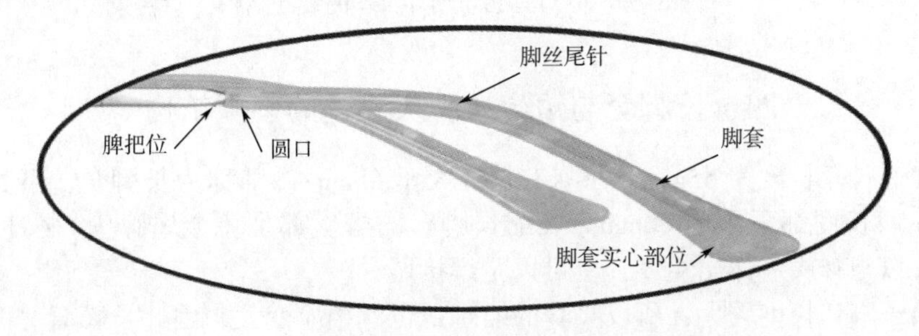

图 6-67　普通圆口脚套与油压脚丝的装配结构

二、方口脚套与方形尾针脚丝的装配结构

方形尾针脚丝多为注塑脚丝，脚丝尾部厚度较大，其尾针为金属板料切割而成，因而脚丝尾针截面为长方形，且处于脚丝尾端截面中心。脚套与尾针装配后，脚套内孔与脚丝尾针形状吻合，大小适宜，脚套口的外形必须与脚丝尾端吻合。方口脚套与方形尾针脚丝的装配结构如图 6-68 所示。

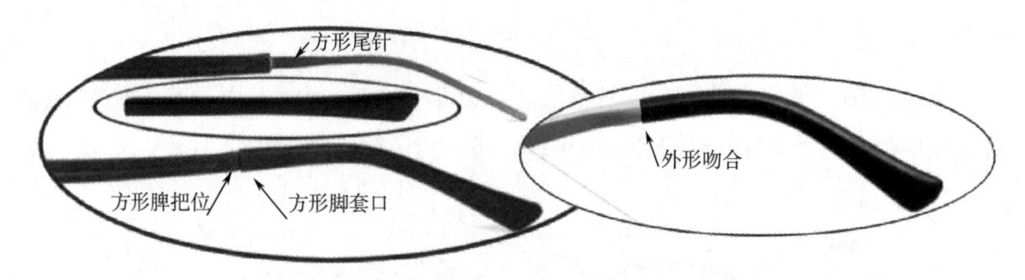

图 6-68　方口脚套与方形尾针脚丝的装配结构

三、方口脚套与钢片脚丝的装配结构

钢片脚丝为钢片板料切割而成，因而脚丝尾针截面为方形，所以与之相配的脚套内孔也要求为方口，且脚套口应与脚丝尾宽度相当。方口脚套与钢片脚丝的装配结构如图 6-69 所示。

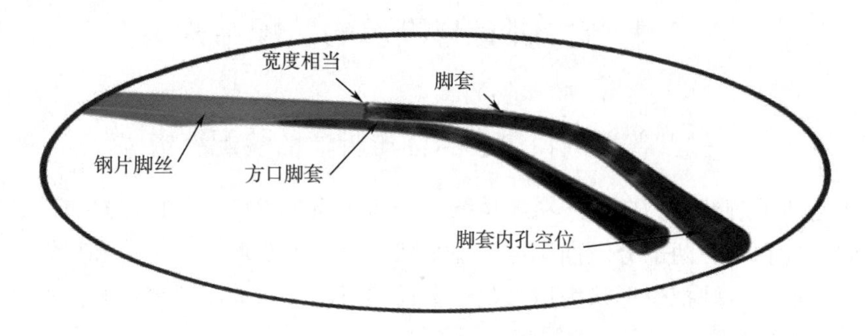

图 6-69　方口脚套与钢片脚丝的装配结构

四、长脚套与短金属脾头脚丝的装配结构

普通脚套长度为 65mm，原则上长度大于 65mm 的都称为长脚套，事实上长脚套一般长度都不小于 80mm。装配长脚套的脚丝都是短金属脾头+尾针结构，尾针可以与脾头一体出粗坯，也可以是焊接尾针。

由于脚套长度较大，所以脚套的缩水量也就相应变大，因此长脚套一般在脚套前段距脚套口 3~6mm 处用螺丝与尾针锁紧，同时，脚套内孔深度要求大于金

属尾针长度约 1.0mm，以便脚套缩水而使脚套往前收缩。长脚套与短脾头脚丝的装配结构如图 6-70 所示。

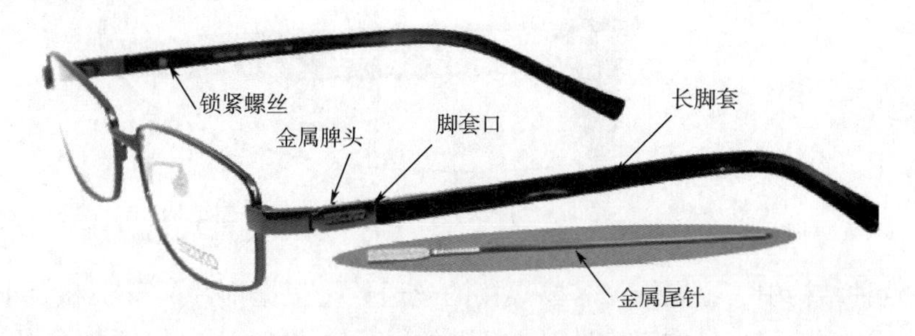

图 6-70　长脚套与短脾头脚丝的装配结构

第八节　金属饰片的装配结构

金属饰片在眼镜架上与其他眼镜部件的装配形式有下列 4 种。

一、金属饰片焊接的装配结构

金属饰片与金属部件装配以焊接为首选，因为焊接不仅结构简单，而且装配的稳定性非常好，牢固度很高。但是以焊接的方式装配，零部件之间是不可拆的。金属饰片的焊接装配结构如图 6-71 所示。

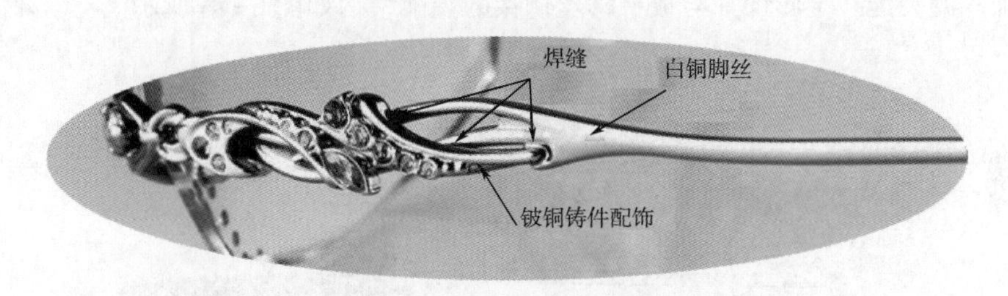

图 6-71　金属饰片的焊接装配结构

二、金属饰片螺纹连接的装配结构

金属饰片与非金属部件之间的装配，螺纹连接的方式是最为常见的，而在金属饰片螺纹连接的装配结构中，丝通+大头螺丝组合又是首选装配结构。在这种结构中，金属饰片底面焊接丝通，在非金属部件正面的饰片安装位置加工出与饰片外形吻合的凹槽（或低级位）和与丝通相对应的通孔，饰片卡入凹槽（或低级位），丝通穿过通孔，大头螺丝从非金属部件的另一面穿过通孔，旋入丝通并锁紧完成装配。图 6-72 为金属饰片与板材脚丝螺纹连接的装配结构。

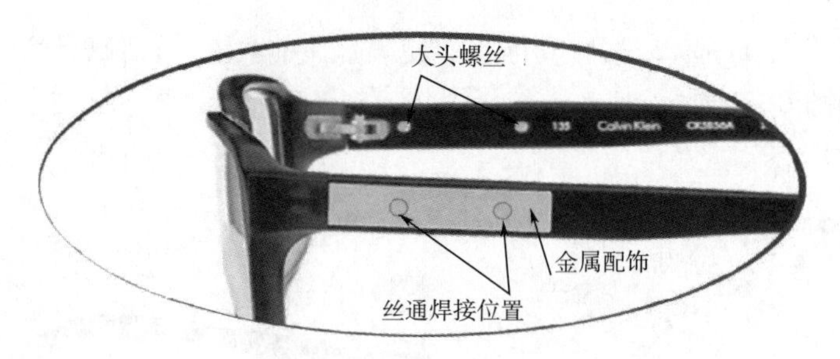

图 6-72　金属饰片与板材脚丝螺纹连接的装配结构

在这种结构中，金属饰片需要焊接的丝通数量根据饰片的形状和大小而定，一般卡入凹槽的较小尺寸饰片只需要一颗丝通，尺寸较大或卡入低级位的饰片则需要两颗或两颗以上的丝通。丝通的位置选择则要考虑饰片的形状、尺寸和锁紧力的平衡等。

螺纹连接是一种较为稳定的装配方式，在力学方面仅次于焊接，因此这种装配方式不仅普遍存在于金属与非金属之间的装配结构中，在可焊性较差的金属之间也常常得以应用。

螺纹连接装配是可拆的，这有利于镜架的维修。

三、金属饰片铆接的装配结构

金属饰片的铆接装配结构常见于金属饰片尺寸较小、基体材料有较好的塑性和弹性、饰片卡入基体凹槽较深的情况。最常见的就是树脂镜框或脚丝表面的金属饰片的装配。金属饰片与板材脚丝铆接的装配结构如图 6-73 所示。

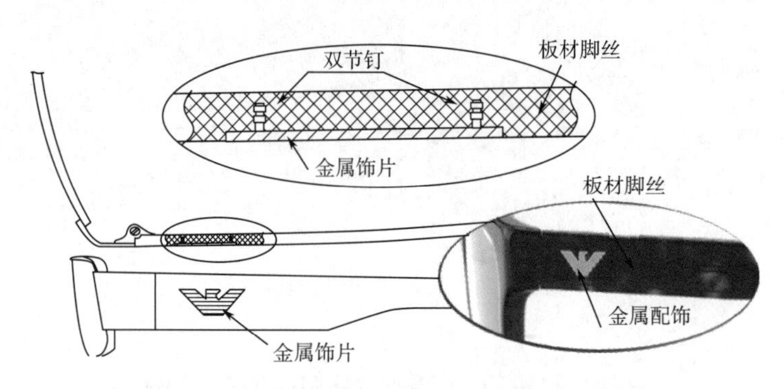

图 6-73　金属饰片与板材脚丝铆接的装配结构

四、金属饰片镶嵌的装配结构

金属饰片的镶嵌装配就是在基体部件的安装位加工出凹槽，然后将金属饰片用透明树脂胶植入其中。镶嵌的金属饰片一般都是尺寸较小的品牌 LOGO，图 6-74 所示为眼镜架脚套尾内侧防伪品牌 LOGO 镶嵌的装配结构。

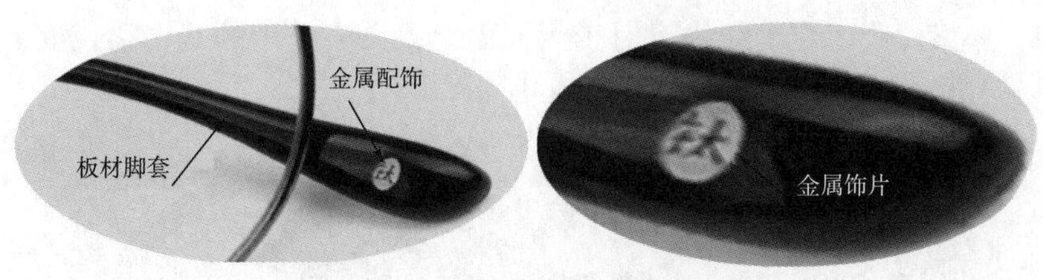

图 6-74　金属饰片镶嵌的装配结构

第九节　典型套架结构

所谓套架就是由主架和面架组合在一起的眼镜产品。一般主架为光学镜架，而面架为托叶镜片的半架。套架较好地解决了患有近视的人士佩戴太阳镜的问题。套架结构有挂钩装配、磁石吸附装配和夹式装配 3 种形式，目前挂钩装配形式基本被淘汰。

下面就介绍几种典型的套架结构。

一、磁石吸附装配结构套架

磁石吸附装配结构套架就是指通常所谓的磁石套架或磁铁套架，它是利用磁石（磁铁）吸附力完成主架与面架装配的一种套架，磁石吸附式套架主要有下列 3 种结构。

（1）桩头位吸附装配结构　对于有框面架，一般采用桩头位安装磁石吸附，在中梁底使用挂钩这种形式进行装配，在镜架主架及桩头部位安装磁石，依靠磁石异极相吸的原理产生的吸附力完成主架与面架的安装，这种装配结构的磁石套架是目前市场最常见的。在这种装配结构的注塑架中，面架中梁底还设计了一个挂钩，挂钩钩入主架中梁底面凹槽，可以进一步提高装配后的结构稳定性。桩头位吸附装配的磁石套架结构如图 6-75 所示。

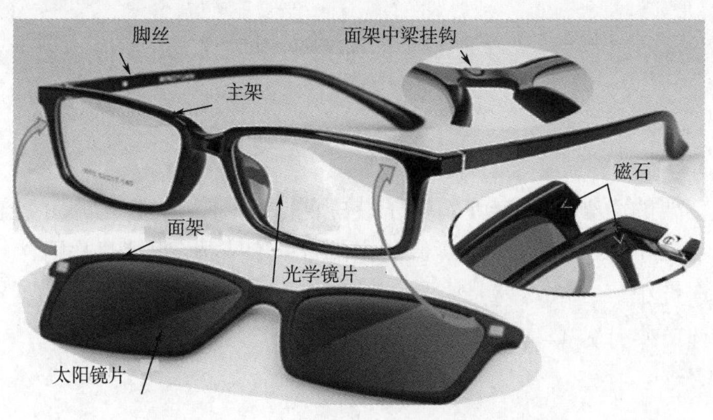

图 6-75　桩头位吸附装配的磁石套架结构

（2）中梁位吸附装配结构　对于无框面架，大多采用的是中梁位安装磁石吸附完成主架与面架的安装，如图 6-76 所示。

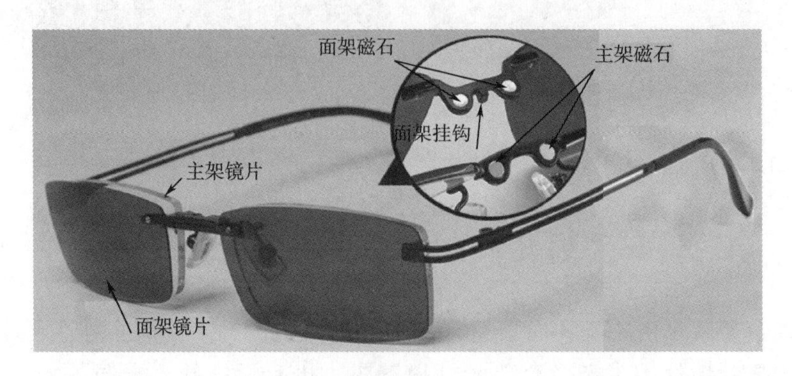

图 6-76　中梁位吸附装配的磁石套架结构

（3）一体式镜片桩头位吸附装配结构　一体式镜片面架结构极为简洁，主架与面架采用桩头位磁石吸附，其装配结构类似普通桩头位吸附。一体镜片桩头位吸附装配的磁石套架结构如图 6-77 所示。

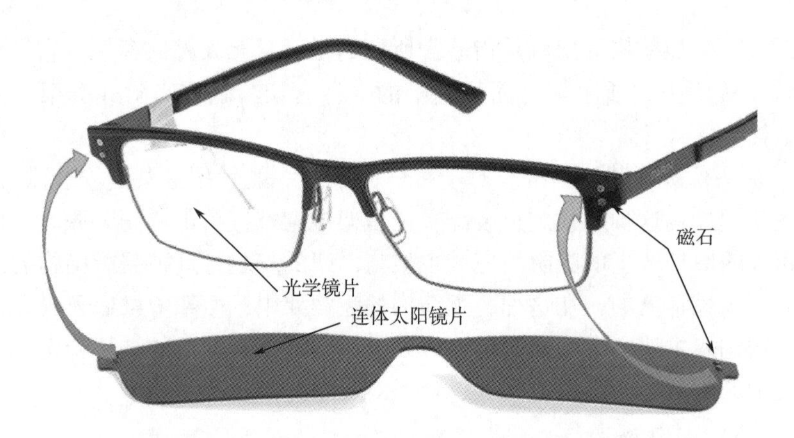

图 6-77　一体镜片桩头位吸附装配的磁石套架结构

二、夹片式套架

夹片式套架的面架由一个弹簧夹子装配两片太阳镜片组成，面架通过弹簧夹夹住主架中梁部位。这种结构套架最突出的优点就是面架可以通用，且主架与面架的装配稳定性很好，缺点就是套架的外形怪异，眼镜架较重且主架与面架片形吻合状况不佳。夹片式套架装配结构如图 6-78 所示。

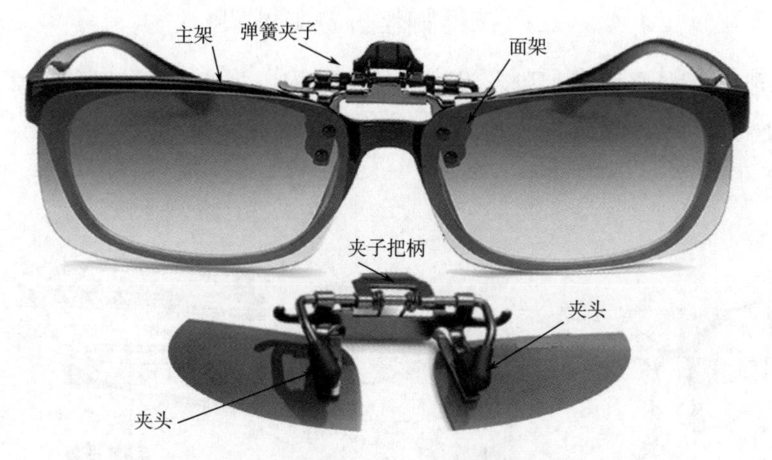

图 6-78　夹片式套架装配结构

第十节　典型折叠式眼镜架结构

折叠眼镜架就是眼镜架可以收叠成更小的尺寸以便于携带。折叠眼镜架主要为老花镜架，因为老花镜不需要长时间佩戴。目前市场上的折叠眼镜架主要有以下两种结构。

一、普通金属折叠眼镜架

普通金属折叠眼镜架的基本结构与普通眼镜架相同，不同的是脚丝除了有与桩头连接的铰链外，在中间部位还设计了一个铰链，使脚丝可以 180° 折叠；另外，在中梁上还有两个可以向内旋转的铰链，所以镜框也是可以折叠的。这种眼镜架最终可以折叠后装入一个火柴盒大小的眼镜盒，携带极为方便。普通金属折叠眼镜架结构如图 6-79 所示。

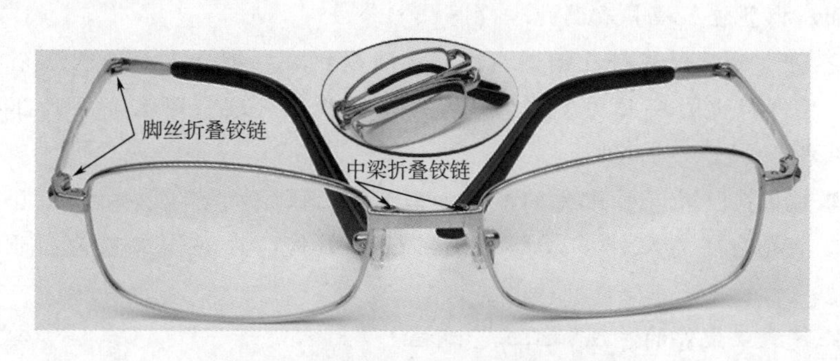

图 6-79　普通金属折叠眼镜架结构

二、拉杆脚丝折叠眼镜架

拉杆脚丝就是将眼镜架脚丝设计成伸缩结构，并在中梁位置设计了一个铰链，另外烟斗和托叶也有结构改进，这样眼镜架折叠收起来尺寸非常小。拉杆脚丝折叠眼镜架结构如图 6-80 所示。

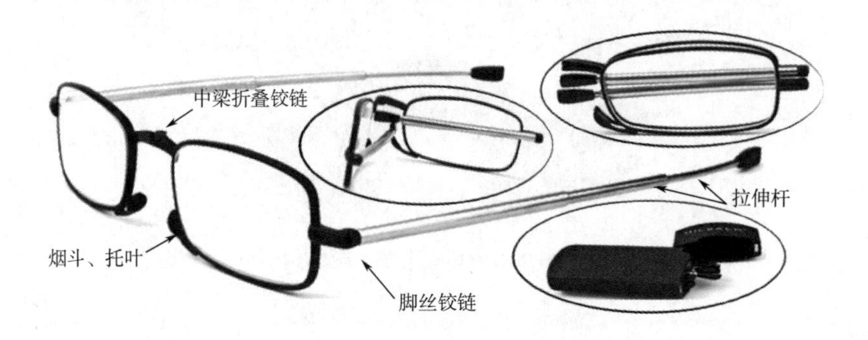

图 6-80　拉杆脚丝折叠眼镜架结构

知识链接

眼镜配件的冲压加工生产工艺

1. 油压模具的制作工艺

油压模分上模和下模。在眼镜配件的生产过程中使用的油压模其上模一般为平模，下模为成型凹模，通常所讲的油压模就是指这个下模。油压模制作工艺流程一般有两种：

① 备料（油压模坯料及铜公坯料）—坯料热处理（淬火）—铜公雕刻—电蚀加工油压模型腔—模具表面处理（省模）

② 备料（油压模坯料及钢公坯料）—雕刻钢公—钢公表面处理（省模）—钢公热处理（淬火）—压力复制油压模—油压模热处理（淬火）—油压模表面处理（省模）。

2. 眼镜桩头（角花）配件的冲压加工工艺流程

桩头（角花）类配件多数都是使用板料制作，其制作工艺为：开料—油压—飞边—水滚披锋—磨光。

3. 眼镜脚丝配件的冲压加工工艺流程

大多情况下，脚丝使用线料制作，其制作工艺为：开料—拉线—油压—飞边—水滚披锋—磨光。

4. 眼镜非通用配件常用的加工方法

眼镜配件特别是非通用配件的加工工艺通常有冲压加工、电火花线切割加工、精雕加工、蚀刻加工、激光加工、铸造。

5. 金属眼镜配件冲压加工生产工艺流程

金属眼镜配件冲压加工生产工艺流程如图 6-81 所示。

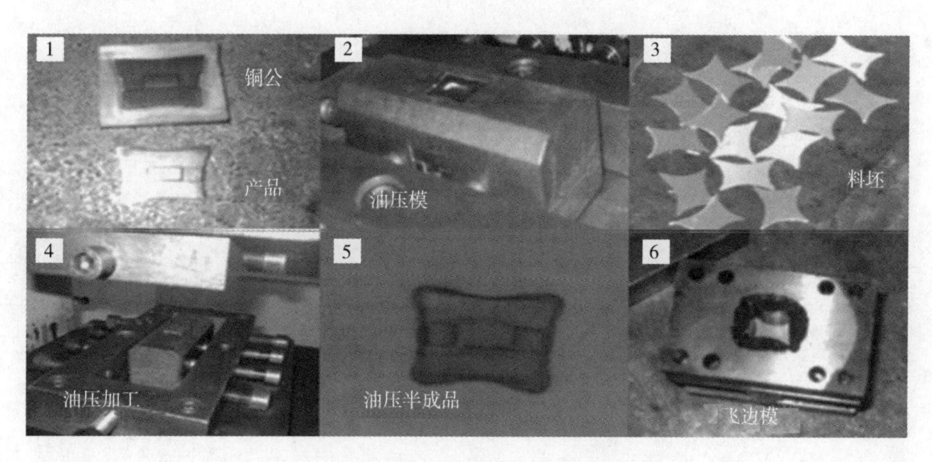

图 6-81　油压生产工艺流程

本章作业

1. 试找出钢片眉毛眼镜架的 5 种不同镜片装配方式并附图（手绘图、设计图、实物图）。

2. 找出 4 种不同的螺纹连接装配结构（不限产品）并附图。

3. 金属小配饰的粗坯加工方法有哪些？分别有何特点？

4. 金属眼镜架的质量与镜圈的焊接结构有哪几种不同的形式？各自有何优缺点？

5. 在眼镜架上的金属配饰有哪几种装配形式？

6. 金属中梁与板材镜框的装配有哪几种不同结构形式？

第七章　眼镜结构综合分析实例

本章内容要点

1. 了解物料规格明细清单（BOM 表）及 ERP 管理系统。
2. 学习制作眼镜生产的 BOM 资料表。
3. 通过 BOM 表制作案例，学习眼镜架结构综合分析方法。
4. 通过分析案例进一步认识眼镜架结构和材料。

第一节　眼镜制作物料规格明细清单

一、物料清单（BOM）概念

现代企业生产，为了提高管理效率，普遍采用计算机辅助管理。为此，首先要使计算机能够读出企业所制作的产品构成和所有要涉及的物料，为了便于计算机识别，必须把用图示表达的产品结构转化成某种数据格式，这种以数据格式来描述产品结构的文件就是物料清单。物料清单在有些系统称为材料表或配方料表。

物料清单（Bill of Materials，简称 BOM）是产品结构的技术性描述文件，它不仅列出最终产品的所有构成项目，同时还表明这些项目之间的结构关系，即从原材料到零件、组件，直到最终产品的层次隶属关系，以及它们之间的数量关系。在企业内部，不同的部门和企业管理系统都要用到物料清单中的相关数据。

二、物料清单的用途

物料清单的具体用途如下：

①作为计算机识别物料的基础依据。

②作为编制生产计划的依据。

③作为物料配套和领料的依据。

④进行加工过程的跟踪。

⑤作为采购和外协的依据。

⑥进行成本计算。

⑦作为报价参考。

⑧进行物料追溯。

⑨可使设计系列化、标准化、通用化。

三、眼镜企业的物料清单

眼镜企业的物料一般分两部分：半成品物料和成品包装物料。表 7-1 为眼镜企业常见的物料清单明细表的样式。

表 7-1　金属眼镜架金属配件明细表

半成品物料						
序号	零部件名称	规格型号	材质	数量	参考价	备注（供应商）
1	圈丝					
2	夹口					
3	烟斗					
4	中梁					
5	上梁					
6	桩头					
7	脚丝					
8	铰链					
9	插针					
10	金属饰片					
11	丝通					
12	螺丝					
13	其他					
成品包装物料						
序号	零部件名称	规格型号	材质	数量	单价	备注（供应商）
1	镜片					
2	脚套					
3	托叶					
4	钻石					
5	眼核模					
6	卡纸					
7	吊牌					
8	胶袋					
9	纸盒					
10	纸箱					
11	其他					

第二节　全框金属眼镜架结构分析案例

一、普通全框金属光学眼镜架结构分析

普通全框金属眼镜架是最常见的金属光学眼镜架结构，这类眼镜架结构简单，配件数量少，如图 7-1 所示。

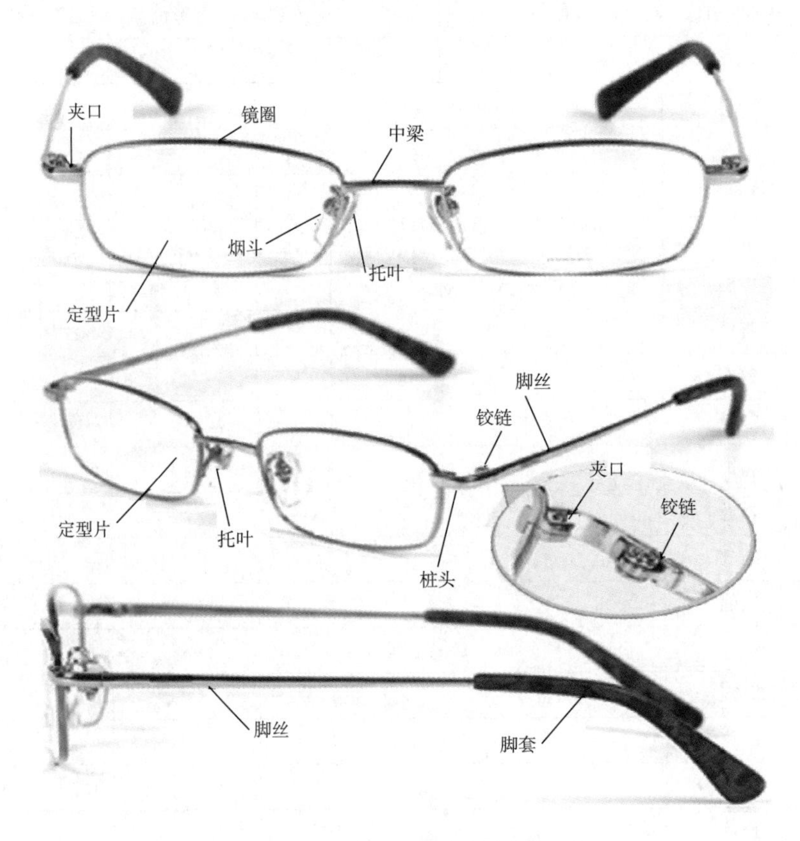

图 7-1　普通全框金属光学眼镜架结构

该款眼镜架结构、零部件规格及材料分析如下。

1. 镜圈

（1）圈丝型号规格　镜圈由型材圈丝绕制，圈丝的截面形状有多种，全框光学眼镜架所用的圈丝都是 V 型坑槽的，由图 7-1 可以看出，所用圈丝为平背 V 形；对于光学眼镜架，常用圈丝的规格一般正视尺寸为 0.8~1.0mm，俯视尺寸为 1.8~2.0mm。具体尺寸视镜圈尺寸和圈丝材料而定，原则是：镜圈尺寸越大则圈丝尺寸越大；材料强度越高，则圈丝尺寸越小。

（2）圈丝材料　对于普通光学眼镜架，不锈钢圈丝的性价比是最好的。不锈钢材料有很高的强度，所以可以选用较小规格尺寸的不锈钢圈丝。

综上所述，该款眼镜架镜圈所用圈丝为1.8×0.8平背V形不锈钢圈丝。

2. 镜片

对于光学眼镜，用户最终所使用的镜片是根据个人情况经过验光而定配的，所以眼镜架出厂时所用镜片均为定型片。

（1）定型片规格　普通光学架镜片尺寸一般在52~54mm，镜片最大尺寸约为55mm，所以原片大小应选用的规格为ϕ65mm；全框光学架定型片厚度一般在1.0~1.5mm，如果客户没有特别要求，厂家一般都使用1.0mm厚度的定型片。另外，光学镜片镜弯一般为4.5C。

（2）定型片材料　定型片材料几乎均为透明的聚碳酸酯（PC）材料。

综上所述，该款眼镜架的镜片为ϕ65×1.0×4.5C白色透明PC片。

3. 夹口

（1）夹口规格　夹口的规格必须与圈丝相符，夹口的斜度与圈型及夹口焊接位置有关。根据正视图片分析，夹口斜度为3°~5°。

夹口的宽度直接影响其强度，宽度越大，强度越好，但是当宽度过大时夹口就会从桩头底面露出而影响整体眼镜架的美观性，因此光学眼镜架的一般夹口宽度在2.8~3.5mm。根据正视图判断，夹口宽度在2.8~3.0mm为佳。

（2）夹口材料　光学眼镜架的夹口一般尺寸较小，所以材料多用强度较高的高镍白铜。夹口宽度在3.0mm以内，选用材料为22Ni或24Ni的高镍白铜；宽度大于3.0mm的夹口，选用18Ni的白铜就可以了。本款眼镜架夹口宽度在2.8~3.0mm，所以材料选用22Ni或24Ni。

综上所述，该款眼镜架的夹口为1.8×0.8×2.8×3°的24Ni普通平夹口。

4. 中梁

（1）中梁规格　中梁为非通用零件，即每款眼镜架的中梁均为特制，下单定制中梁时必须提供设计图或样品。零件必须按编号规则给予一个本厂或加工厂家的零件编号。

（2）中梁材料　由图7-1可以看出，本款眼镜架中梁为油压中梁，因此中梁材料还必须有良好的成型能力，即材料必须具有较好的塑性。

制作中梁的材料一般有铸铜、白铜、高镍白铜、镍合金、钛及钛合金材料等，对于油压中梁，较为理想的材料为镍合金及纯钛材料，前者使用最为广泛，后者价格昂贵，加工成本高，多为高档钛或钛合金眼镜架所用。

当中梁尺寸（正视宽度）较大时，中梁可以选用高镍白铜甚至普通白铜材料制作。

本款眼镜架中梁以选用镍合金材料为最佳。

5. 烟斗

（1）烟斗的规格　金属烟斗按装配形式分为锁式和夹式两大类，由图 7-1 可以看出本款眼镜架所用烟斗为锁式“S”型。

（2）烟斗材料　普通光学眼镜架烟斗材料一般选用 18Ni 白铜，价位较低的往往会选用普通白铜材料。

6. 托叶

（1）托叶规格　眼镜架的托叶一般有 4 个规格：17、15、13 和 9mm。通常情况称这 4 个规格的托叶分别为大号、中号、小号和小圆叶子。托叶的选用一般与镜架尺寸相关，尺寸大则选用较大尺寸的托叶，反之亦然。一般情况下，光学眼镜架大多选用中号托叶，小尺码的女款光学架多选用小号托叶。

本款眼镜架所用托叶为锁式中号托叶。

（2）托叶材料　托叶是镜架重量的主要支撑点，且直接与人体接触，所以要求其材料必须具有较好的舒适感、与皮肤接触不产生过敏、不打滑等特点。目前常用于制作托叶的材料有 PC、橡胶、硅胶、仿硅胶等，其中应用最广的为仿硅胶材料。

本款眼镜托叶材料为仿硅胶。

7. 脚丝

（1）脚丝规格　脚丝与中梁一样，属于非通用部件。在该款产品接到订单后，该产品及其各零部件均会被按本厂编号方法进行统一编号，编号方法各厂家没有统一标准。

（2）脚丝材料　从图 7-1 中可以看出，本款眼镜架脚丝为油压脚丝，脚丝表面花纹较为简单，脚丝外形尺寸较为精致，所以适合的材料只有 3 种：高镍白铜、镍合金和纯钛。镍合金与高镍白铜材料性能较为接近，但镍合金材料价格较为昂贵，所以一般很少使用镍合金材料制作尺寸较大的配件。钛是一种贵金属，价格非常昂贵，一般用于高档眼镜架。

因此本款眼镜架脚丝材料一般选用高镍白铜，含镍量 18%～24%；如果客户有要求，可以选用纯钛。

8. 桩头

本款眼镜架桩头与脚丝形体相近，材料相同，所以其配件粗坯为一体制出，焊接铰链后切断分开，这样可以简化配件制作工艺，降低配件加工成本，同时还能更好地保证眼镜架外观质量。

9. 铰链

（1）铰链规格　金属眼镜架脚丝铰链有两类，即弹弓铰链和对口铰链。从图 7-1 中可以看出本款眼镜架脚丝铰链为普通对口铰链。

铰链规格选用时一般考虑两个方面因素：强度和脚丝宽度。铰链宽度尺寸越大，强度越好，但一般情况下，铰链宽度应小于脚丝宽度，以保证正视脚丝时不露出铰链。本款眼镜架脚丝宽度为3.2~3.5mm，所以应选用规格为2.5~3.0的对口铰。

(2) 铰链材料　普通金属眼镜架铰链最常用的材料是高镍白铜，铰链规格尺寸越小，材料含镍量越高。本款眼镜架使用的铰链材料为22Ni的高镍白铜。

10. 脚套

(1) 脚套规格　脚套是一般金属脚丝配套的非金属零件，脚套外形多样，各款内孔尺寸及长度也有不同，所以脚套的通用性较小。脚套制作必须按设计图要求。

(2) 脚套材料　脚套直接与人体皮肤接触，所以材料必须具有不过敏、舒适感好、防滑等特性。又由于脚套装配后需要打弯及校架，故脚套材料还必须具有良好的塑性和韧性。常用的金属眼镜架脚套材料为聚碳酸酯、橡胶（硅胶）、板材（醋酸乙烯），其中板材使用最广。

11. 包装物料

眼镜架出厂前还会根据客户要求或本公司标准进行必要的包装及装箱打包。通常包装物料包括吊牌、卡纸、眼镜盒、纸盒、纸箱等。

由以上分析结果整理出各零部件规格明细，见表7-2。

表7-2　普通全框金属光学眼镜架规格明细表

半成品物料				
序号	零部件名称	规格型号	材质	数量
1	圈丝	1.8×0.8平背V形	不锈钢	1副
2	夹口	1.8×0.8×5°×3.0	22Ni	1副
3	烟斗	YD-002A	18Ni	1副
4	中梁	ZL-1679	镍合金	1只
5	上梁	—		
6	桩头	—		
7	脚丝	JS-2818	18Ni	1副
8	铰链	K30	22Ni	1副
9	其他	—		
成品包装物料				
序号	零部件名称	规格型号	材质	数量
1	镜片	ϕ65×1.0×4.5C	PC	1副
2	脚套	JT-478	板材	1副

续表

成品包装物料				
序号	零部件名称	规格型号	材质	数量
3	托叶	Y-004B	仿硅胶	1 副
4	配饰	—		
5	卡纸	客供		1 只
6	胶袋	165mm×60mm 封口袋	PC	1 只
7	吊牌	客供		1 只
8	纸盒	250mm×180mm×48mm	硬纸	1/12
9	纸箱	900mm×250mm×480mm	卡通纸	1/50 盒
10	其他	—		

二、猪腰铰链桩头全框光学眼镜架结构分析

猪腰铰链桩头集夹口、桩头和铰链 3 种功能于一体，结构简洁，近几年非常流行。图 7-2 为猪腰铰链桩头全框光学眼镜架。

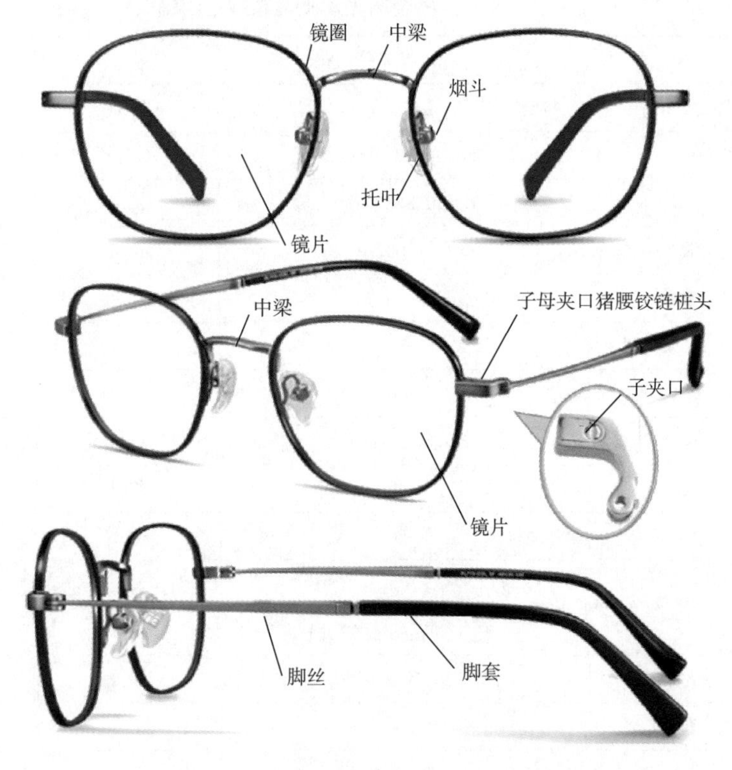

图 7-2　猪腰铰链桩头全框光学眼镜架

下面就图 7-2 所示眼镜架的结构及零部件规格及材料进行分析。

1. 镜圈

（1）圈丝型号规格　本款眼镜为大框光学眼镜架，光学眼镜架所用镜圈圈丝均为 V 形内坑；由于片型尺寸较大，为保证镜圈刚性，一般会选用截面尺寸较大的圈丝，故本款眼镜架圈丝规格多选用 2.0×1.0，当然，如果圈形较圆时，也可以选用 1.8×0.8 的规格。

（2）圈丝材料　对于大框光学眼镜架，由于镜片尺寸较大，所以需选用材料刚性和强度更好的不锈钢，当然纯钛是最理想的，但是纯钛材料价格昂贵，一般只用于全钛眼镜架。

综上所述，该款镜圈首选圈丝为：2.0×1.0 平背 V 形不锈钢圈丝。

2. 镜片

本款为光学眼镜架，产品出厂时装配的是定型片。

（1）定型片规格　本款眼镜架镜片尺寸在 55mm 以上，镜片最大尺寸为 57~58mm，所以定型片原片大小应选用的规格为 ϕ70mm；镜片厚度一般使用 1.0mm 就可以了。另外，光学镜片镜弯一般为 4.5C。如客户有特别要求，则按其要求定制。

（2）定型片材料　定型片材料为透明的聚碳酸酯材料。

综上所述，该款眼镜架的镜片为 ϕ70×1.0×4.5C 白色透明 PC 片。

3. 猪腰铰链桩头

（1）猪腰铰链桩头规格　猪腰铰链桩头是通用性较大的配件，各配件厂家都有较多种外形和尺寸的成熟产品，所以可以选用结构相同、外形最相似的猪腰铰链桩头。本款猪腰铰链桩头是子母夹口，按配件厂家提供的样本选择符合要求的桩头。

（2）猪腰铰链桩头材料　猪腰铰链桩头是通过油压成型再切削加工而制成的，所以要求其材料必须有较好的塑性和机加工性能，因此猪腰铰链桩头制作材料为白铜或高镍白铜。尺寸较大及价位较低的眼镜架一般使用普通白铜，而本款眼镜架桩头较为精致，所以须选用强度和刚性更好的高镍白铜材料，含镍量在 18%~22%，具体含镍量视客户对产品质量的要求及单价而定。

全钛眼镜架的猪腰铰链桩头为纯钛材料。

4. 中梁

（1）中梁规格　本款眼镜架中梁为特制配件，没有统一规格。零件编号按本厂或加工厂家编号规则进行，须按设计图纸或样品制作。

（2）中梁材料　本款眼镜架中梁外形相对复杂，制作主要工艺为油压成型再飞边，因此材料必须具有良好的塑性和韧性；中梁截面尺寸较小，所以材料还必须具有较高的强度和刚性。符合上述要求的材料为高镍白铜、镍合金和纯钛。具体材料选用还需考虑产品价位（质量要求），上述 3 种材料价格由低到高。

本款眼镜架中梁一般选用22Ni的高镍白铜。

5. 烟斗

（1）烟斗规格　本款眼镜架所用烟斗为锁式普通型。

（2）烟斗材料　普通光学眼镜架一般选用18Ni白铜，价位较低的往往会选用普通白铜材料，而全钛眼镜架则选用纯钛材料。

综合上述分析，本款眼镜架选用的烟斗为18Ni普通锁式烟斗。

6. 托叶

（1）托叶规格　本款眼镜架为大框女款光学眼镜架，选用锁式中号托叶。

（2）托叶材料　本款眼镜架托叶材料为白色透明仿硅胶。

7. 脚丝

（1）脚丝规格　本款眼镜架脚丝为非通用特制部件，须按订单定制。第一次定制脚丝时须附工程图。

（2）脚丝材料　本款脚丝制作工艺主要为油压、冲切。脚丝前段尺寸较小，所以要求材料必须具有良好的强度、刚性及成型性能。高镍白铜、镍合金和纯钛均具备这些要求，所以在产品价位一般的情况下，首选材料为高镍白铜。如果是全钛眼镜架则使用纯钛制作脚丝。

8. 脚套

（1）脚套规格　脚套是非通用配件，制作必须按设计图要求。因此只有编号没有规格。

本款脚套比普通脚套要长，这种脚套一般称为长脚套。本款脚套为方口，脚套内孔形状和尺寸必须与金属脚丝吻合，所以一般情况下除提供设计图外，还须提供金属脚丝尾针与之适配，以保证脚套与脚丝的吻合状况。

（2）脚套材料　本款眼镜架使用的脚套材料为板材。

9. 包装物料

包装物料同普通全框金属光学眼镜架。

由以上分析结果整理出各零部件规格明细，见表7-3。

表7-3　猪腰铰链桩头全框眼镜架零部件规格明细表

半成品物料				
序号	零部件名称	规格型号	材质	数量
1	圈丝	2.0×1.0平背V形	不锈钢	1副
2	夹口	—		
3	烟斗	YD-002A	18Ni	1副
4	中梁	ZL-1679	镍合金	1只
5	上梁	—		

续表

序号	零部件名称	规格型号	材质	数量
半成品物料				
序号	零部件名称	规格型号	材质	数量
6	眉毛	—		
7	桩头	ZT-0178	22Ni	1 副
8	脚丝	JS-2558	22Ni	1 副
9	铰链			
10	尾针	—		
11	金属配饰	—		
12	丝通	—		
13	节钉（蘑菇钉）			
14	螺丝	—		
15	其他	—		
成品包装物料				
序号	零部件名称	规格型号	材质	数量
1	镜片	ϕ70×1.0×4.5C	PC	1 副
2	镜片膜			
3	脚套	JT-478	板材	1 副
4	托叶	Y-004A	仿硅胶	1 副
5	钻石	—		
6	眼核模片	—		
7	卡纸	客供		1 只
8	胶袋	165mm×60mm 封口袋	PC	1 只
9	吊牌	客供		1 只
10	纸盒	250mm×180mm×48mm	硬纸	1/12
11	纸箱	900mm×250mm×480mm	卡通纸	
12	其他	—		

三、全框钢片眉毛光学眼镜架结构分析

一般钢片眉毛眼镜架结构简洁，制作工艺简单，眼镜架刚性及使用寿命较高，所以钢片眉毛结构的眼镜架在金属眼镜架市场中占有相当大的比例。图 7-3 为全框钢片眉毛光学眼镜架。

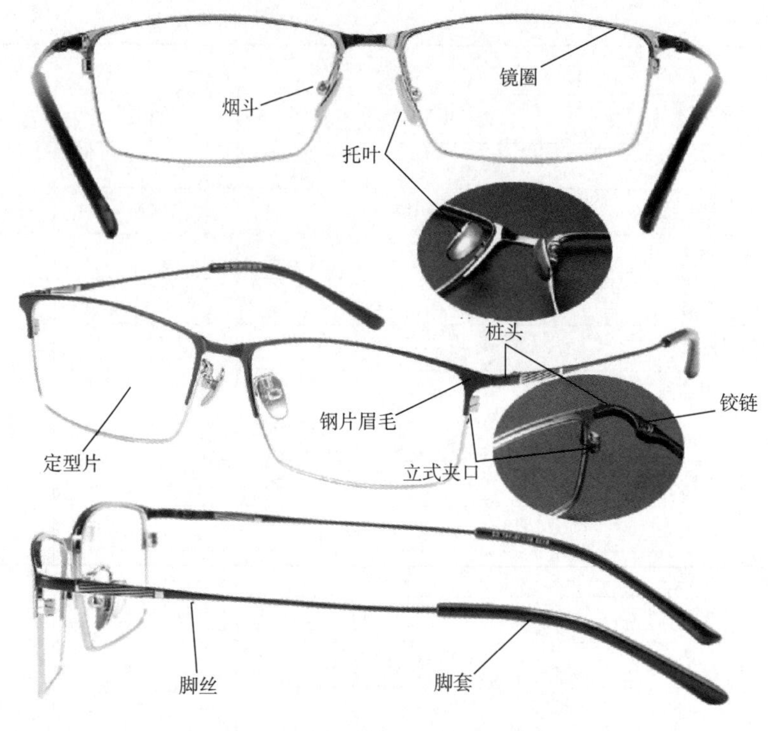

图 7-3　全框钢片眉毛光学眼镜架

下面就图 7-3 所示眼镜架的结构及零部件规格和材料进行分析并制出物料清单表。

1. 镜圈

（1）圈丝规格　本款为全框钢片光学眼镜架，镜圈圈丝为 V 形内坑；由于是钢片贴圈结构，镜圈刚性得到保证，所以可选用截面尺寸较小的圈丝，故本款眼镜架圈丝规格选用 1. 8×0. 8。

（2）圈丝材料　不锈钢材料的 V 形圈丝不仅强度和刚性都好，而且材料价格还便宜，所以全框光学眼镜架圈丝首选材料就是不锈钢。如果是高价位的全钛眼镜架，则圈丝材料为纯钛。

综上所述，该款眼镜架镜圈首选圈丝为 1. 8×0. 8 平背 V 形不锈钢材料或纯钛材料。

2. 夹口

（1）夹口规格　夹口规格与圈丝有关，本款眼镜架使用的是立式夹口，立式夹口没有斜度，如果不需遮盖，立式夹口的宽度一般在 3. 5～4. 0mm，所以本款眼镜架所用夹口规格为立式 0. 8×1. 8×3. 5×0°。

（2）夹口材料　夹口材料几乎都是白铜或高镍白铜，立式夹口厚度均较小，一般都使用高镍白铜，本款眼镜架的夹口选用 24Ni 的高镍白铜为宜。

本款眼镜架所用材料为24Ni的高镍白铜（或纯钛）。

3. 眉毛

（1）眉毛规格　眉毛为特制配件，没有统一规格。零件编号按本厂或加工厂家编号规则进行，须按设计图纸或样品制作。

（2）眉毛材料　半框眉毛表面无花纹，所以为钢片板料切割制成。眉毛制作材料有白铜、高镍白铜、不锈钢和钛。眉毛较厚且表面有花纹的一般选用白铜或高镍白铜，较薄的眉毛选用不锈钢。钛及钛合金价格昂贵，只用于钛眼镜架。所以从性价比考虑，眉毛首选材料是不锈钢。本款眼镜架眉毛即为不锈钢材料（或纯钛）。

4. 烟斗

（1）烟斗的规格　本款眼镜架所用烟斗为锁式S型。S型烟斗的托叶距镜片位置较高，这样的眼镜架较为适合亚洲（东亚及东南亚）人种，所以初步可以判定本款眼镜架是针对国内市场设计的。

（2）烟斗材料　普通光学眼镜架烟斗材料一般选用18Ni白铜，订单价位较低的往往会选用普通白铜材料，而全钛眼镜架则选用纯钛材料。

本款眼镜架为普通光学眼镜架，烟斗材料一般选用18Ni。

5. 脚丝

（1）脚丝规格　本款脚丝为连体脚丝，也称工艺脚丝，这种脚丝的铰链与桩头（或脚丝）连体制作，制作工艺较为复杂，一般由专业的配件厂家生产，多数情况下桩头与脚丝配套定制。下单定制时须附设计图或样板。脚丝按厂家编号规则进行编号。

（2）脚丝材料　脚丝加工工艺较为复杂，主要为成型和切削加工，因此要求材料要有较好的机加工性能，且脚丝较为细小，所以还要求材料有较好的强度和刚性。一般价位的眼镜架，工艺脚丝的首选材料为高镍白铜，脚丝尺寸较大可以选用普通白铜。如果是全钛眼镜架则使用纯钛制作脚丝。从本款眼镜架脚丝尺寸分析，材料选用纯钛的可能性也较大，这取决于订单价位。

6. 铰链

工艺脚丝的铰链同桩头或脚丝连体制出，所以不需定制。

7. 脚套

（1）脚套规格　本款脚套是较为常用的普通圆孔脚套，规格为65mm长，内孔直径1.45~1.50mm。脚套外形为常用型，所以可以在配件厂家提供的样本内选用接近款式或按设计图定制。

（2）脚套材料　本款眼镜架使用的脚套材料为板材。

8. 镜片

本款眼镜架为光学眼镜架，产品出厂时装配的是定型片。

（1）定型片规格　本款眼镜架为男款，通常镜片尺寸在55mm以下，所以定型片原片大小应选用的规格为 ϕ65mm；镜片厚度 1. 0mm，镜片镜弯为 4. 5C。

（2）定型片材料　光学眼镜架定型片材料为透明的聚碳酸酯。故该款眼镜架的镜片为 ϕ65×1. 0×4. 5C 白色透明 PC 片。

9. 托叶

（1）托叶规格　本款眼镜架使用锁式中号金属托叶。

（2）托叶材料　金属托叶一般使用纯钛（或锗合金）材料包膜。

10. 包装物料　包装物料同普通全框金属光学眼镜架。

以上述各项分析结果整理出各零部件规格明细，见表 7-4。

表 7-4　全框钢片眉毛光学眼镜架零部件规格明细表

半成品物料				
序号	零部件名称	规格型号	材质	数量
1	圈丝	1. 8×0. 8 平背 V 形	纯钛	1 副
2	夹口	立式 0. 8×1. 8×3. 5	纯钛	1 副
3	烟斗	YD-002A	18Ni	1 副
4	中梁	—		
5	上梁	—		
6	眉毛	MM-058	纯钛	1 副
7	桩头	—		
8	脚丝	JS-2558	纯钛	1 副
9	尾针	—		
10	金属配饰	—		
11	丝通	—		
12	螺丝	—		
13	螺母	—		
14	金属垫片	—		
15	其他	—		
成品包装物料				
序号	零部件名称	规格型号	材质	数量
1	镜片	ϕ65×1. 0×4. 5C	PC	1 副
2	脚套	JT-453	板材	1 副
3	托叶	Y-004A	锗合金	1 副
4	配饰	—		

续表

成品包装物料				
序号	零部件名称	规格型号	材质	数量
5	眼核模片	—		
6	卡纸	客供		1只
7	胶袋	165mm×60mm 封口袋	PC	1只
8	吊牌	客供		1只
9	纸盒	250mm×180mm×48mm	硬纸	1/12
10	纸箱	900mm×250mm×480mm	卡通纸	
11	其他	—		

四、全框女款宽边镜圈眼镜架结构分析

普通金属眼镜架圈丝宽度为1.8~2.0mm，对于光学镜片，特别是大框高度近视镜片，其边缘厚度远大于此尺寸，因此镜片磨边角度也远大于镜圈内坑角度，这样装配后的镜片不仅稳定性差且影响外观。宽边镜圈眼镜架就是为了比较解决这个问题而设计的。如图7-4所示为全框女款宽边镜圈光学眼镜架。

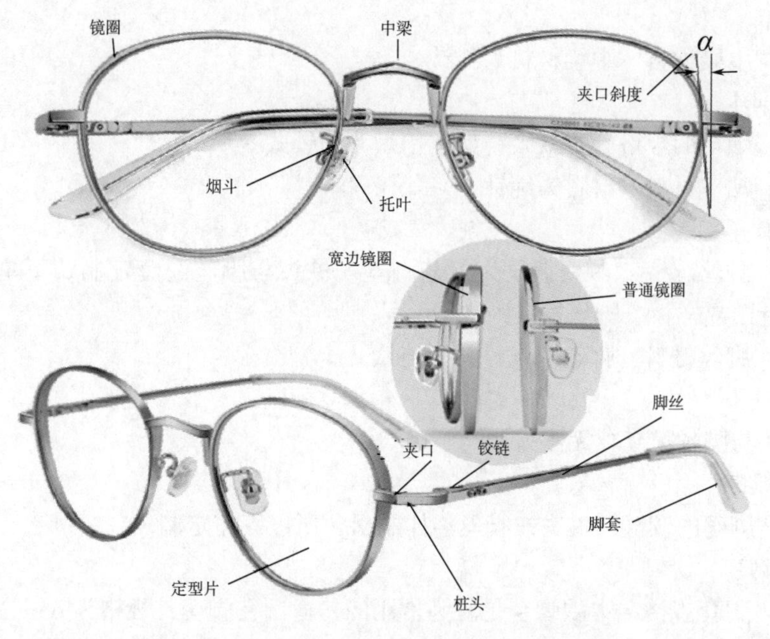

图7-4　全框女款宽边镜圈光学眼镜架

下面就图 7-4 所示眼镜架的结构及零部件规格和材料进行分析并列出物料清单表。

1. 镜圈

（1）圈丝规格　本款眼镜架镜圈圈丝为 V 形内坑。宽边镜圈的圈丝宽度一般在 3.0~4.0mm，正视镜圈尺寸也相应大于普通圈丝，一般圈丝正视尺寸在 1.2~1.3mm。故本款眼镜架圈丝规格选用（3.5~3.8）×（1.2~1.3）较为适宜。

（2）圈丝材料　由于圈丝尺寸规格较大，对镜圈材料的强度和刚性方面的要求大为降低，因此本款镜圈可以选用加工性能较好的镍白铜，当然不锈钢材料也是一种选择。考虑镜圈及镜片的重量较大，全架材料应首选纯钛。

综上所述，该款眼镜架镜圈首选圈丝为 3.5×1.3 平背 V 形纯钛材料。

2. 夹口

（1）夹口规格　夹口规格与圈丝有关。本款眼镜架为全框宽边镜圈光学架，根据圈丝规格，夹口规格首选为普通平夹口 3.5×1.3×3.0×α。α 为夹口斜度，它与镜圈形状和夹口焊接位置有关，图 7-4 中，$\alpha=3°\sim5°$。

所以本款眼镜架所用夹口规格为普通平夹口 3.5×1.3×3.0×5°。

（2）夹口材料　夹口材料一般都使用高镍白铜。本款眼镜架为高价位的全钛眼镜架，所以夹口材料必须选用纯钛。

3. 中梁

（1）中梁规格　本款中梁眉为特制配件，没有统一规格。须按设计图纸或样品制作。

（2）中梁材料　中梁材料为纯钛。

4. 烟斗

（1）烟斗的规格　本款眼镜架所用烟斗为锁式 S 型。

（2）烟斗材料　材料为纯钛。

5. 脚丝

（1）脚丝规格　本款脚丝为工艺脚丝，桩头与脚丝配套定制。下单定制时须附设计图或样板。脚丝按规则进行编号。

（2）脚丝材料　脚丝制作材料为纯钛。

6. 桩头

桩头与脚丝配套，无需另制。

7. 铰链

工艺脚丝的铰链同桩头或脚丝连体制出，所以不需定制。

8. 脚套

（1）脚套规格　本款脚套是较为常用的普通圆孔脚套，规格为 65mm 长，内孔直径 1.45~1.50mm。脚套外型为常用型，所以可以在配件厂家提供的样本内选用接近款式或按设计图定制。

（2）脚套材料　本款眼镜架使用的脚套材料为板材。

9. 镜片

本款为光学眼镜架，产品出厂时装配的是定型片。

（1）定型片规格　本款眼镜为女款，镜片尺寸在55mm以下，所以定型片原片大小应选用的规格为ϕ65mm；宽边镜圈适配的定型片一般比普通镜定型片的厚度要厚，所以本款定型镜片厚度为1.2~1.5mm，镜片镜弯为4.5C。

（2）定型片材料　光学眼镜架，定型片材料为透明的聚碳酸酯。故该款眼镜架的镜片为ϕ65×1.5×4.5C白色透明PC片。

10. 托叶

（1）托叶规格　本款眼镜架为锁式中号仿硅胶托叶。

（2）托叶材料　金属托叶一般使用纯钛（或锗合金）材料包膜。

11. 包装物料

（1）吊牌、卡纸、眼镜盒　各品牌眼镜出厂都有自行设计的吊牌和卡纸，贴牌加工则大多由客户提供，特别是对于高档知名品牌眼镜架，因吊牌、卡纸涉及到商标、产权等问题，所以客户一般会按单提供，以防假冒。高端眼镜架一般都采用精包装，每副眼镜架一个眼镜盒是必不可少的。同吊牌、卡纸一样，基本都是由客户提供。

（2）纸盒、纸箱　纸盒、纸箱一般由眼镜制作厂家根据订单要求自行定制。纸盒、纸箱尺寸必须考虑眼镜架大小及物流费用等。精包装时一般一个纸盒装四副眼镜架。

以上述各项分析结果整理出各零部件规格明细，见表7-5。

表7-5　全框女款宽边镜圈光学眼镜架物料规格明细表

半成品物料				
序号	零部件名称	规格型号	材质	数量
1	圈丝	1.8×0.8平背V形	纯钛	1副
2	夹口	立式0.8×1.8×3.5	纯钛	1副
3	烟斗	YD-002A	纯钛	1副
4	中梁	—		
5	上梁	—		
6	眉毛	MM-058	纯钛	1副
7	桩头	—		
8	脚丝	JS-2558	纯钛	1副
9	尾针	—		

续表

半成品物料				
序号	零部件名称	规格型号	材质	数量
10	金属配饰	—		
11	丝通	—		
12	螺丝	—		
13	螺母	—		
14	金属垫片	—		
15	其他	—		
成品包装物料				
序号	零部件名称	规格型号	材质	数量
1	镜片	ϕ65×1.0×4.5C	PC	1副
2	脚套	JT-453	板材	1副
3	托叶	Y-004A	仿硅胶	1副
4	配饰	—		
5	眼核模片	—		
6	卡纸	客供		1只
7	胶袋	165mm×60mm 封口袋	PC	1只
8	吊牌	客供		1只
9	纸盒	250mm×180mm×48mm	硬纸	12副/盒
10	纸箱	900mm×250mm×480mm	卡通纸	50盒/箱
11	其他	—		

五、木头脚丝金属全框眼镜架结构分析

竹木材料是可再生资源，且其天然属性带来一种自然美感，竹木眼镜架便由此而生。基于竹木材料的强度及纤维的方向性，竹木材料多用于制作眼镜架的脚丝。全竹木眼镜架目前在太阳眼镜架中也有出现，但光学眼镜架，特别是全框光学眼镜架难以做到全部使用竹木材料。图 7-5 所示即为一款木头脚丝金属全框光学眼镜架。

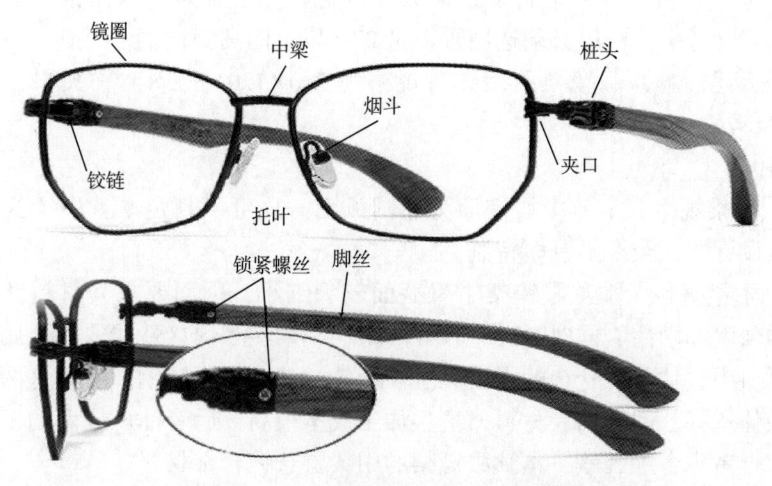

图 7-5　木头脚丝金属全框光学眼镜架

下面就图 7-5 所示眼镜架的结构及零部件规格和材料进行分析并列出物料清单。

1. 镜圈

(1) 圈丝规格　本款眼镜架为木头脚丝金属全框光学眼镜架，基于木头材料在强度方面的力学原因，脚丝尺寸较大，因而金属眼镜框的尺寸也相应较大。多数情况下，竹木脚丝眼镜架的镜片尺寸在 54mm 以上，属于大框范围。

对于大框眼镜架的镜圈一般均选用截面面积较大、材料强度和刚性较好的圈丝。而金属光学眼镜架的镜圈几乎都使用 V 形圈丝。故本款眼镜架圈丝规格首选 2. 0×1. 0。镜片片形棱角分明，所以也应选用截面形状较为方正的平背圈丝。

(2) 圈丝材料　普通配光镜架圈丝首选不锈钢材料，大框镜圈更是如此。

综上所述，该款眼镜架镜圈首选圈丝为 2. 0×1. 0 平背 V 形不锈钢材料。

2. 夹口

(1) 夹口规格　在全框眼镜架的结构设计中，平夹口为首选。本款眼镜架使用的就是平夹口。

夹口规格与圈丝有关，夹口级位参数与圈丝外形对应。本款夹口级位高 2. 0mm、宽 1. 0mm。

夹口斜度与圈形及夹口焊接位置有关，实际斜度可以由眼镜架正视图估算，如有样板可以实测得出。本款眼镜架夹口斜度大约为 5°。

夹口宽度与其强度有直接的关联，一般高镍白铜夹口总宽度（未切之前）达 3. 0mm 以上，就可以保证其装配强度。本款桩头宽度并不是很大，所以选用宽度为 3. 2mm 为佳。

本款眼镜架所用夹口规格为普通平夹口 2. 0×1. 0×3. 2×5°。

（2）夹口材料　普通金属眼镜架的夹口材料几乎都是高镍白铜。本款眼镜架的夹口宽度适中，所以必须选用含镍量22%以上的高镍白铜。

综上所述，本款眼镜架所用夹口规格为2.0×1.0×3.2×5°平夹口，材料为22Ni或24Ni。

3. 中梁

（1）中梁规格　本款中梁表面为非圆弧面，故可以判定本款中梁为油压成型，须按设计图纸或样品制模特制。

（2）中梁材料　本款眼镜架中梁截面较为细小，因而要求其材料性能须具有较高的强度和刚性，同时还具有较好的塑性、韧性和焊接性能。在金属眼镜架常用的材料中，钛及钛合金的强度和刚性最佳，其次为不锈钢。然而这两种材料都不是最佳选择，因为前者材料昂贵且加工成本很高，后者油压成型的工艺性能欠佳。综合考虑各种因素，本款眼镜架的中梁首选镍合金材料。

4. 烟斗

（1）烟斗的规格　本款眼镜架所用烟斗为锁式普通型。

（2）烟斗材料　本款眼镜架价位一般，因此烟斗材料选用18Ni的高镍白铜就可以了。

5. 桩头

本款眼镜架的桩头为一长桩头，即桩头与脚丝头为一体。桩头表面花纹复杂，立体感强烈，且为双面空心花纹（木头脚丝安装位为空位），所以可以断定桩头采用铸造工艺制作。

（1）桩头规格型号　本款眼镜架桩头为特制桩头，特制配件没有统一规格，只有制作厂家的统一编号（型号）。配件的定制须按设计图要求或对照样本，量产前需先进行确认。

（2）桩头材料　眼镜架上的铸造金属配件都是铍铜合金。

6. 脚丝

（1）脚丝规格　本款脚丝为特制非通用配件，下单定制时须附设计图或样板。制作脚丝时应注意脚丝与金属桩头的配合。

（2）脚丝材料　脚丝材料为梨木。

7. 铰链

本款桩头为铍铜铸件，材料的焊接性能较差，所以一般铍铜铸件都会连体铸出铰链。本款眼镜架桩头铰链也为桩头连体铸出，无需另制。

8. 脚套

木头脚丝无需脚套。

9. 镜片

本款眼镜架为大框男款，尺寸应在54mm以上，所以定型片原片最佳选用规格为大小ϕ70mm、厚度1.0mm。本款为光学眼镜架，镜片弯度为4.5C。镜片材料为最常用的白色透明 PC 片。

10. 托叶

本款选用的是中号锁式仿硅胶白色透明托叶。

11. 脚丝装配螺丝

本款木头脚丝装配时，脚丝头部插入金属桩头尾孔，这种铆接结构有因金属材料缩水而脱落的风险，所以需加装一螺丝锁紧。锁紧螺丝实际是锁在金属上的，只对脚丝起到防脱销钉的作用。螺丝规格选用最常用的全牙 ϕ2.0×M1.4×3.0 不锈钢一字头（或十字头）螺丝。

12. 包装物料

（1）吊牌、卡纸 吊牌、卡纸由客户提供。

（2）纸盒、纸箱 纸盒为硬纸天地盒（即加盖），大小按 12 副装定制，故纸盒尺寸为 250mm×180mm×48mm。

纸箱按 50 盒定制，尺寸为 900mm×250mm×480mm。

归纳上述 12 项分析内容，整理出本款眼镜架各零部件规格明细，见表 7-6。

表 7-6 全框女款宽边镜圈光学眼镜架物料规格明细表

半成品物料				
序号	零部件名称	规格型号	材质	数量
1	圈丝	2.0×1.0 平背 V 形	不锈钢	1 副
2	夹口	2.0×1.0×3.0×5°平夹口	24Ni	1 副
3	烟斗	YD-001A	18Ni	1 副
4	中梁	ZL-0138	镍合金	1 只
5	上梁	—		
6	眉毛	—		
7	桩头	ZT-1528	铸铜	1 副
8	脚丝	JS-2529	梨木	1 副
9	尾针	—		
10	金属配饰	—		
11	丝通	—		
12	螺丝	ϕ2.0×M1.4×3.0	不锈钢	
13	螺母	—		
14	金属垫片	—		
15	其他	—		

续表

成品包装物料				
序号	零部件名称	规格型号	材质	数量
1	镜片	ϕ70×1.0×4.5C	PC	1副
2	镜片膜	—		
3	脚套	—		
4	托叶	Y-002A	仿硅胶	1副
5	配饰	—		
6	眼核模片	—		
7	卡纸	客供		1只
8	胶袋	165mm×60mm 封口袋	PC	1只
9	吊牌	客供		1只
10	纸盒	250mm×180mm×48mm	硬纸	12副/盒
11	纸箱	900mm×250mm×480mm	卡通纸	50盒/箱
12	其他	—		

六、全框钢片铣槽眼镜架结构分析

钢片眉毛（或框面）眼镜架是市场中较为常见的一种金属眼镜架，这种眼镜架结构颇多，全框钢片铣槽就是其中的一种。图7-6为全框钢片铣槽眼镜架结构解析。

下面就图7-6所示眼镜架的结构及其零部件规格和材料进行分析并列出物料清单。

1. 镜圈

本款眼镜架为钢片铣槽结构，没有镜圈。镜片安装在钢片框面内侧所铣槽内，即以钢片框面内铣槽取代镜圈的作用。

2. 钢片框面

（1）钢片框面规格　钢片框面与钢片眉毛的结构差异就在于眉毛在镜框下半部位是开放的，而框面则是封闭的。钢片框面铣槽就是在这个封闭的框面内侧加工出一个类似圈丝坑槽的内槽，用以安装镜片。因此要求钢片必须较厚，一般全框铣槽的钢片厚度在1.6~2.0mm。

钢片框面是特制配件，制作须按设计图要求。

本款框面表面有经过油压成型加工，所以框面原材料厚度应选择较厚钢片。

（2）钢片框面材料　钢片全框铣槽结构的框面尺寸较大较厚，所以应选用

图 7-6　全框钢片铣槽光学眼镜架结构解析

密度较低的材料，否则整体眼镜架会很重。

本款框面需经过油压、铣切、打弯等，因而材料还必须具有良好的塑性、韧性及机加工性能。

符合上述要求的材料有纯铝和纯钛，而纯铝材料强度及其焊接性能无法满足本款眼镜架的结构要求，所以本款眼镜架的眉毛框面材料为纯钛。

3. 夹口

（1）夹口规格　钢片全框铣槽结构，一般使用立式夹口，因为立式夹口可以较好地隐藏，使镜架正视美感更佳。当镜框边宽度较大时（大于 2.0mm），更多使用无边高立式夹口或无边高立式斜夹口，那样夹口的隐藏效果更好。

本款使用的是普通立式夹口，更易于焊接及强度保证。

选择夹口的宽度应能保证镜框装配镜的强度，本款结构的夹口宽度不受其他配件的影响，可以选用较大的尺寸，所以一般选用 3.5mm 以上宽度的夹口。

综上所述，本款眼镜架所用夹口规格为立式 1.0×2.0×3.5。

（2）夹口材料　框面眉毛是本款眼镜架上尺寸最大的配件，框面都使用纯钛材料，其他零部件也会使用钛或钛合金。所以夹口材料为纯钛。

综上所述，本款眼镜架所用夹口规格为立式 1.0×2.0×3.5，材料为纯钛。

4. 中梁

钢片眉毛（框面）没有独立的中梁配件。

5. 烟斗

本款眼镜架所用烟斗为锁式 S 型，烟斗材料为纯钛。

6. 桩头

钢片框面有连桩头和不连桩头两种。本款眼镜架钢片框面不连桩头，实际桩头为独立的长桩头配件（桩头+脾头）。桩头是特制配件，只有零件编号，没有统一规格。

桩头材料为纯钛。

7. 脚丝

（1）脚丝规格　本款脚丝为脾头+尾针结构，脾头为长桩头后段，不需单独制作。尾针为普通形状的扁圆针，头部为扁平状，尾部为圆形。

（2）脚丝材料　本款眼镜架为全钛架，尾针材料也为纯钛。

8. 铰链

（1）铰链规格　铰链焊接在长桩头中部，切铰后长桩头被分两部分：前段为桩头，后段为脾头。桩头与脾头为一体粗坯，底面为平面，本款铰链为普通对口平铰。桩头宽度尺寸较大，所以可以选用规格尺寸较大的铰链以保证强度。

高镍白铜铰链宽度达到 3.5mm（纯钛 3.0mm）就足以保证脚丝的装配强度。

（2）铰链材料　因为是全钛眼镜架，铰链材料为纯钛。

9. 脚套

（1）脚套规格　本款眼镜架脚套为特制方口长脚套，脚套内孔须配合尾针外形，脚套头部外形须与脾头吻合。量产时应与金属脚丝适配确认。

（2）脚套材料　脚套材料为板材。

10. 镜片

本款眼镜架为常规尺码男款眼镜架，镜片尺寸在 54mm 左右，所以选用定型片规格为 ϕ65~70mm、厚度 1.0mm。本款为光学眼镜架，镜片弯度为 4.5C。镜片材料为最常用的白色透明 PC 片。

11. 托叶

本款眼镜架选用的是中号锁式仿硅胶白色透明托叶。

12. 脚套锁紧螺丝

本款脚套为板材长脚套，长脚套缩水量较大，为确保脚套与金属脾的配合不受缩水影响，高价位的眼镜架均会在脚套前段使用锁紧螺丝。螺丝穿过板材脚套内侧锁紧在金属尾针的扁位处。所以应选用螺丝头较大的大头螺丝，螺丝长度以锁紧后刚刚穿过尾针为宜。

综上所述，螺丝规格为 $\phi2.8\times M1.4\times3.0$，螺丝材料为纯钛。

13. 包装物料

包装物料包括吊牌、卡纸、眼镜盒、纸盒、纸箱等。这些物料规格及要求应根据订单合同定制。

归纳上述 13 项分析内容，整理出本款眼镜架各零部件规格明细，见表 7-7。

表 7-7　全框女款宽边镜圈光学眼镜架物料规格明细表

半成品物料				
序号	零部件名称	规格型号	材质	数量
1	圈丝	—		
2	夹口	立式 1.0×2.0×3.5	纯钛	1 副
3	烟斗	YD-001A	纯钛	1 副
4	中梁	—		
5	上梁	—		
6	眉毛	MM-068	纯钛	1 副
7	桩头	ZT-1128	纯钛	1 副
8	脚丝	—	纯钛	
9	尾针	WZ-010	纯钛	1 副
10	铰链	K3.5	纯钛	1 副
11	丝通	—		
12	螺丝	ϕ2.8×M1.4×3.0	纯钛	2 只
13	螺母	—		
14	金属垫片	—		
15	节钉（蘑菇钉）	—		
16	其他	—		
成品包装物料				
序号	零部件名称	规格型号	材质	数量
1	镜片	ϕ65×1.0×4.5C	PC	1 副
2	脚套	JT-128	板材	1 副
3	托叶	Y-002A	仿硅胶	1 副
4	配饰	—		
5	钻石	—		
6	卡纸	客供		1 只

续表

成品包装物料				
序号	零部件名称	规格型号	材质	数量
7	胶袋	165mm×60mm 封口袋	PC	1只
8	吊牌	客供		1只
9	眼镜盒	客供		1只
10	纸盒	250mm×180mm×48mm	硬纸	4副/盒
11	纸箱	900mm×250mm×480mm	卡通纸	50盒/箱
12	其他	—		

七、全框钢片框面卡胶圈光学眼镜架结构分析

全框钢片镜架有4种结构：钢片贴圈、钢片铣槽、钢片卡胶圈及钢片卡镜片。全框钢片卡胶圈光学眼镜架结构如图7-7所示。

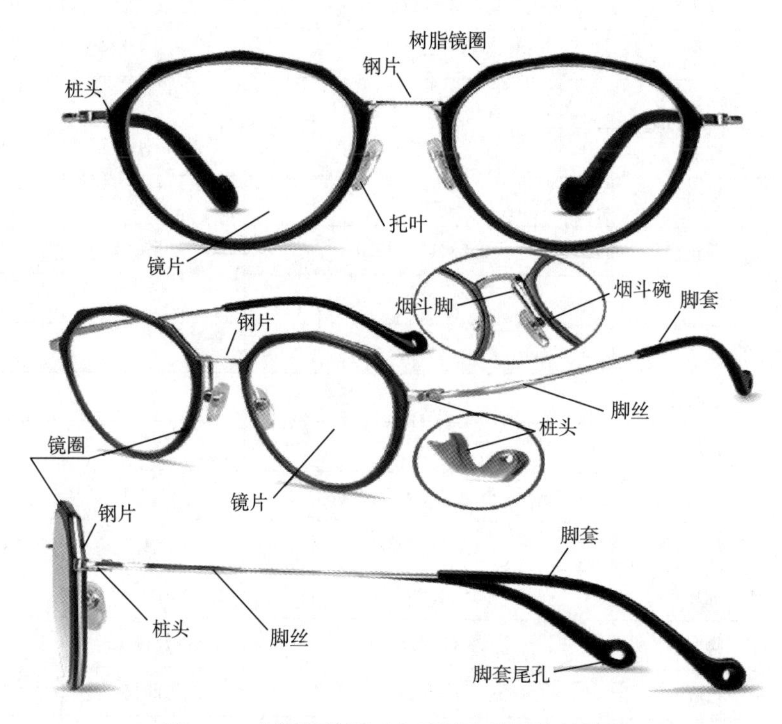

图7-7　全框钢片框面卡胶圈光学眼镜架结构

下面就图7-7所示眼镜架的结构及其零部件规格和材料进行分析并列出物料清单。

1. 镜圈

本款眼镜架为钢片卡胶圈结构，胶圈可以使用板材，也可以使用注塑树脂。一般此类胶圈厚度在 3.0~3.5mm，适合配装镜片边缘厚度 4.0mm 以下的光学镜片。胶圈须按设计图特制。

2. 钢片框面

(1) 钢片框面规格　钢片框面因卡入胶圈侧面凹槽，而胶圈的厚度在 3.0~3.5mm，钢片厚度一般在 0.8~1.0mm。钢片框面是特制配件，制作须按设计图要求。

(2) 钢片框面材料　因钢片厚度较小，所以应选用强度和刚性较好的材料，在常用的眼镜架制作材料中，适合本款的材料首选为钛或钛合金，其次为不锈钢，决定因素是眼镜架的价位。高档眼镜架选用钛或钛合金钢片卡板材镜圈，普通价位大批量订单则使用不锈钢钢片卡注塑镜圈。

3. 烟斗

本款眼镜架烟斗脚与钢片同体制出，只需烟斗碗。本款托叶装配为锁式，所以烟斗碗是锁式结构。

烟斗碗材料依钢片框面而定，如果钢片框面材料为普通不锈钢，则搭配普通白铜烟斗碗，如果钢片框面材料是钛或钛合金则配搭纯钛烟斗碗。

4. 桩头

本款眼镜架桩头为猪腰铰链桩头，且桩头与脚丝配套加工和使用，故桩头不须单独定制。

5. 脚丝

(1) 脚丝规格　本款眼镜架脚丝为特制工艺脚丝，脚丝、桩头与铰链配套制作。制作须按设计图要求。

(2) 脚丝材料　工艺脚丝制作材料要求有较好的机加工性能，最适合的材料是镍白铜，本款脚丝外形较为精巧，特别是脚丝尾部更是细小，所以对材料强度和刚性要求较高。如果眼镜架价位一般则选择高镍白铜材料制作，以 22~24Ni 为佳；如果是高价位订单，则选用纯钛材料。

6. 脚套

本款眼镜架脚套为特制普通长度的圆口长脚套，制作须按设计图要求。脚套材料以选用板材为佳。低价订单也有使用注塑脚套的。

7. 镜片

本款眼镜架为大框女款光学眼镜架，镜片尺寸在 55mm 左右，但片形较圆，所以可选用规格为 ϕ65mm、厚度 1.0mm、镜片弯度为 4.5C 的定型片。镜片材料为最常用的白色透明 PC 片。

8. 托叶

本款眼镜架选用的是中号锁式仿硅胶白色透明托叶。

9. 包装物料

包装物料包括吊牌、卡纸、纸盒、纸箱等，高价位订单的精包装常常配置眼镜盒、抹架布等。

代工制作的品牌眼镜架，一般吊牌、卡纸、眼镜盒的包装物料均由客户提供。纸盒、纸箱等多由制作厂家按要求自行定制。

归纳上述各项分析内容，整理出两份不同价位的本款眼镜架各零部件规格明细，见表7-8及表7-9。

表7-8 高价位的全框钢片框面卡胶圈光学眼镜架物料规格明细表

半成品物料				
序号	零部件名称	规格型号	材质	数量
1	板材镜圈	JQ-016	板材	1副
2	夹口	—		
3	烟斗	YD-W01A	纯钛	1副
4	中梁	—		
5	上梁	—		
6	眉毛	MM-K038	纯钛	1副
7	桩头	—		
8	脚丝	JS-0128	纯钛	1副
9	尾针			
10	铰链	—		
11	丝通	—		
12	螺丝	—		
13	螺母	—		
14	金属垫片	—		
15	节钉（蘑菇钉）			
16	其他	—		
成品包装物料				
序号	零部件名称	规格型号	材质	数量
1	镜片	ϕ65×1.0×4.5C	PC	1副
2	脚套	JT-139	板材	1副
3	托叶	Y-002A	仿硅胶	1副

续表

成品包装物料				
序号	零部件名称	规格型号	材质	数量
4	配饰	—		
5	钻石	—		
6	眼核模			
7	卡纸	客供		1只
8	胶袋	165mm×60mm 封口袋	PC	1只
9	吊牌	客供		1只
10	眼镜盒	客供		1只
11	纸盒	250mm×180mm×48mm	硬纸	4副/盒
12	纸箱	900mm×250mm×480mm	卡通纸	50盒/箱
13	其他	—		

表7-9　普通价位的全框钢片框面卡胶圈光学眼镜架物料规格明细表

半成品物料				
序号	零部件名称	规格型号	材质	数量
1	板材镜圈	JQ-016B	TR90	1副
2	夹口	—		
3	烟斗	YD-W01A	15Ni	1副
4	中梁	—		
5	上梁	—		
6	眉毛	MM-K038	不锈钢	1副
7	桩头	—		
8	脚丝	JS-0128	22Ni	1副
9	尾针	—		
10	铰链	—		
11	丝通	—		
12	螺丝	—		
13	螺母	—		
14	直钉	—		

续表

半成品物料				
序号	零部件名称	规格型号	材质	数量
15	金属垫片	—		
16	其他	—		
成品包装物料				
序号	零部件名称	规格型号	材质	数量
1	镜片	ϕ65×1.0×4.5C	PC	1 副
2	镜片膜			
3	脚套	JT-139T	TR90	1 副
4	托叶	Y-002A	仿硅胶	1 副
5	配饰	—		
6	眼核模	—		
7	卡纸	客供		1 只
8	胶袋	165mm×60mm 封口袋	PC	1 只
9	吊牌	客供		1 只
10	眼镜盒	—		
11	纸盒	250mm×180mm×48mm	硬纸	12 副/盒
12	纸箱	900mm×250mm×480mm	卡通纸	50 盒/箱
13	其他	—		

第三节　半框眼镜架结构分析案例

在金属光学眼镜架中，半框结构的眼镜架所占比例相当大，半框眼镜架有多种不同结构，本节将介绍 4 种不同结构的半框眼镜架综合结构分析案例。

一、普通半框光学眼镜架结构分析

普通半框光学眼镜架是最常见的半框结构，结构简约大方，深受市场欢迎。普通半框光学眼镜架结构如图 7-8 所示。

下面就图 7-8 所示眼镜架的结构及其零部件规格和材料进行分析并列出物料清单。

1. 镜圈

（1）圈丝规格　普通半框光学眼镜架的镜圈采用最常见的 T 形内坑渔丝圈

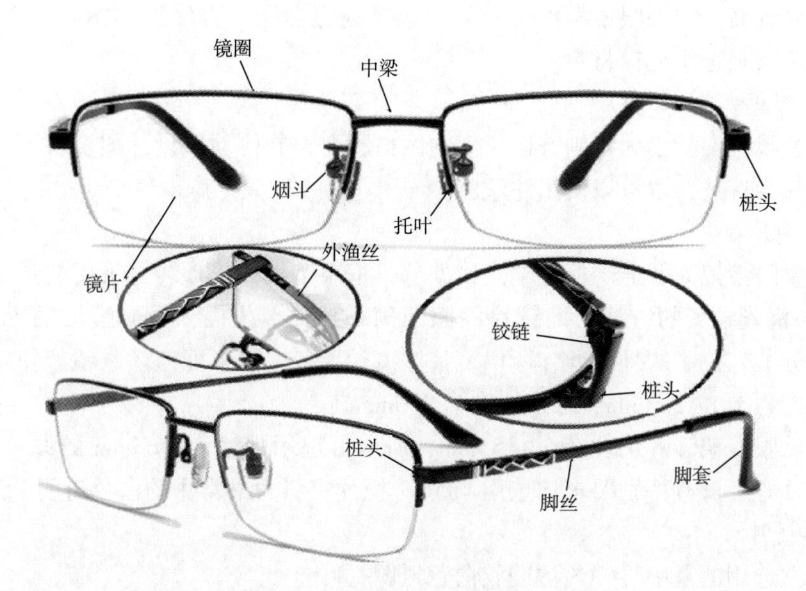

图 7-8　普通半框光学眼镜架结构

丝，即普通渔丝圈丝。半框镜圈的刚性比全框差，所以圈丝一般都选用较大规格，2.0×1.0 的渔丝圈丝最为常用。

（2）圈丝材料　由于半框镜圈的刚性较差，所以圈丝应选用刚性较好的材料。在普通价位的半框光学眼镜架中，不锈钢渔丝圈丝是首选。高价位眼镜架则选用纯钛。

2. 中梁

（1）中梁规格型号　本款中梁是特制配件，制作须按设计图要求。

（2）中梁材料　中梁不仅是眼镜架力学要求最高的部件，而且还要求有较好的机加工性能及焊接性能，所以一般价位眼镜架的中梁应选择镍合金或高镍白铜，钛合金眼镜架则选用纯钛材料。

3. 烟斗

本款眼镜架烟斗为锁式 S 型。烟斗材料以 16~18Ni 为宜。如果是高价位的全钛眼镜架，烟斗材料则必须为纯钛。

4. 桩头

本款眼镜架为工艺脚丝，桩头与前铰连体，且与脚丝配套，所以无需独立定制。

5. 脚丝

（1）脚丝规格　本款脚丝为特制工艺脚丝，脚丝、桩头与铰链配套制作。制作须按设计图要求。

（2）脚丝材料　本款脚丝表面有花纹，截面尺寸较小，所以对材料强度和刚性要求较高。如果眼镜架价位一般则选择高镍白铜材料制作，18~22Ni 即可。全钛眼镜架则选用纯钛材料。

6. 脚套

本款眼镜架脚套为特制普通长度的圆口脚套，制作须按设计图要求。脚套材料以板材为首选，也可以使用注塑脚套。

7. 镜片

本款眼镜架为普通半框光学眼镜架，半框眼镜架的镜片装配采用的是金属半框卡定+渔丝拉紧的方法，即镜片侧面凹槽一部分卡住插入金属镜框的内渔丝，其余部分卡入拉紧的外渔丝，所以镜片厚度较大。一般半框渔丝眼镜架使用的定型片厚度为 1. 8~2. 3mm，首选厚度为 2. 0mm。

本款眼镜架镜片尺寸在 53~55mm，所以可选用规格为 ϕ65mm 的原片车制。对于镜片弯度没有特别要求均选用 4. 5C。镜片材料为最常用的白色透明 PC 片。

8. 托叶

本款选用的是中号锁式仿硅胶白色透明托叶。

9. 包装物料

包装物料包括吊牌、卡纸、纸盒、纸箱等，一般情况下吊牌、卡纸等由客户提供。纸盒、纸箱等多由制作厂家按要求自行定制。多数客户还要求配附片形模（眼核模片）、外渔丝及装片绸带一小段。

归纳上述各项分析内容，整理本款眼镜架各零部件规格明细，见表 7-10。

表 7-10　普通半框光学眼镜架物料规格明细表

半成品物料				
序号	零部件名称	规格型号	材质	数量
1	镜圈	2. 0×1. 0 渔丝	不锈钢	1 副
2	夹口	—		
3	烟斗	YD-002A	18Ni	1 副
4	中梁	ZL-0179	镍合金	1 只
5	上梁	—		
6	眉毛	—		
7	桩头	—		
8	脚丝	JS-0228	22Ni	1 副
9	尾针	—		

续表

半成品物料				
序号	零部件名称	规格型号	材质	数量
10	铰链	—		
11	其他	—		
成品包装物料				
序号	零部件名称	规格型号	材质	数量
1	镜片	ϕ65×2.0×4.5C	PC	1副
2	脚套	JT-119	板材	1副
3	托叶	Y-002A	仿硅胶	1副
4	钻石	—		
5	眼核模	JB2087	亚克力	1只
6	内渔丝	0.6×1.2	尼龙	2条
7	外渔丝	ϕ0.6	尼龙	2条
8	彩带	$5^{\#}$	尼龙	1条
9	卡纸	客供		1只
10	胶袋	165mm×60mm 封口袋	PC	1只
11	吊牌	客供		1只
12	纸盒	250mm×180mm×48mm	硬纸	4副/盒
13	纸箱	900mm×250mm×480mm	卡通纸	50盒/箱
14	其他	—		

二、钢片框面贴圈半框光学眼镜架结构分析

钢片框面贴圈半框结构的光学眼镜架与普通的钢片眉毛贴圈半框架相比，在市场上占的比例相对较小，这种结构中，半框镜圈呈C字型焊接在框面底面。钢片框面贴圈半框光学眼镜架结构如图7-9所示。

下面就图7-9所示眼镜架的结构及其零部件规格和材料进行分析并列出物料清单。

1. 镜圈

（1）圈丝规格　镜圈采用最常见的T形内坑渔丝圈丝，绝大多数情况下都

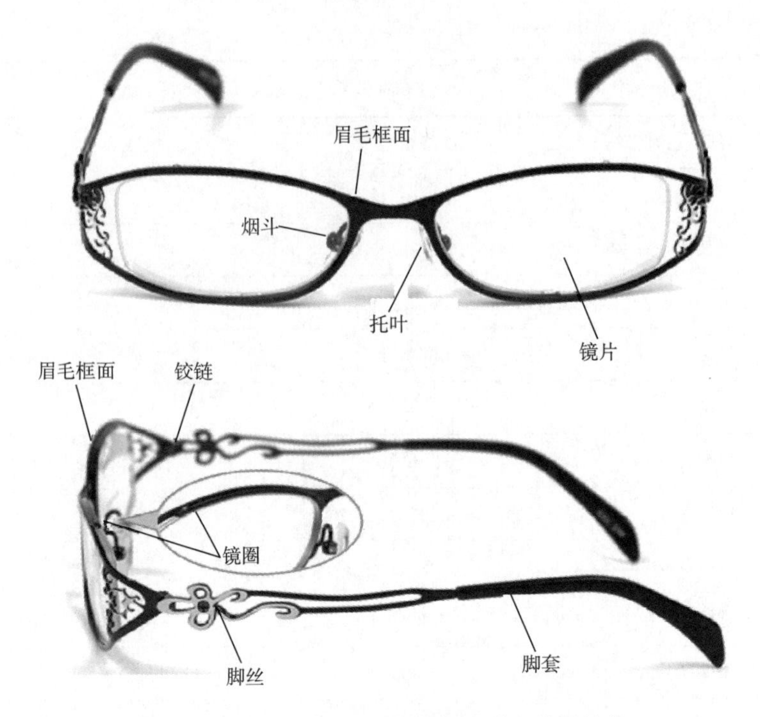

图 7-9　钢片眉毛框面贴圈半框光学眼镜架结构

使用规格为 2.0×1.0 的渔丝圈丝。

(2) 圈丝材料　本款眼镜架因为镜圈贴焊在钢片底面，因而镜圈的刚性得到了保证，所以对圈丝材料的性能要求大为降低。

本款圈丝材料可以选用加工性能更好的高镍白铜，也可以使用不锈钢。

2. 钢片眉毛框面

(1) 钢片规格　眉毛框面与普通眉毛的差异就是在镜圈部位的结构框面是闭合的，而眉毛是开放的。因而框面结构的刚性更好，也就是说对框面材料的性能要求较低或者框面宽度及厚度尺寸可以做得更小些，框面厚度首选 0.8mm。框面为特制配件，只有编号，没有统一规格。

(2) 框面材料　本款眼镜架的框面桩头部位有镂空花纹，花纹表面平整，可以判定桩头为不锈钢板料制作。

3. 烟斗

本款眼镜架烟斗为锁式普通型，材料选用 18Ni 为佳。

4. 桩头

本款眼镜架桩头与框面为一体粗坯，所以无需独立定制。

5. 脚丝

(1) 脚丝规格　本款眼镜架脚丝为特制钢片蚀刻脚丝，没有统一规格，只有零件编号。脚丝制作须按设计图要求或参照样板。

（2）脚丝材料　钢片脚丝的材料首选不锈钢，因为不锈钢材料的性价比很高。

6. 铰链

本款眼镜架脚丝所用铰链为普通对口平铰，铰链宽度3.0mm。

7. 脚套

本款眼镜架脚套为特制普通方口脚套，制作须按设计图要求。脚套材料以板材为首选，也可以使用注塑脚套。

8. 镜片

本款眼镜架为普通半框光学眼镜架，定型片首选厚度为2.0mm。

本款眼镜架镜片尺寸在55mm以下，所以可选用规格为ϕ65mm的原片车制。对于镜片弯度没有特别要求的光学眼镜架，均选用4.5C的弯度。镜片材料为最常用的白色透明PC片。

9. 托叶

本款眼镜架选用的是中号锁式仿硅胶白色透明托叶。

10. 包装物料

包装物料包括吊牌、卡纸、纸盒、纸箱等，一般情况下吊牌、卡纸等由客户提供。

对于半框眼镜架，大多数客户要求附配片型模（眼核模片）、外渔丝及装片拉渔丝线用绸带一小段。

归纳上述各项分析内容，整理并制作出本款眼镜架各零部件规格明细清单，见表7-11。

表7-11　钢片眉毛框面贴圈半框圈光学眼镜架物料规格明细表

半成品物料				
序号	零部件名称	规格型号	材质	数量
1	镜圈	2.0×1.0渔丝	不锈钢	1副
2	夹口	—		
3	烟斗	YD-001A	18Ni	1副
4	中梁	—		
5	上梁	—		
6	眉毛	MM-K034	不锈钢	1副
7	桩头	—		
8	脚丝	JS-0281	不锈钢	1副

续表

半成品物料				
序号	零部件名称	规格型号	材质	数量
9	尾针	—		
10	金属配饰	—		
11	丝通	—		
12	尾针	—		
13	铰链	K35	22Ni	1 对
14	其他	—		
成品包装物料				
序号	零部件名称	规格型号	材质	数量
1	镜片	ϕ65×2.0×4.5C	PC	1 副
2	脚套	JT-148	板材	1 副
3	托叶	Y-002A	仿硅胶	1 副
4	钻石	—		
5	眼核模	JB2092	亚克力	1 只
6	内渔丝	0.6×1.2	尼龙	2 条
7	外渔丝	ϕ0.6	尼龙	2 条
8	彩带	5#	尼龙	1 条
9	卡纸	客供		1 只
10	胶袋	165mm×60mm 封口袋	PC	1 只
11	吊牌	客供		1 只
12	纸盒	250mm×180mm×48mm	硬纸	4 副/盒
13	纸箱	900mm×250mm×480mm	卡通纸	50 盒/箱
14	其他	—		

三、钢片眉毛贴圈半框光学眼镜架结构分析

钢片眉毛贴圈半框结构的眼镜架是目前市场最为流行的款式之一，其结构如图 7-10 所示。

下面就图 7-10 所示眼镜架的结构及其零部件规格和材料进行分析并列出物

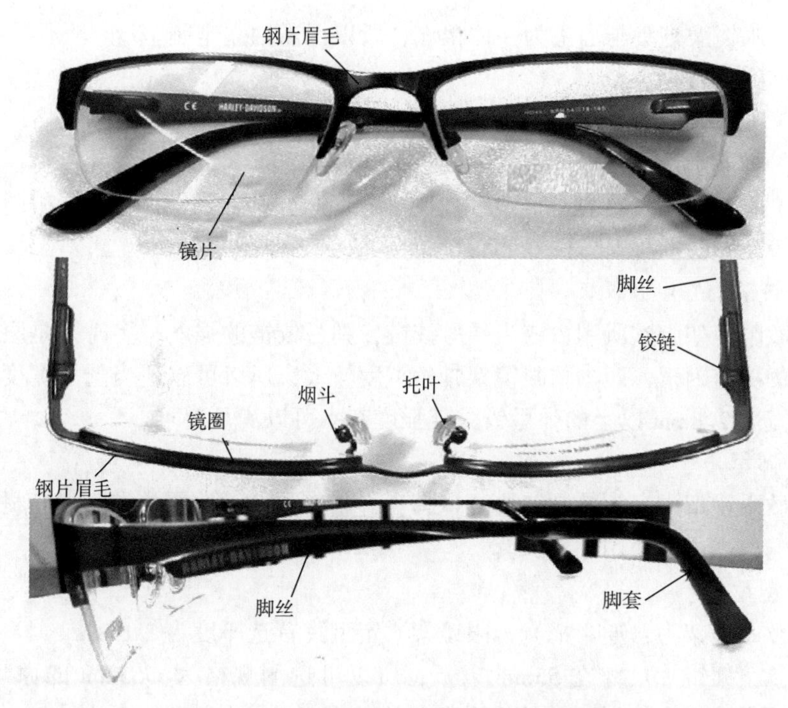

图 7-10　钢片眉毛贴圈半框光学眼镜架结构

料清单。

1. 镜圈

(1) 圈丝规格　本款眼镜架镜圈采用最常见的 T 形内坑渔丝圈丝，绝大多数情况下都使用规格为 2.0×1.0 的渔丝圈丝。

(2) 圈丝材料　本款眼镜架因为镜圈贴焊在钢片底面，因而镜圈的刚性得到了保证，所以对圈丝材料的性能要求大为降低。

本款圈丝材料可以选用加工性能更好的高镍白铜，也可以使用不锈钢。

2. 钢片眉毛框面

(1) 钢片规格　钢片眉毛贴圈结构的眼镜架，由于眉毛面积尺寸较大，所以应尽可能减小厚度尺寸，否则眼镜架重量过大，造成佩戴不适。框面厚度一般在 1.0mm 以下。框面为特制配件，只有编号，没有统一规格。

(2) 框面材料　框面材料的选择与其厚度有关，如果厚度较小（0.5~0.6mm），则选用高强度、高刚性材料，比如钛及钛合金，但钛材料价格昂贵。普通价位钢片眉毛贴圈眼镜架所使用的钢片材料一般选择性价比很高的不锈钢，其厚度以 0.8mm 较为理想。

3. 烟斗

本款眼镜架烟斗为锁式普通型，材料选用 18Ni 为佳。

4. 桩头

本款眼镜架桩头与眉毛为一体粗坯，所以无需独立定制。

5. 脚丝

（1）脚丝规格　本款眼镜架脚丝为特制钢片脚丝，没有统一规格，只有零件编号。脚丝制作须按设计图要求或参照样板。

（2）脚丝材料　一般情况下，钢片脚丝的材料及厚度均与眉毛相同，所以本款眼镜架脚丝的材料首选0.8mm厚的不锈钢。

6. 铰链

本款眼镜架脚丝所用铰链为弹弓铰链，弹弓铰链的强度很多时候是眼镜架使用寿命的决定因素，而本款眼镜架脚丝宽度较大，所以可以适当选用宽度较大的铰链。宽度2.8mm以上的弹弓铰，其强度基本可以满足要求。

7. 脚套

本款眼镜架脚套为特制普通方口脚套，制作须按设计图要求。脚套材料以板材为首选，也可以使用注塑脚套。

8. 镜片

本款眼镜架为普通半框光学眼镜架，定型片首选厚度为2.0mm。

本款镜架镜片尺寸在55mm以下，所以可选用规格为ϕ65mm的原片车制。对于镜片弯度没有特别要求的光学架，均选用4.5C的弯度。镜片材料为最常用的白色透明PC片。

9. 托叶

本款眼镜架选用的是中号锁式仿硅胶白色透明托叶。

10. 包装物料

包装物料同普通半框光学眼镜架。

归纳上述各项分析内容，整理并制作出本款眼镜架各零部件规格明细清单，见表7-12。

表7-12　钢片眉毛框面贴圈半框圈光学眼镜架物料规格明细表

半成品物料				
序号	零部件名称	规格型号	材质	数量
1	镜圈	2.0×1.0渔丝	不锈钢	1副
2	夹口	—		
3	烟斗	YD-001A	18Ni	1副
4	中梁	—		
5	上梁	—		

续表

半成品物料				
序号	零部件名称	规格型号	材质	数量
6	眉毛	MM-038	不锈钢	1 副
7	桩头	—		
8	脚丝	JS-0301	不锈钢	1 副
9	金属配饰	—		
10	尾针	—		
11	铰链	2.8 弹弓	22Ni	1 对
12	其他	—		
成品包装物料				
序号	零部件名称	规格型号	材质	数量
1	镜片	ϕ65×2.0×4.5C	PC	1 副
2	脚套	JT-178	板材	1 副
3	托叶	Y-002A	仿硅胶	1 副
4	钻石	—		
5	眼核模	JB1062	亚克力	1 只
6	内渔丝	0.6×1.2	尼龙	2 条
7	外渔丝	ϕ0.6	尼龙	2 条
8	彩带	5#	尼龙	1 条
9	卡纸	客供		1 只
10	胶袋	165mm×60mm 封口袋	PC	1 只
11	吊牌	客供		1 只
12	纸盒	250mm×180mm×48mm	硬纸	4 副/盒
13	纸箱	900mm×250mm×480mm	卡通纸	50 盒/箱
14	其他	—		

四、叉子角花女款半框光学眼镜架结构分析

叉子角花尺寸较大，一般都有精美的造型设计，而且大部分表面还会着双色及点缀珠宝、钻石等，深受女性（特别是亚洲女性）喜爱，所以此种类眼镜架

在日、韩及国内市场拥有相当大的消费群体。叉子角花女款半框光学眼镜架结构如图 7-11 所示。

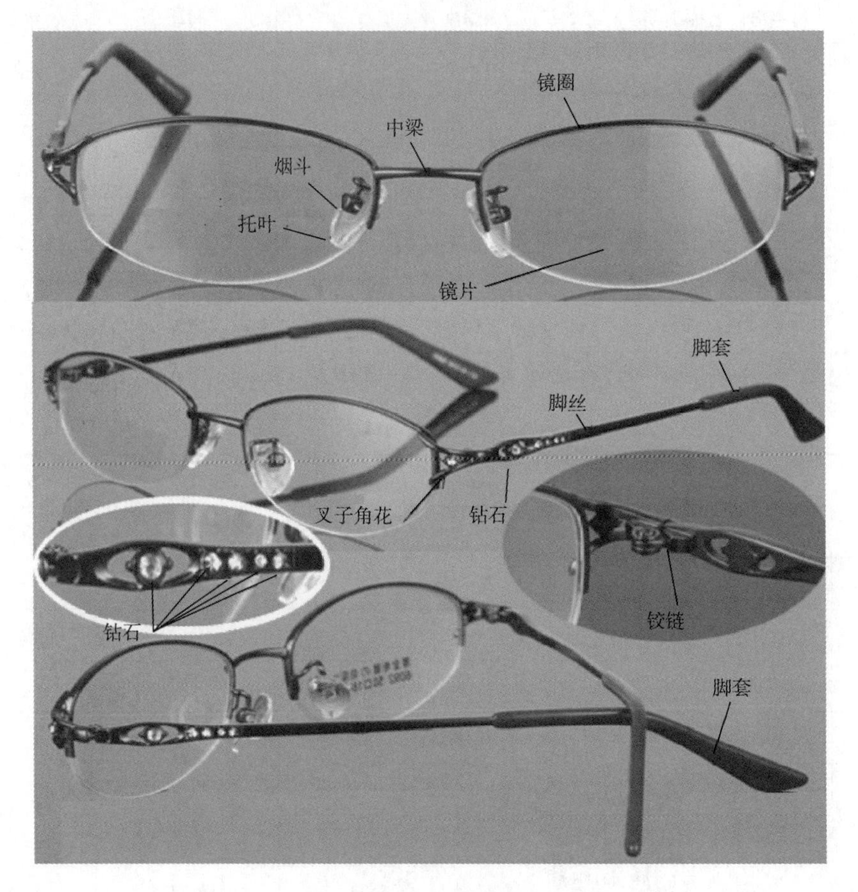

图 7-11　叉子角花女款半框光学眼镜架结构

下面就图 7-11 所示眼镜架的结构及其零部件规格和材料进行分析并列出物料清单。

1. 镜圈

（1）圈丝规格　本款眼镜架属于半框光学眼镜架，镜圈采用最常见的 T 形内坑渔丝圈丝，其规格尺寸首选 2. 0×1. 0，其次为 1. 8×0. 9。

（2）圈丝材料　本款眼镜架圈丝对整体镜架刚性有较大影响，因此对圈丝材料的性能要求较高。不锈钢是本款眼镜架镜圈首选材料，其次是镍合金、高镍白铜。

2. 中梁

本款中梁为油压中梁，外形较为常见，可以在配件制作厂家依据实物样板选择最接近的中梁定制或按设计图新开模制作。

中梁最小截面较小，所以应选择综合性能较好的材料，首选材料为镍合金，其次为高镍白铜。

3. 烟斗

本款眼镜架烟斗为锁式 S 型，烟斗脚材料首选 18Ni，其次 15Ni。

4. 桩头（叉子角花）

本款眼镜架桩头为特制叉子角花，定制角花须附设计图纸或实物样板。由于角花表面有较为复杂、立体感较强的花纹，由此可以看出本款角花为油压粗坯，因此角花材料首选高镍白铜（18Ni）。

5. 脚丝

本款眼镜架脚丝为特制脚丝，须按设计图制作。本款脚丝表面花纹复杂，有镂空及镶钻凹位，为油压粗坯，故脚丝须选用综合性能较好的材料，从质量方面考虑，镍合金是最佳的，但其价格昂贵，故一般选用高镍白铜 18Ni 或 22Ni。

6. 铰链

本款眼镜架脚丝所用铰链为普通对口平铰，铰链宽度为 2.5～3.0mm。铰链尺寸不大，应用强度较高的高镍白铜。本款眼镜架铰链首选 22～24Ni 的高镍白铜。

7. 脚套

本款脚丝为油压脚丝，一般油压脚丝尾针为圆形，故脚套为圆口脚套。脚套为特制配件，定制须按设计图要求。本款脚套材料首选板材，其次为注塑树脂 TR 或聚碳酸酯。

8. 镜片

本款眼镜架为普通半框光学眼镜架，定型片首选厚度为 2.0mm。

本款为女款光学眼镜架，镜片尺寸应在 54mm 以下，所以定型片可选用规格为 ϕ65mm 的原片车制。对于镜片弯度没有特别要求的光学架，均选用 4.5C 的弯度。镜片材料为白色透明 PC 料。

9. 托叶

本款眼镜架选用的是中号锁式仿硅胶白色透明托叶。

10. 钻石

本款眼镜架镶有多颗钻石，角花上的钻石为 ϕ2.0mm 白圆钻石，脚丝头部第一颗钻石为 ϕ3.0mm 的平底白圆钻石，依次为两颗 ϕ2.0mm 的锥底白圆钻石，最小两颗为 ϕ1.5mm 的锥底白圆钻石。

11. 包装物料

包装物料同普通半框光学眼镜架。

归纳上述各项分析内容，整理并制作出本款眼镜架各零部件规格明细清单，见表 7-13。

表 7-13　叉子角花女款半框圈光学眼镜架物料规格明细表

半成品物料				
序号	零部件名称	规格型号	材质	数量
1	镜圈	2.0×1.0 渔丝	不锈钢	1 副
2	夹口	—		
3	烟斗	YD-002A	18Ni	1 副
4	中梁	ZL-0108	镍合金	1 只
5	上梁	—		
6	眉毛	—		
7	桩头	ZT-O401	18Ni	1 副
8	脚丝	JS-0401	18Ni	1 副
9	尾针	—		
10	铰链	K2.5	22Ni	1 对
11	其他	—		
成品包装物料				
序号	零部件名称	规格型号	材质	数量
1	镜片	ϕ65×2.0×4.5C	PC	1 副
2	脚套	JT-178	板材	1 副
3	托叶	Y-002A	仿硅胶	1 副
4	钻石	ϕ3.0-ϕ2.0-ϕ1.5	锆玻璃	2-4-4
5	眼核模	JB1062	亚克力	1 只
6	内渔丝	0.6×1.2	尼龙	2 条
7	外渔丝	ϕ0.6	尼龙	2 条
8	彩带	5#	尼龙	1 条
9	卡纸	客供		1 只
10	胶袋	165mm×60mm 封口袋	PC	1 只
11	吊牌	客供		1 只
12	纸盒	250mm×180mm×48mm	硬纸	4 副/盒
13	纸箱	900mm×250mm×480mm	卡通纸	50 盒/箱
14	其他	—		

第四节　无框眼镜架结构分析案例

无框光学眼镜架是光学眼镜架中一道独特的风景，近年来，随着光学镜片材质性能的提升和眼镜架零售终端定配设备和技术的不断改善，精致、轻便的无框眼镜架越来越受消费者青睐。下面就几款不同结构的无框眼镜架进行结构分析。

一、普通无框光学眼镜架结构分析

普通无框光学眼镜架是最常见的无框镜架，其他无框镜架均为在此结构的基础上进行改进而成。普通无框光学眼镜架结构如图 7-12 所示。

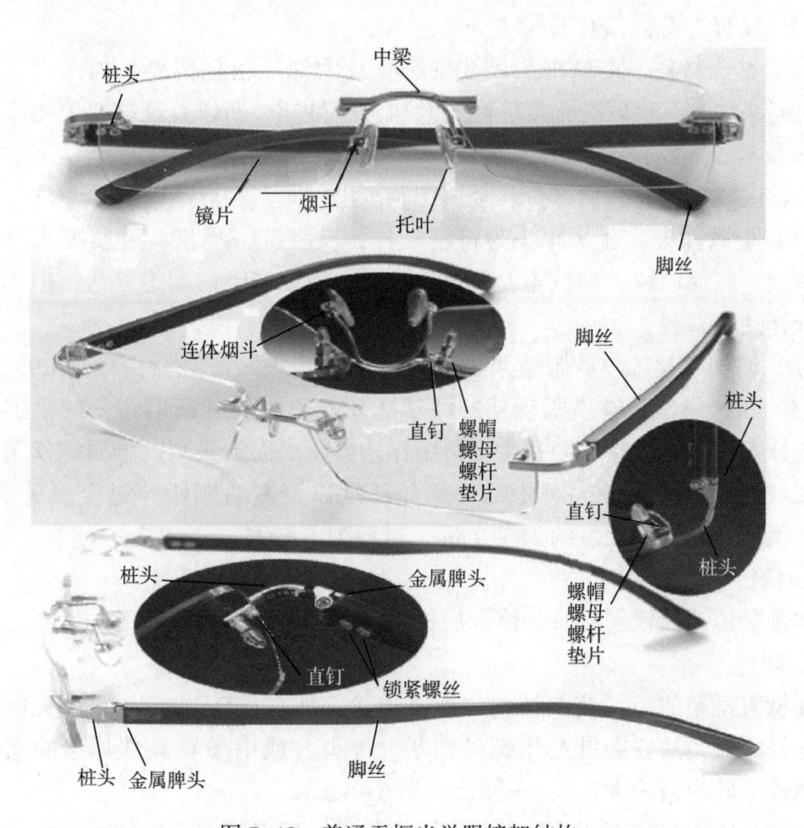

图 7-12　普通无框光学眼镜架结构

下面就图 7-12 所示眼镜架的结构及其零部件规格和材料进行分析并列出物料清单。

1. 中梁

（1）中梁规格型号　无框眼镜架的中梁一般都较为精致，即正视中梁宽度尺寸较小，但无框眼镜架中梁比有框眼镜架中梁要长，原因就是无框眼镜架镜片的装配结构与有框眼镜架不同，无框眼镜架中梁需搭进镜片一定长度才能满足镜片的装配要求。

本款无框眼镜架中梁为特制油压中梁，没有统一规格，只有厂家编号。

（2）中梁材料　无框眼镜架的金属配件尺寸（特别是正视宽度尺寸）一般都很小，因此在选择材料时必须着重考虑其强度和刚性。本款无框眼镜架中梁非常细小，且为油压配件，所以首选中梁材料为纯钛。

2. 烟斗

本款眼镜架烟斗为特制锁式连体烟斗，烟斗碗及烟斗脚材料均为纯钛。

3. 桩头

（1）桩头规格　本款眼镜架桩头为特制配件，定制桩头须按设计图纸要求。特制配件没有规格，只有编号。

（2）桩头材料　本款桩头尺寸细小，且为油压粗坯再经机加工而成，因而要求材料必须具有良好的强度、刚性及机加工性能，所以首选材料为纯钛。

4. 脚丝

本款眼镜架脚丝为两部分：金属脾头+注塑脚丝。

（1）金属脾头　金属脾头为特制配件，没有统一规格。金属脾头材料可以选用白铜、高镍白铜、纯钛等，普通价位眼镜架以高镍白铜为首选，但本款眼镜架应选择纯钛材料。

（2）注塑脚丝　本款眼镜架注塑脚丝为特制配件，脚丝材料为 TR90。

（3）锁紧螺丝　本款眼镜架的注塑脚丝与脾头的装配形式是螺纹连接，金属脾头插入注塑脚丝端部内孔后，再由注塑脚丝底面锁入两颗金属螺丝至金属脾头。螺丝规格为圆头 $\phi2.8\times M1.4$。螺丝长度以锁紧后刚刚穿过金属脾头为宜，本款眼镜架锁紧螺丝长度约为 3.0mm。材料为不锈钢。

5. 铰链

本款眼镜架前铰与桩头一体，后铰与脾头一体，所以铰链无需另制。

6. 螺杆

无框眼镜架的镜片装配结构为螺纹连接，即在桩头（或中梁）头部焊接螺杆，螺杆穿过镜片安装孔后用螺母锁紧。桩头（或中梁）头部焊接的螺杆就是无头螺栓。其规格为 M1.4，一般长度为 6~8mm。

螺杆是无框眼镜架镜片装配的重要连接件，所以强度要求较高，故应选用不锈钢或纯钛材料。

7. 螺母

螺母是无框镜片装配结构中与螺杆配套使用的连接件之一，故螺母内孔直径为 1.4mm，螺母厚度为 1.0~1.5mm，螺母外形螺母有六角形，也有梅花状的。本款眼镜架使用的螺母为六角螺母，高度约 1.5mm。螺母材料一般为高镍白铜，全钛眼镜架使用纯钛制作螺母。

8. 螺帽

在大部分无框眼镜架镜片安装结构中，螺杆顶部还会套上一个螺帽，螺帽外形为圆锥形。螺帽材料有金属的也有塑胶的，金属螺母材料一般为普通白铜（全钛眼镜架螺帽为纯钛），塑胶螺帽材料有聚碳酸酯、硅胶等。本款眼镜架所使用的螺帽为透明硅胶。

9. 直钉

一般无框眼镜架的镜片与桩头（或中梁）装配使用一个紧固结构件+直钉卡位的方法，螺杆与螺母起锁紧作用。直钉的作用是防止镜片与桩头（或中梁）产生转动。直钉的受力方向为横向，所以需要刚性较好的材料。一般无框眼镜架使用的直钉为1.0mm的不锈钢圆线，直钉长度约3.0mm。

10. 垫片

在无框眼镜架的镜片装配的每个螺杆上，有两种材料，共3个垫片。其中两个塑胶垫片套装在螺杆上紧贴镜片内外表面，其作用是保护镜片不刮花及均衡分散锁紧力；一个金属垫片贴在镜片内的塑胶垫片上，以避免塑胶垫被螺母旋紧时压坏。垫片规格均为：外圆直径3.0mm，内孔直径1.5mm。塑胶垫片厚度一般为0.3mm，金属垫片厚度一般为0.1mm。

塑胶垫片材料为聚碳酸酯，金属垫片材料为不锈钢。全钛眼镜架使用的金属垫片为纯钛。

11. 镜片

无框眼镜架的镜片直接与金属中梁（或桩头）装配且为整体眼镜架的受力件，镜片须进行穿孔及割槽等加工，故需要较高的强度和刚性。无框眼镜架的定型片不是成品眼镜片，但也必须具有较高的强度。

通常情况下，无框眼镜架使用的定型片都是普通的白色聚碳酸酯片，为满足装配强度要求，一般厚度在2.3~3.0mm，视订单价位而定，高价位眼镜架选用厚镜片；定型片原片的大小约为ϕ65mm。光学眼镜架的定型片镜片弯度没有特别要求均选用4.5C。

综上所述，本款无框眼镜架镜片规格为$\phi65\times3.0\times4.5$C的白色PC片。

12. 托叶

本款眼镜架选用的是中号锁式仿硅胶白色透明托叶。

13. 脚套

本款眼镜架为注塑脚丝，故无需脚套。

14. 包装物料

包装物料包括吊牌、卡纸、纸盒、纸箱等，一般情况下吊牌、卡纸等由客户提供。纸盒、纸箱等多由制作厂家按要求自行定制。对于无框眼镜架，大多数客户还要求按订单数量赠送一定比例的片型模（眼核模片）及易损的装配零件，如螺丝、螺母、螺帽、垫片等。

归纳上述各项分析内容，整理并制作出本款眼镜架各零部件规格明细清单，见表7-14。

表7-14　普通无框光学眼镜架物料规格明细表

半成品物料				
序号	零部件名称	规格型号	材质	数量
1	镜圈	—		
2	夹口	—		
3	烟斗	YD-012A	纯钛	1副
4	中梁	ZL-0168	纯钛	1只
5	上梁	—		
6	眉毛	—		
7	桩头	ZT-0241	纯钛	1副
8	金属脾头	PT-025	纯钛	1对
9	脚丝	JS-0421	TR90	1副
10	螺丝	ϕ2. 8×M1. 4×3. 0	纯钛	4只
11	螺杆	M1. 4×6. 0	纯钛	4只
12	螺母	M1. 4×1. 2	纯钛	4只
13	金属垫片	ϕ3. 0×ϕ1. 5×0. 1	纯钛	4只
14	直钉	ϕ1. 0×3. 0	纯钛	2只
15	其他	—		
成品包装物料				
序号	零部件名称	规格型号	材质	数量
1	镜片	ϕ65×3. 0×4. 5C	PC	1副
2	脚套	—		
3	托叶	Y-002A	仿硅胶	1副
4	胶垫	ϕ3. 0×ϕ1. 5×0. 3	PC	8只
5	螺帽	ϕ3. 0×M1. 4×3. 0	PC	4只
6	眼核模	JW0762	亚克力	1只
7	卡纸	客供	—	1只
8	胶袋	165mm×60mm 封口袋	PC	1只
9	吊牌	客供	—	1只
10	纸盒	250mm×180mm×48mm	硬纸	4副/盒
11	纸箱	900mm×250mm×480mm	卡通纸	50盒/箱
12	其他	—		

二、普通无框太阳镜眼镜架结构分析

镜片的无框装配结构也适用于太阳镜眼镜架，如图 7-13 所示。

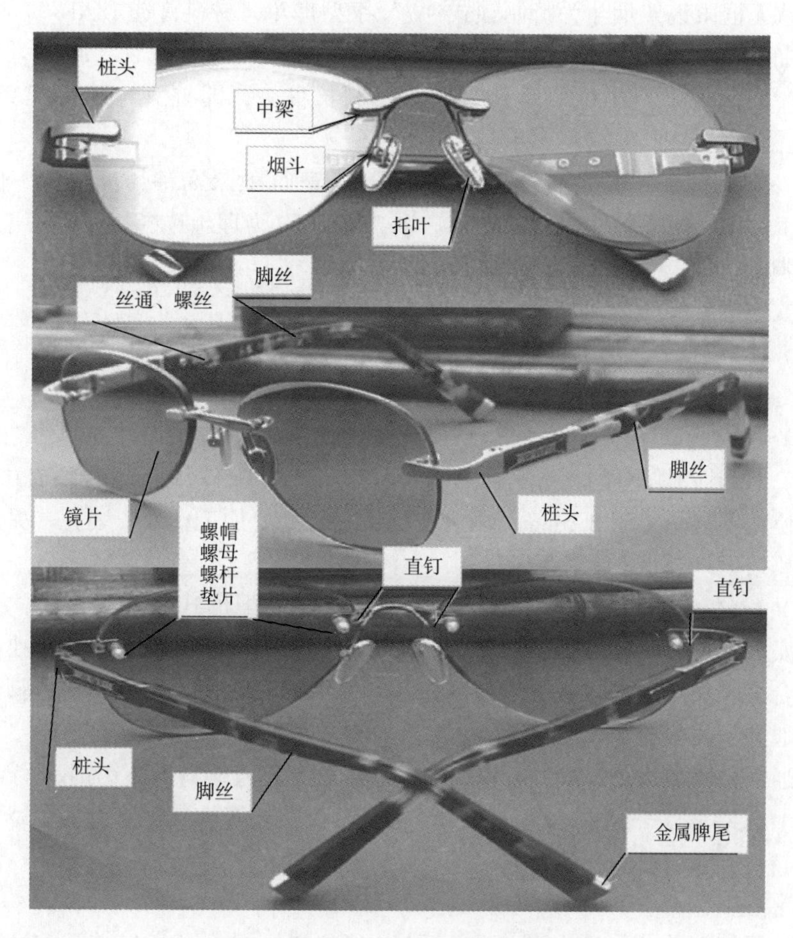

图 7-13　普通无框太阳镜眼镜架结构

下面就图 7-13 所示眼镜架的结构及其零部件规格和材料进行分析并列出物料清单。

1. 镜圈

无框眼镜架没有镜圈。

2. 中梁

（1）中梁规格型号　本款无框太阳眼镜架中梁为特制油压中梁，没有统一规格，只有厂家编号。

（2）中梁材料　太阳镜眼镜架的镜片及各零部件的尺寸均比光学眼镜架大，在眼镜架总重方面，太阳镜眼镜架要求相对可以放得宽松些。本款眼镜架中梁尺寸比普通光学无框眼镜架中梁要宽大许多，所以对材料性能要求较低。本款无框太阳眼镜架的中梁材料首选高镍白铜，其次为镍合金，因为后者价格较贵。

3. 烟斗

本款无框眼镜架烟斗为特制锁式“7”字型烟斗，材料首选18Ni。

4. 桩头

（1）桩头规格　本款眼镜架桩头为特制长桩头，即桩头与脾头配套制作。特制配件没有规格，只有厂家编号。

（2）桩头材料　本款桩头尺寸较为粗大，表面效果需油压完成，一体铰链为机加工制出，所以桩头材料首选镍白铜，以18Ni为理想选择。

5. 脚丝

本款眼镜架脚丝为两部分：金属脾头+板材脚丝。

（1）金属脾头　本款眼镜架金属脾头是与桩头配套的工艺长桩头，所以不需另制。

（2）板材脚丝　本款眼镜架板材脚丝为特制配件，应按设计图制作。

（3）插针　脚丝插针为普通白铜材料。可以在配件厂家已有型号中选用，注意扁位宽度要不小于3.5mm，因为在插针扁位处要加工丝通安装孔。另外，插针长度要按设计要求。

（4）丝通　本款眼镜架的板材脚丝与脾头的装配形式是螺纹连接，金属脾头尾部底面焊接有两颗丝通，板材脚丝头部表面加工出凹位及丝通安装孔与脾头尾部吻合，脾头尾部卡入板材头部凹位，丝通穿入安装孔，大头螺丝从脚丝底面锁入丝通并紧压板材。

丝通规格一般为ϕ1.8×M1.4×2.0（或1.8），丝通材料为不锈钢。

（5）安装螺丝　板材脚丝安装螺丝为全牙大头螺丝，规格为ϕ2.8×M1.4×2.5。材料为不锈钢。

6. 铰链

本款眼镜架前铰与桩头为一体，后铰与脾头为一体，所以铰链无需另制。

7. 螺杆

本款眼镜架镜片装配结构与普通无框光学眼镜架相同。但太阳镜镜片为成品部件，厚度确定且较薄，所以螺杆长度较短。本款无框眼镜架螺杆规格为M1.4，长度为4~6mm。

螺杆材料为不锈钢。

8. 螺母

螺母是与螺杆配套使用的连接件，故螺母内孔为M1.4。本款镜架使用的螺母为六角螺母，高度约1.2mm。螺母材料首选22Ni的高镍白铜。

9. 螺帽

在镜片安装结构中，螺杆顶部有安装螺帽和不安装螺帽两种情况。不需安装螺帽的设计中螺杆长度较短，反之较长。螺帽材料有金属的也有塑胶的，金属螺母材料一般为普通白铜，塑胶螺帽材料有聚碳酸酯、硅胶等。本款眼镜架所使用的螺帽为金属螺帽。

10. 直钉

本款眼镜架的镜片装配结构与普通无框光学眼镜架一样，使用一个紧固结构件+直钉卡位的方法，螺杆与螺母起到锁紧作用。

本款眼镜架使用的直钉为 1.0mm 的不锈钢圆线，直钉长度约 2.5mm。

11. 垫片

同无框光学眼镜架。

12. 镜片

无框太阳镜眼镜架的镜片是产品部件，它在光学和力学方面的要求都远高于无框光学眼镜架的定型片，镜片弯度也与光学眼镜架定型片不同，其弯度更大。多数太阳镜眼镜架镜片弯度在 6.0C 及以上。

为保证眼镜架刚性，常用于无框太阳镜眼镜架的镜片厚度在 1.8mm 以上。本款镜片厚度应大于 2.0mm。太阳镜眼镜镜片尺码比普通光学眼镜要大，原片规格应以 ϕ70mm 的原片为首选。

普通无框太阳镜镜片优选材料为尼龙。

综上所述，本款无框太阳镜镜片规格为 $\phi70\times2.3\times6.0$C 的尼龙太阳片。镜片颜色按订单要求。

13. 托叶

本款眼镜架选用的是中号锁式金属芯仿硅胶白色透明硬托叶。

14. 脚套

本款眼镜架为板材脚丝，故无需脚套。

15. 包装物料

包装物料包括吊牌、卡纸、纸盒、纸箱等，一般情况下吊牌、卡纸等由客户提供。纸盒、纸箱等多由制作厂家按要求自行定制。对易损低值装配零件，客户可能要求按订单比例赠送。

归纳上述各项分析内容，整理并制作出本款眼镜架各零部件规格明细清单，见表 7-15。

表 7-15　普通无框太阳镜眼镜架物料规格明细表

半成品物料				
序号	零部件名称	规格型号	材质	数量
1	镜圈	—		
2	夹口	—		

续表

半成品物料				
序号	零部件名称	规格型号	材质	数量
3	烟斗	YD-016A	18Ni	1副
4	中梁	ZL-0068	22Ni	1只
5	上梁	—		
6	桩头	ZT-0241	18Ni	1副
7	金属脾头	—		
8	脚丝	JS-0441	板材	1副
9	插针	CT-021	白铜	1副
10	螺丝	ϕ2.8×M1.4×3.0	不锈钢	4只
11	螺杆	M1.4×5.0	不锈钢	4只
12	螺母	M1.4×1.2	白铜	4只
13	螺帽	ϕ3.0×M1.4×2.5	白铜	4只
14	金属垫片	ϕ3.0×ϕ1.5×0.1	不锈钢	4只
15	直钉	ϕ1.0×2.5	不锈钢	2只
16	其他	—		

成品包装物料				
序号	零部件名称	规格型号	材质	数量
1	镜片	ϕ70×2.3×6.0C	尼龙	1副
2	脚套	—		
3	托叶	Y-008A	仿硅胶	1副
4	胶垫	ϕ3.0×ϕ1.5×0.3	PC	8只
5	镜片膜	45mm×30mm×0.1mm	PC	4片
6	卡纸	客供	—	1只
7	胶袋	165mm×60mm 封口袋	PC	1只
8	吊牌	客供	—	1只
9	纸盒	250mm×180mm×48mm	硬纸	6副/盒
10	纸箱	900mm×250mm×480mm	卡通纸	50盒/箱
11	其他	—		

三、叉子角花无框光学眼镜架结构分析

角花眼镜架因其高贵华丽的外观深受中年女性（特别是东亚地区女性）的青睐，无框角花眼镜架也是女款眼镜架中的一道亮丽的风景。叉子角花无框光学眼镜架结构如图 7-14 所示。

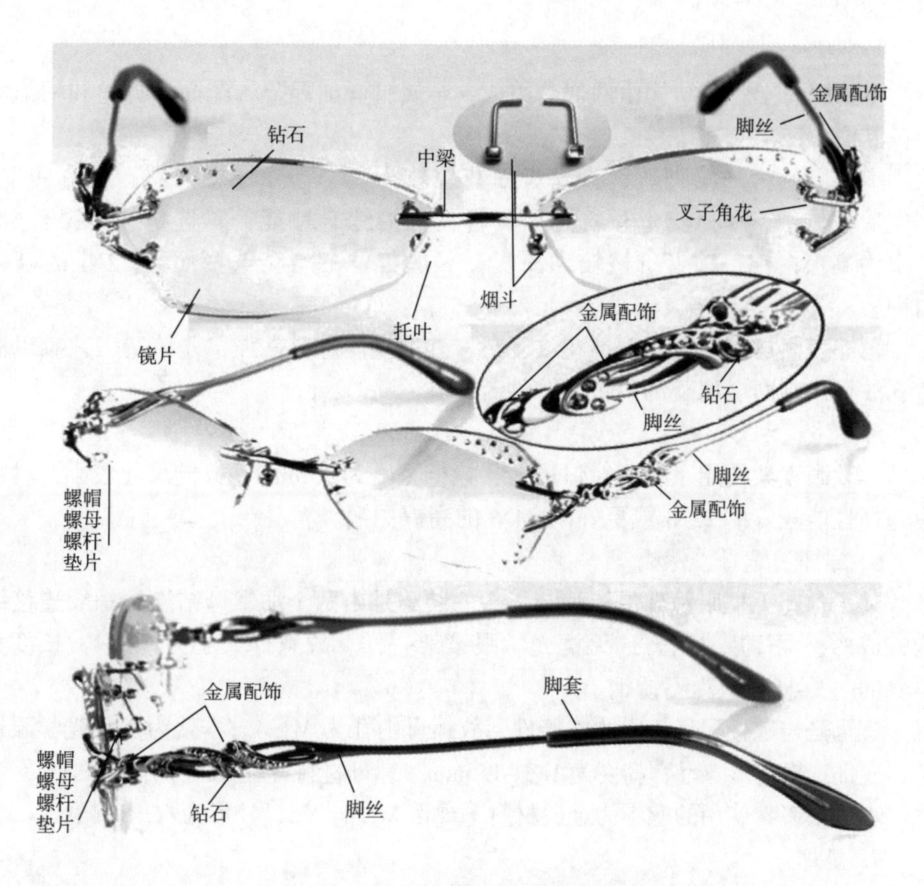

图 7-14　叉子角花无框光学眼镜架结构

下面就图 7-14 所示眼镜架的结构及其零部件规格和材料进行分析并列出物料清单。

1. 中梁

本款眼镜架的中梁为特制油压中梁，没有统一规格，只有厂家编号。

本款眼镜架中梁尺寸较为细小，所以对材料的要求比较高。符合要求的材料首选镍合金，其次为高镍白铜。本款属于中高档眼镜架。

2. 烟斗

本款眼镜架的烟斗为特制锁式“7”字型烟斗，材料首选 18Ni。

3. 桩头

本款眼镜架桩头为特制叉子角花，角花表面焊接有金属配饰。特制配件只有厂家编号。

本款桩头尺寸适中，表面有油压花纹，故首选材料为18Ni～22Ni的高镍白铜。角花表面焊接有一金属配饰，从配饰花纹及结构分析，金属配饰为铸件，材料为铍铜。

4. 脚丝

本款眼镜架脚丝结构由两部分组成：金属脚丝加焊金属配饰。脚丝和配饰均为特制。

本款脚丝为油压脚丝，脚丝表面花纹较为复杂，立体感强烈，且有镂空，脚丝后段较细，所以脚丝材料必须具备良好的综合性能，首选材料为镍合金，其次为高镍白铜。前者价格较为昂贵，一般价位下均会选择使用22Ni的高镍白铜。

角花表面加焊的金属配饰花纹复杂，外形立体感非常强，非铸造工艺难以制造，故可以判断金属配饰为铍铜铸件。

5. 铰链

本款眼镜架使用了普通对口铰链，铰链宽度为2.5mm。铰链尺寸较小，材料应选择性能较好的22Ni或更好的24Ni的高镍白铜。

6. 螺杆、螺母、螺帽

叉子角花无框眼镜架的镜片与桩头的装配是由两个加螺母结构的螺纹连接结构完成的，螺杆规格与普通无框光学眼镜架一样。故螺杆大小为M1.4，长度为4～6mm。螺杆材料为不锈钢。

螺母是与螺杆配套使用的连接件，故螺母内孔为M1.4。本款为女款光学眼镜架，应优选梅花形螺母，高度为1.2～1.5mm。螺母材料首选22Ni的高镍白铜。

本款眼镜架使用的螺帽为金属材料，规格M1.4×2.5，外形为六角球帽。

7. 垫片

本款眼镜架垫片同普通无框光学眼镜架一样。

8. 镜片

本款为无框光学眼镜架，镜片为定型片。本款镜片规格为ϕ65×2.3×4.5C，材料为聚碳酸酯。

9. 托叶

本款眼镜架选用的是中号锁式无金属芯仿硅胶白色透明软托叶。

10. 脚套

本款眼镜架脚丝为油压脚丝，采用圆口普通型特制板材脚套。

11. 钻石

本款眼镜架脚丝镶有一颗特制菱形紫钻。

12. 包装物料

包装物料同普通无框太阳眼镜架。

归纳上述各项分析内容，整理并制作出本款眼镜架各零部件规格明细清单，见表 7-16。

表 7-16　普通无框光学眼镜架物料规格明细表

半成品物料				
序号	零部件名称	规格型号	材质	数量
1	镜圈	—		
2	夹口	—		
3	烟斗	YD-018A	18Ni	1 副
4	中梁	ZL-0208	镍合金	1 只
5	角花	JH-O211	22Ni	1 副
6	角花配饰	PS-031A	铍铜	1 对
7	脚丝	JS-0441	22Ni	1 副
8	脚丝配饰	PS-031B	铍铜	1 对
9	插针	—		
10	螺丝	—		
11	螺杆	M1. 4×6. 0	不锈钢	6 只
12	螺母	M1. 4×1. 2	白铜	6 只
13	螺帽	ϕ3. 0×M1. 4×2. 5	白铜	6 只
14	金属垫片	ϕ3. 0×ϕ1. 5×0. 1	不锈钢	6 只
15	直钉	—		
16	其他	—		
成品包装物料				
序号	零部件名称	规格型号	材质	数量
1	镜片	ϕ65×3. 0×4. 5C	PC	1 副
2	脚套	JT-132	板材	1 副
3	托叶	Y-002A	仿硅胶	1 副
4	胶垫	ϕ3. 0×ϕ1. 5×0. 3	PC	12 只

续表

成品包装物料				
序号	零部件名称	规格型号	材质	数量
5	钻石	—		
6	镜片膜	—		
7	卡纸	客供	—	1只
8	胶袋	165mm×60mm 封口袋	PC	1只
9	吊牌	客供	—	1只
10	纸盒	250mm×180mm×48mm	硬纸	6副/盒
11	纸箱	900mm×250mm×480mm	卡通纸	50盒/箱
12	其他	—		

四、钢片贴片无框太阳镜眼镜架结构分析

钢片贴片无框太阳镜眼镜架是钢片眉毛的一种结构形式，这种结构的镜片装配形式只适合于太阳镜眼镜架。该款式眼镜架结构简洁，制作工艺简单，成本低廉，外观大气，特别适合男士。钢片贴片无框太阳镜眼镜架结构如图7-15所示。

下面就图7-15所示眼镜架的结构及其零部件规格和材料进行分析并制出物料清单表。

1. 镜圈

本款为钢片贴片无框眼镜架，没有镜圈。

2. 钢片眉毛

钢片眉毛是这种眼镜架最大最主要的配件。钢片眉毛结构简洁，但外形多样，本款钢片眉毛须按设计图特制。

本款眼镜架的钢片眉毛为连体中梁和桩头结构，镜片贴钢片表面装配，因而正视钢片宽度尺寸设计不像光学眼镜架那样控制严格，钢片强度及刚性容易得到保证，所以对钢片材料及厚度要求可以放低。

本款眼镜架钢片眉毛首选材料为价廉物美的不锈钢，钢片厚度优选0.8mm。

3. 烟斗

本款眼镜架烟斗为锁式普通型烟斗（烟斗倒焊），烟斗材料首选18Ni。

4. 中梁

本款眼镜架的中梁与钢片眉毛连体粗坯，中梁无需另制。

5. 桩头

本款眼镜架的桩头与钢片眉毛为连体粗坯，桩头无需另制。

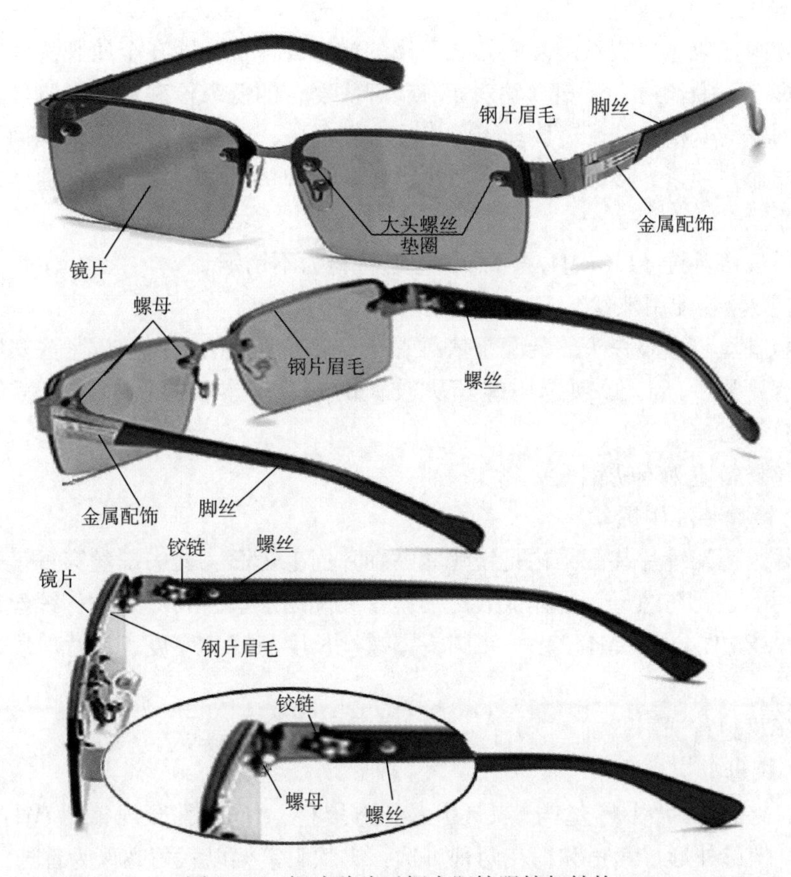

图 7-15　钢片贴片无框太阳镜眼镜架结构

6. 金属脾头

金属脾头与桩头同宽，表面有高低级花纹，脾头焊接铰链与桩头装配连接。本款眼镜架的金属脾头为特制配件，其加工工艺可以采用油压成型或蚀刻制作粗坯。油压制作的脾头表面光滑，适用于白铜材料；蚀刻工艺简单，制作成本较低，但粗坯表面花纹光洁度不高。蚀刻工艺最适合于不锈钢材料。

所以，就本款眼镜架而言，应首选白铜油压脾头。

7. 脚丝

本款眼镜架脚丝为特制注塑脚丝，材料首选 TR90。

8. 铰链

本款眼镜架的桩头为钢片平板，脾头底面也是平面，所以可适用普通对口平铰进行装配。桩头及脾头宽度尺寸均较大，所以可以使用宽度较大的铰链。故本款铰链首选宽度为 3. 5mm 的普通对口铰。

铰链材料首选含镍量 18%的高镍白铜。

9. 丝通

本款眼镜架注塑脚丝的装配方式采用的是螺纹连接，即在金属脾头底面合适的位置焊接一颗丝通，注塑脚丝表面有与脾头吻合的低级位和通孔，脚丝前端有与铰链同宽的卡槽，装配时脚丝卡槽卡住金属后铰，锁紧螺丝从脚丝底面穿过通孔扣入丝通并锁紧。多数情况下，较大、较长的脾头需要焊接两颗丝通，使装配结构更紧固。

丝通规格首选 ϕ1.8×M1.4×2.0，丝通材料为不锈钢。

10. 脚丝装配用螺丝

注塑脚丝与金属脾头的装配是依靠螺丝与丝通紧固的，螺丝压紧注塑脚丝底面且只有一颗，所以必须选用螺丝头较大的螺丝。本款眼镜架首选螺丝应为 ϕ3.0×M1.4×2.5。

螺丝材料应为不锈钢。

11. 镜片装配用螺丝

本款眼镜架镜片装配结构是镜片紧贴钢片眉毛表面，大头螺丝穿过镜片和钢片眉毛的安装孔与螺母锁紧完成装配。镜片装配用螺丝为大头螺丝，螺丝规格应选用 ϕ2.8×M1.4（或 M1.2）一字圆头。螺丝长度与镜片厚度、钢片厚度及螺母高度有关。

螺丝材料首选不锈钢。

12. 螺母

镜片装配时大头螺丝与螺母为一组连接件，所以螺母规格为 M1.4（或 M1.2），螺母外形有六角和梅花两种可选，男款眼镜架以六角螺母为首选。

螺母材料为镍白铜，18Ni 为首选。

13. 螺帽

镜片装配螺丝穿过镜片和钢片与螺母紧锁后，有加盖螺帽和不盖螺帽两种结构。一般较高价位眼镜架才会加盖螺帽。

螺帽材料也有金属及塑胶两种，金属螺帽材料首选白铜，塑胶螺帽材料首选硅胶。两种材料的螺帽的内牙规格都必须与螺丝相匹配。

金属螺帽与塑胶螺帽在外形上是有差异的，金属螺帽一般为六角球帽，塑胶螺帽多为圆锥形。

14. 垫片

钢片贴片无框太阳镜眼镜架一般使用金属垫片，每个锁紧螺丝上有 3 个垫片：镜片正反面各一个，另一个垫片在螺母与钢片之间。垫片外圆直径 3.0mm，内孔直径 1.5mm，厚度为 0.1mm，材料为不锈钢。

15. 镜片

本款眼镜架镜片为成品镜片。因为是钢片眉毛结构，眼镜架刚性有较好的保证，因而对镜片材料性能要求较低，镜片的选择面就较大。太阳镜镜片尺寸较大，所以原片规格尺寸也应大些。

太阳镜镜片材料有多种，常用的有 CR39、聚碳酸酯、尼龙及宝丽来片（偏光片）等。本款眼镜架首选宝丽来片。

综上所述，本款眼镜架应选择 $\phi70\times1.0\times6.0$C 的宝丽来片。

16. 托叶

本款眼镜架选用的是中号锁式无金属芯仿硅胶白色透明软托叶。

17. 脚套

本款眼镜架脚丝为 TR90 注塑脚丝，无需脚套。

18. 包装物料

物料同普通无框太阳镜眼镜架。

归纳上述各项分析内容，整理并制作出本款眼镜架各零部件规格明细清单，见表 7-17。

表 7-17　钢片贴片无框太阳镜眼镜架物料规格明细表

半成品物料				
序号	零部件名称	规格型号	材质	数量
1	镜圈	—		
2	夹口	—		
3	烟斗	YD-001A	18Ni	1 副
4	中梁	—		
5	金属脾头	PT-109A	白铜	1 对
6	脚丝	JS-0141	TR90	1 副
7	铰链	K35	18Ni	1 副
8	插针	—		
9	螺丝	$\phi3.0\times$M1.4$\times2.5$		
10	螺丝	$\phi2.8\times$M1.4$\times3.5$	不锈钢	4 只
11	螺母	M1.4$\times1.2$	白铜	4 只
12	螺帽	—		
13	金属垫片	$\phi3.0\times\phi1.5\times0.1$	不锈钢	8 只
14	直钉	—		
15	其他	—		

续表

成品包装物料				
序号	零部件名称	规格型号	材质	数量
1	镜片	65×50×1.0×6.0C	偏光片	1副
2	脚套	—		
3	托叶	Y-002A	仿硅胶	1副
4	钻石	—		
5	胶垫	—		
6	镜片膜	45mm×30mm×0.1mm	PC	4片
7	卡纸	客供	—	1只
8	胶袋	165mm×60mm 封口袋	PC	1只
9	吊牌	客供	—	1只
10	眼镜盒	客供		1个
11	纸盒	250mm×180mm×48mm	硬纸	4副/盒
12	纸箱	900mm×250mm×480mm	卡通纸	50盒/箱
13	其他	—		

第五节　塑胶眼镜架结构分析案例

一、平桩头板材眼镜架结构分析

板材眼镜架有两种基本结构：平桩头结构和弯桩头结构。近年来，随着自动化数控设备大量应用，平桩头结构的板材眼镜架所占市场比例越来越大。平桩头板材眼镜架结构如图7-16所示。

下面就图7-16所示眼镜架的结构及其零部件规格和材料进行分析并列出物料清单。

1. 镜框

镜框为板材眼镜架最大最主要的特制配件，制作须按设计图要求。

2. 脚丝

本款眼镜架脚丝为特制板材脚丝，制作须按设计图要求。

3. 铰链

本款眼镜架为平桩头结构，使用90°钉铰与脚丝装配。本款眼镜架钉铰为单

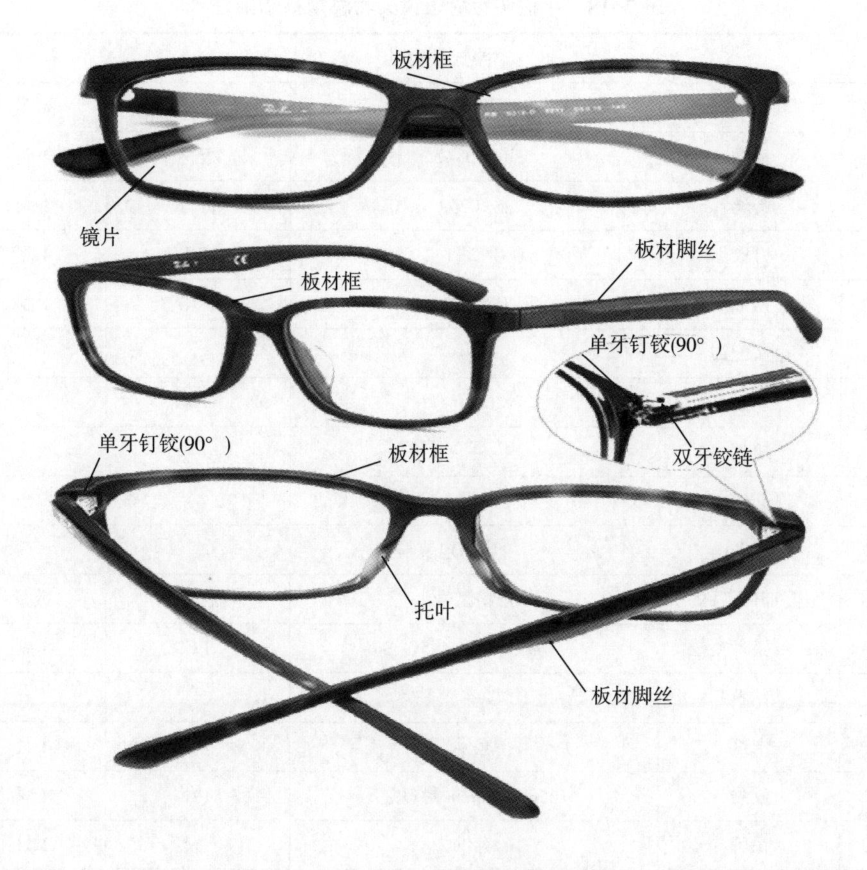

图 7-16　平桩头板材眼镜架结构

牙，规格首选 3.0mm 宽度，钉铰材料首选含镍量 18%的高镍白铜。

4. 插针

板材脚丝需要打入金属插针以保证脚丝强度，同时插针上焊接有双牙后铰与单牙前铰相配套，以达到与镜框装配的目的。本款插针为普通插针，可以从配件生产厂家选用。插针材料可选用普通白铜或含镍量 18%的高镍白铜.

5. 镜片

本款眼镜架为普通尺码的光学眼镜架，故定型片选择 ϕ65×1.0×4.5C 的白色透明 PC 片即可。

6. 包装物料

包装物料包括吊牌、卡纸、纸盒、纸箱等，一般情况下吊牌、卡纸等由客户提供。纸盒、纸箱等多由制作厂家按要求自行定制。

归纳上述各项分析内容，整理并制作出本款眼镜架各零部件规格明细清单，见表 7-18。

表 7-18　平桩头板材眼镜架物料规格明细表

半成品物料				
序号	零部件名称	规格型号	材质	数量
1	镜框	BK-0847	板材	1 副
2	脚丝	JS-0249	板材	1 副
3	钉铰	D-012-1. 2	18Ni	1 副
4	插针	CZ-107	18Ni	1 副
5	金属配饰	—		
6	丝通	—		
7	螺丝	—		
8	其他	—		
成品包装物料				
序号	零部件名称	规格型号	材质	数量
1	镜片	ϕ65×1. 0×4. 5C	PC	1 副
2	钻石	—		
3	卡纸	客供	—	1 只
4	胶袋	165mm×60mm 封口袋	PC	1 只
5	吊牌	客供	—	1 只
6	纸盒	250mm×180mm×48mm	硬纸	12 副/盒
7	纸箱	900mm×250mm×480mm	卡通纸	50 盒/箱
8	其他	—		

二、弯桩头结构板材眼镜架结构分析

弯桩头结构是常见的板材眼镜架结构之一，图 7-17 即为弯桩头板材眼镜架结构。

下面就图 7-17 所示眼镜架的结构及其零部件规格和材料进行分析并列出物料清单。

1. 镜框

本款眼镜架采用弯桩头镜框，制作须按设计图要求。镜框同体出托叶。

2. 脚丝

本款眼镜架脚丝结构为金属脾头焊接尾针+长脚套。

本款眼镜架的金属脾头为特制配件，表面花纹立体饱满并有镂空，底面为平

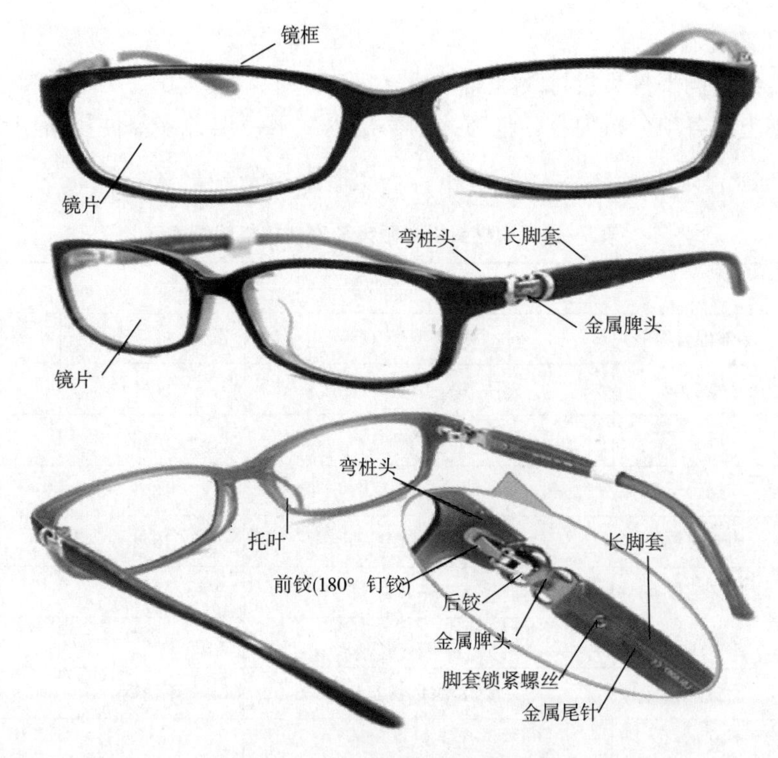

图 7-17　弯桩头板材眼镜架结构

面，是典型的油压件。脾头尺寸较大，可选用白铜材料制作，首选 18Ni。

脚丝的尾针为金属圆线，直径为 1.3～1.4mm，长度按设计长度，材料为高镍白铜或镍合金。

3. 铰链

本款眼镜架镜框前铰为 180°单牙钉铰，后铰为脾头焊接双牙铰链。因桩头及脾头宽度尺寸较大，铰链宽度为 3.0～3.5mm。铰链材料可选白铜或高镍白铜，以高镍白铜为优。

4. 脚套

本款脚套为特制板材方口长脚套，脚套外形必须与脾头吻合，制作须按设计图要求。

5. 锁紧螺丝

长脚套因缩水量较大，一般都会在脚套头部离脚套口 5～8mm 处加设一个锁紧螺丝，以防脚套因后缩而使其与脾头的配合口开裂。锁紧螺丝由脚套内侧直接锁入脾头尾部扁位处螺孔。螺丝规格为 ϕ2.8×M1.4×2.5，螺丝材料为不锈钢。

6. 镜片

本款眼镜架为普通尺寸的光学架，故定型片选择 ϕ65×1.0×4.5C 白色透明

PC片即可。

7. 包装物料

包装物料同平桩头板材眼镜架。

归纳上述各项分析内容，整理并制作出本款眼镜架各零部件规格明细清单，见表7-19。

表7-19　弯桩头板材眼镜架物料规格明细表

半成品物料				
序号	零部件名称	规格型号	材质	数量
1	镜框	BK-0847	板材	1副
2	金属脾头	JS-0249	白铜	1副
3	插针	CZ-107	18Ni	1副
4	单牙钉铰	D-010-1.2	18Ni	1副
5	双牙后铰	K30S-1.2	18Ni	1副
6	金属配饰	—		
7	螺丝	ϕ2.8×M1.4×2.5	不锈钢	2只
8	其他	—		
成品包装物料				
序号	零部件名称	规格型号	材质	数量
1	镜片	ϕ65×1.0×4.5C	PC	1副
2	脚套	JT-148	板材	1副
3	钻石	—		
4	卡纸	客供	—	1只
5	胶袋	165mm×60mm封口袋	PC	1只
6	吊牌	客供	—	1只
7	纸盒	250mm×180mm×48mm	硬纸	12副/盒
8	纸箱	900mm×250mm×480mm	卡通纸	50盒/箱
9	其他	—		

三、TR90注塑眼镜架结构分析

TR90注塑眼镜架具有材料价格低廉、生产工艺简单、轻便、佩戴舒适等特点，故而深受消费者喜爱。TR90注塑眼镜架结构如图7-18所示。

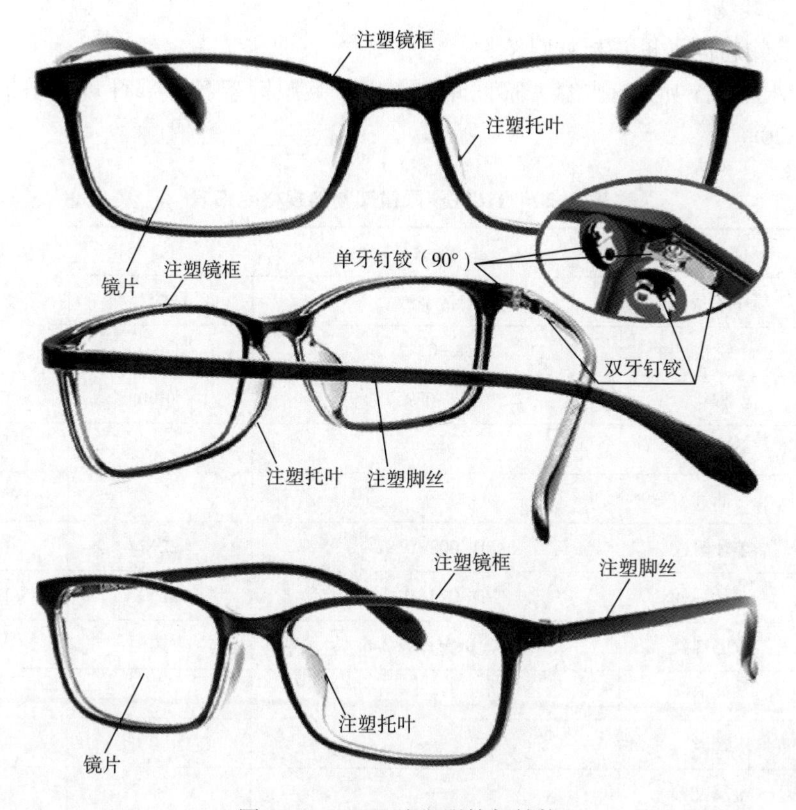

图 7-18　TR90 注塑眼镜架结构

下面就图 7-18 所示眼镜架的结构及其零部件规格和材料进行分析并制出物料清单表。

1. 镜框

本款眼镜架为特制注塑镜框，镜框同体注托叶，金属铰链钉脚也同时注入镜框。注塑镜框材料常用的有聚碳酸酯、醋酸乙烯、TR90 等，本款镜框材料首选 TR90。

2. 脚丝

本款眼镜架脚丝特制 TR90 注塑脚丝。金属铰链钉脚同时注入脚丝。

3. 铰链

本款眼镜架为平桩头结构，前铰为 90°单牙钉铰，后铰为双牙钉脚。因脚丝较为精致，所以铰链规格首选 2. 5mm 的金属钉铰。

钉铰尺寸较小，所以铰链材料首选 22Ni。

4. 镜片

本款眼镜架为普通尺寸的光学眼镜架，故定型片选择 ϕ65×1. 0×4. 5C 的白色透明 PC 片即可。

5. 包装物料

包装物料同平桩头板材眼镜架。

归纳上述各项分析内容，整理并制作出本款眼镜架各零部件规格明细清单，见表7-20。

表7-20　TR注塑眼镜架物料规格明细表

半成品物料				
序号	零部件名称	规格型号	材质	数量
1	镜框	TK-0142	TR90	1副
2	脚丝	TJ-089	TR90	1副
3	金属脾头	—		
4	插针	—		
5	单牙钉铰	D-008-0.9	22Ni	1副
6	双牙后铰	D-025-0.9	22Ni	1副
7	铰链螺丝	ϕ2.0×M1.4×2.6	不锈钢	2只
8	丝通	—		
9	螺丝	—		
10	金属配饰	—		
11	螺丝	—		
12	其他	—		
成品包装物料				
序号	零部件名称	规格型号	材质	数量
1	镜片	ϕ65×1.0×4.5C	PC	1副
2	脚套	—		
3	钻石	—		
4	眼核模			
5	卡纸	客供	—	1只
6	胶袋	165mm×60mm封口袋	PC	1只
7	吊牌	客供	—	1只
8	纸盒	250mm×180mm×48mm	硬纸	12副/盒
9	纸箱	900mm×250mm×480mm	卡通纸	50盒/箱
10	其他	—		

四、金属桩头注塑眼镜架结构分析

单一材料的注塑眼镜架，尽管价廉物美，佩戴舒适，但总给人一种低端不够品位的感觉。在 TR90 注塑眼镜架上加入一些金属配件或点缀，使 TR90 注塑眼镜架不仅保留轻巧、舒适的优点，同时还赋予了高贵、华丽的金属质感。所以目前类似这样 TR90+金属混搭的眼镜架越来越受到市场欢迎。

金属桩头注塑眼镜架结构如图 7-19 所示。

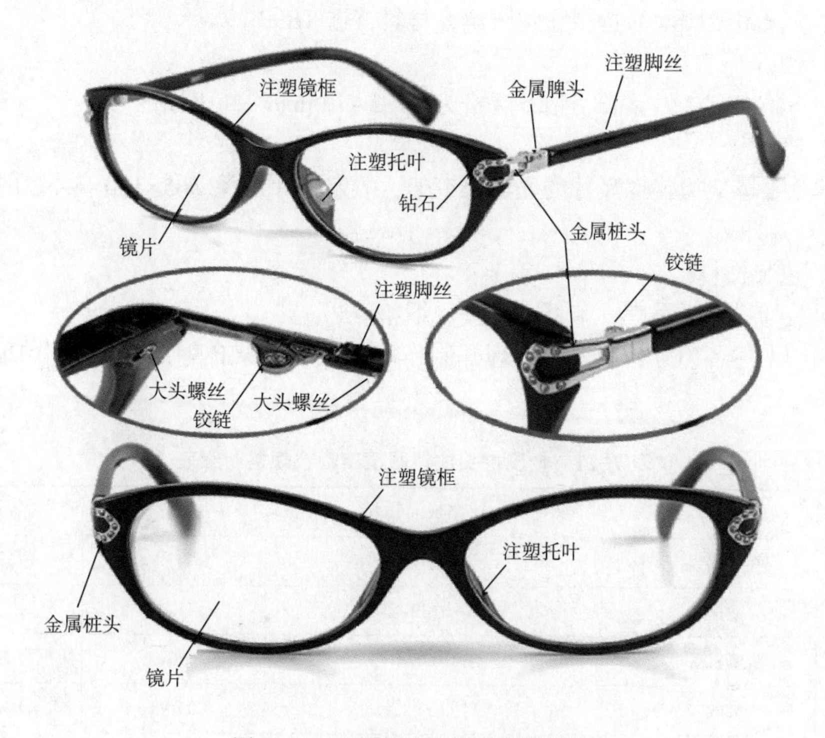

图 7-19　金属桩头注塑眼镜架结构

下面就图 7-19 所示眼镜架的结构及其零部件规格和材料进行分析并列出物料清单。

1. 镜框

本款眼镜架为特制注塑镜框，镜框同体注出托叶。镜框材料首选 TR90。

2. 金属桩头

本款眼镜架桩头为特制金属油压长桩头，材料首选含镍量 18%的高镍白铜。

3. 铰链

本款眼镜架桩头底面为平面，所以选用普通对口平铰链。铰链规格首选 K3.0，材料首选 22Ni。

4. 丝通

桩头头部底面焊接的桩头和镜框装配的丝通的规格为 ϕ1. 8×M1. 4×2. 5，材料为不锈钢。

5. 螺丝

桩头安装螺丝的规格为 ϕ2. 8×M1. 4×3. 0 圆头十字槽；脚丝安装螺丝的规格为 ϕ2. 8×M1. 4×2. 5 圆头十字槽。螺丝材料均为不锈钢。

6. 注塑脚丝

本款眼镜架脚丝为特制注塑脚丝，材料首选 TR90。

7. 钻石

桩头镶嵌有 7 颗钻石，钻石规格为 ϕ1. 2~1. 5mm 白色圆钻。

8. 镜片

本款眼镜架为普通尺寸的光学眼镜架，故定型片选择 ϕ65×1. 0×4. 5C 的白色透明 PC 片即可。

9. 包装物料

包装物料包括吊牌、卡纸、纸盒、纸箱等。

归纳上述各项分析内容，整理并制作出本款眼镜架各零部件规格明细清单，见表 7-21。

表 7-21　金属桩头注塑眼镜架物料规格明细表

半成品物料				
序号	零部件名称	规格型号	材质	数量
1	镜框	TK-0142	TR90	1 副
2	金属桩头	ZT-1028	18Ni	1 副
3	脚丝	TJ-109	TR90	1 副
4	锁脾螺丝	ϕ2. 8×M1. 4×2. 5	不锈钢	2 只
5	丝通螺丝	ϕ2. 8×M1. 4×3. 0	不锈钢	2 只
6	铰链	K30	22Ni	1 副
7	其他	—		
成品包装物料				
序号	零部件名称	规格型号	材质	数量
1	镜片	ϕ65×1. 0×4. 5C	PC	1 副
2	脚套	—		
3	钻石	ϕ1. 5mm 白钻	玻璃	14 只
4	卡纸	客供	—	1 只

续表

成品包装物料				
序号	零部件名称	规格型号	材质	数量
5	胶袋	165mm×60mm 封口袋	PC	1只
6	吊牌	客供	—	1只
7	纸盒	250mm×180mm×48mm	硬纸	12副/盒
8	纸箱	900mm×250mm×480mm	卡通纸	50盒/箱
9	其他	—		

五、碳素纤维脚丝注塑眼镜架结构分析

碳素纤维是新兴的高科技材料，有很多特点适用制作眼镜架。碳素纤维复合材料具有超强的强度、韧性、刚性和弹性等性能，且碳素纤维超轻并耐高温。碳素纤维复合材料可制作镜框也可以制作脚丝，但因其表面效果难以达到眼镜架的要求，故逐步退出了镜框制作之用料选项，但依然用于制作脚丝。图7-20为碳素纤维脚丝注塑眼镜架结构。

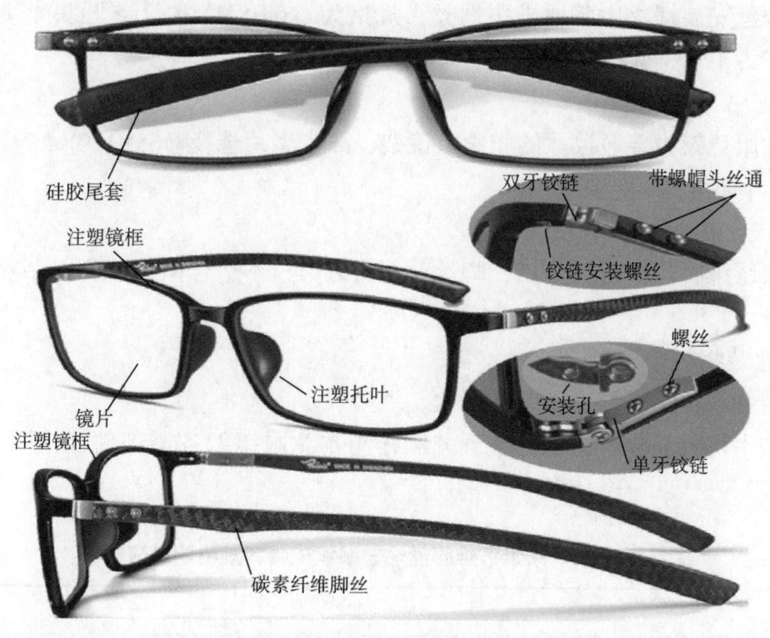

图7-20　碳素纤维脚丝注塑眼镜架结构

下面就图7-20所示眼镜架的结构及其零部件规格和材料进行分析并列出物料清单。

1. 镜框

本款眼镜架为特制注塑镜框，镜框同体注出托叶。镜框材料首选 TR90。

2. 脚丝

本款眼镜架脚丝为特制的碳素纤维脚丝，由带弧面的碳素纤维复合板割制而成。

3. 铰链

本款眼镜架铰链为钉桩铰链，双牙前铰的桩脚插入注塑镜框桩头内侧凹槽，然后由桩头下侧面锁入安装螺丝完成装配；后铰底板有两个安装孔与脚丝孔位对应，通过丝通与螺丝将后铰与脚丝锁紧。铰链材料首选 18Ni。

4. 丝通

本款脚丝装配采用的丝通不是普通焊接丝通，而是带螺帽头丝通。丝通从脚丝正面安装孔插入，然后锁紧螺丝，从铰链底板安装孔锁入丝通而完成脚丝与后铰的装配。丝通规格应首选 ϕ2. 8×ϕ1. 8×M1. 4，丝通总高度（长度）视碳素纤维脚丝厚度而定。丝通材料为不锈钢。

5. 螺丝

本款眼镜架除铰链外还有两处使用到螺丝，一是前铰与注塑镜框的装配，二是后铰与碳素纤维脚丝的装配，两处装配螺丝规格不同。

前铰与注塑镜框装配使用大头螺丝，规格为 ϕ2. 8×M1. 4×3. 0 圆头一字槽；后铰与脚丝安装螺丝为普通平头螺丝，规格为 ϕ2. 0×M1. 4×2. 5 圆头十字槽。螺丝材料均为不锈钢。

6. 镜片

本款眼镜架为普通尺寸的光学眼镜架，故定型片选择 ϕ65×1. 0×4. 5C 的白色透明 PC 片即可。

7. 硅胶脚套

碳素纤维脚丝为板料割制，脚丝截面为方形，不适合佩戴，所以一般需套装硅胶脚套。

8. 包装物料

包装物料包括吊牌、卡纸、纸盒、纸箱等。

归纳上述各项分析内容，整理并制作出本款眼镜架各零部件规格明细清单，见表 7-22。

表 7-22　碳素纤维脚丝注塑眼镜架物料规格明细表

半成品物料				
序号	零部件名称	规格型号	材质	数量
1	镜框	TK-0142	TR90	1 副
2	脚丝	TJ-109	TR90	1 副

续表

序号	零部件名称	规格型号	材质	数量
半成品物料				
序号	零部件名称	规格型号	材质	数量
3	铰链	K30	22Ni	1副
4	桩头装配螺丝	ϕ2.8×M1.4×2.5	不锈钢	2只
5	丝通螺丝	ϕ2.0×M1.4×2.5	不锈钢	2只
6	其他	—		
成品包装物料				
序号	零部件名称	规格型号	材质	数量
1	镜片	ϕ65×1.0×4.5C	PC	1副
2	脚套	ϕ4.0×ϕ2.0×40	硅胶	1副
3	卡纸	客供	—	1只
4	胶袋	165mm×60mm封口袋	PC	1只
5	吊牌	客供	—	1只
6	纸盒	250mm×180mm×48mm	硬纸	12副/盒
7	纸箱	900mm×250mm×480mm	卡通纸	50盒/箱
8	其他	—		

第六节　太阳镜眼镜架结构分析案例

一、金属双梁半框太阳镜眼镜架结构分析

太阳镜眼镜架与光学眼镜架相比，在设计方面具有镜片尺寸大、镜弯大、架弯大和外观造型时尚、夸张等特点，另外，太阳镜眼镜架在镜架重量方面的控制稍为宽松。如图7-21为金属双梁半框太阳镜眼镜架结构。

下面就图7-21所示眼镜架的结构及其零部件规格和材料进行分析并列出物料清单。

1. 镜圈

(1) 圈丝规格　本款眼镜架属于半框太阳架，镜圈采用的圈丝为最常见的T形内坑渔丝圈丝，首选规格尺寸为2.0×1.0，其次为1.8×0.9。

(2) 圈丝材料　太阳眼镜架圈形尺寸较大，镜圈刚性较差，而半框结构的镜圈刚性则更差。所以本款眼镜架选择刚性较好的不锈钢材料，且镜圈选用较大的规格尺寸。

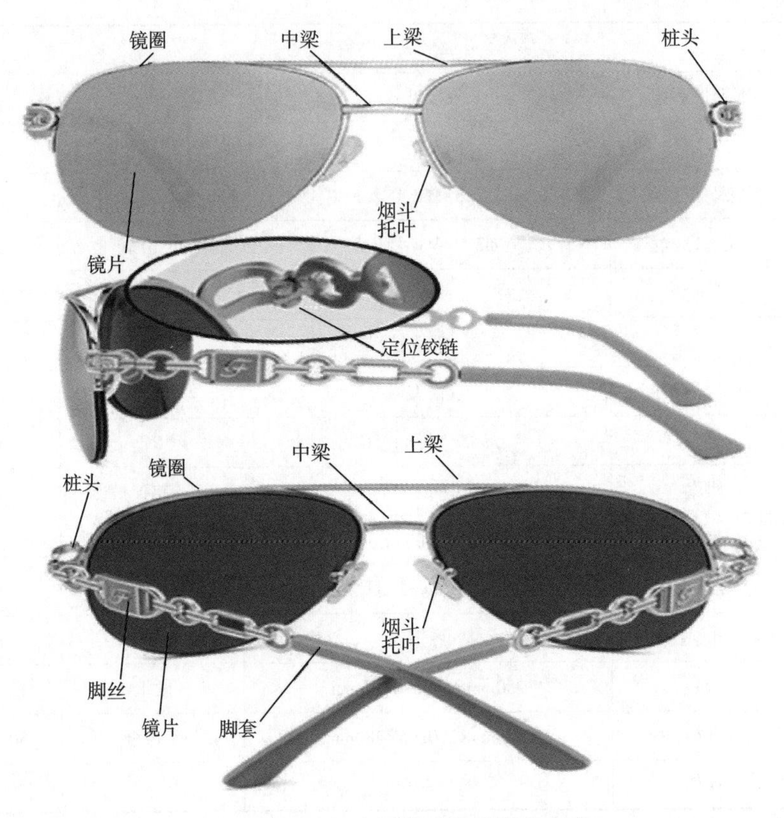

图 7-21　金属双梁半框太阳眼镜架结构

2. 中梁

本款中梁为特制油压中梁，中梁外形较为常见，可以在配件制作厂家依据实物样板选择最接近的中梁定制或按设计图新开模制作。

本款眼镜架为双梁结构，因而对中梁材料的强度和刚性要求相对较低，所以中梁首选含镍量 22%~24%的高镍白铜。

3. 上梁

本款上梁为特制配件，其截面形状为扁方状，可选用合适尺寸的型材制作。材料首选高镍白铜，不锈钢、镍合金也可以用于制作本款上梁。

4. 烟斗

本款眼镜架烟斗规格为锁式普通型，烟斗材料首选 18Ni。

5. 桩头

本款眼镜架桩头与脚丝为一体制出的粗坯，故无需另制。

6. 脚丝

本款眼镜架脚丝为特制脚丝。脚丝表面花纹复杂，有镂空等立体花纹，故脚丝为油压粗坯。脚丝最小截面尺寸较小，所以材料应优选含镍量较高的高镍白铜，如22Ni，其次选用18Ni。

7. 铰链

本款眼镜架脚丝所用铰链为对口定位铰链。定位铰链的作用就是防止脚丝收拢时脚套敲打镜片。宽度首选3. 0~3. 5mm，材料选用18~22Ni的高镍白铜。

8. 脚套

本款脚套为特制方口脚套，定制须按设计图要求。脚套材料选用板材。

9. 镜片

本款眼镜架为半框，镜片厚度应在1. 8mm以上。首选与圈丝规格相符的厚度参数，即2. 0mm厚度，镜片大小为ϕ70mm，镜片弯度6. 0C。镜片材料应选择强度和韧性较好的尼龙。

10. 托叶

本款眼镜架选用的是中号锁式无金属芯仿硅胶白色透明托叶。

11. 包装物料

包装物料包括吊牌、卡纸、纸盒、纸箱等，一般情况下吊牌、卡纸等由客户提供。纸盒、纸箱等多由制作厂家按要求自行定制。

对于太阳眼镜架，大多数采用精包装，即镜片贴膜、眼镜盒、镜片抹布等。

归纳上述各项分析内容，整理并制作出本款眼镜架各零部件规格明细清单，见表7-23。

表7-23　金属双梁半框太阳镜眼镜架物料规格明细表

半成品物料				
序号	零部件名称	规格型号	材质	数量
1	镜圈	2. 0mm×1. 0mm 渔丝	不锈钢	1副
2	夹口	—		
3	烟斗	YD-002A	18Ni	1副
4	中梁	ZL-0118	22Ni	1只
5	上梁	SL-0170	22Ni	1只
6	眉毛	—		
7	桩头	—		
8	脚丝	JS-0451	18Ni	1副
9	尾针	—		
10	铰链	K3. 0+85°定位	22Ni	1对
11	金属配饰	—		
12	其他	—		

续表

成品包装物料				
序号	零部件名称	规格型号	材质	数量
1	镜片	ϕ70×2.0×6.0C	尼龙	1副
2	脚套	JT-174	板材	1副
3	托叶	Y-002A	仿硅胶	1副
4	钻石	—		
5	眼核模	—		
6	内渔丝	0.6mm×1.2mm	尼龙	2条
7	外渔丝	ϕ0.6mm	尼龙	2条
8	眼镜盒	客供		1只
9	卡纸	客供		1只
10	胶袋	165mm×60mm 封口袋	PC	1只
11	吊牌	客供		1只
12	纸盒	250mm×180mm×48mm	硬纸	4副/盒
13	纸箱	900mm×250mm×480mm	卡通纸	50盒/箱
14	其他	—		

二、分体镜片运动型无框太阳镜眼镜架结构分析

运动型太阳镜俗称风镜。此类太阳镜有强烈的运动流线设计，结构多为半框（或无框）眉毛贴片或全框卡片；有一体镜片，也有分体镜片。

对于酷爱户外运动人士运动型太阳镜是必备之品。图7-22为分体镜片运动型无框太阳眼镜架结构。

下面就图7-22所示眼镜架的结构及其零部件规格和材料进行分析并列出物料清单。

1. 眉毛

本款眼镜架眉毛为特制的铝镁合金眉毛。

2. 脚丝

本款眼镜架脚丝为特制的铝镁合金脚丝。

3. 铰链

本款眼镜架铰链与眉毛及脚丝一体制出，无需另制。

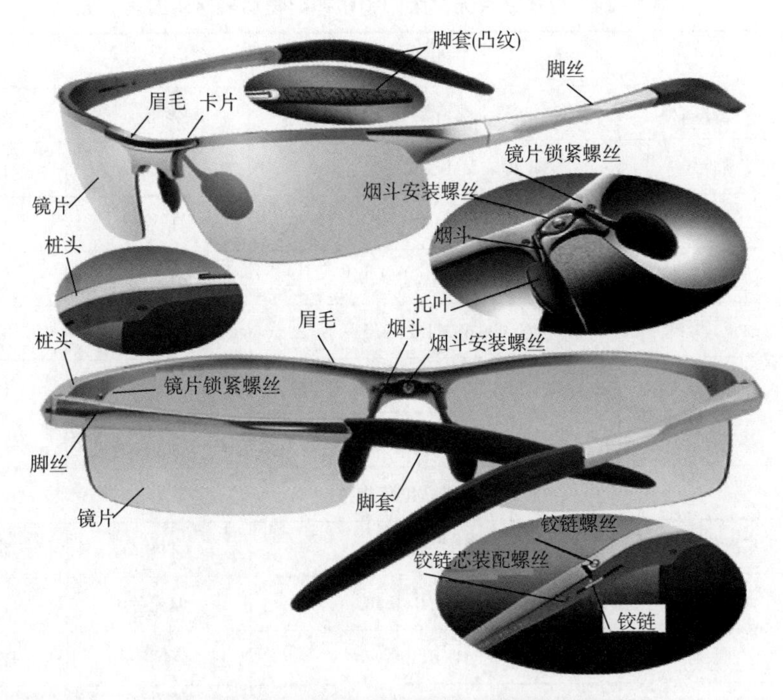

图 7-22　分体镜片运动型无框太阳镜眼镜架结构

4. 烟斗

本款眼镜架所用烟斗为特制连体卡式烟斗，烟斗通过螺丝锁紧到眉毛底面凹位。烟斗材料首选不锈钢，其次高镍白铜。

5. 托叶

本款眼镜架托叶为与烟斗配套使用的卡式托叶，托叶材料为硅胶，叶子大小为中号。

6. 镜片

本款太阳镜镜片首选复合偏光片即宝丽来片，规格为 70×45×1.0×6.0C。

7. 螺丝

本款眼镜架安装螺丝有两处：一为烟斗锁紧螺丝，规格为 ϕ2.0×M1.4×3.0；二为镜片锁紧螺丝，规格为 ϕ1.6×M1.0×2.0。两种螺丝均为不锈钢材料。

8. 脚套

本款眼镜架脚套为防滑性能良好的软硅胶脚套。

9. 包装物料

包装物料包括镜片膜、吊牌、卡纸、眼镜盒、纸盒、纸箱等。

归纳上述各项分析内容，整理并制作出本款眼镜架各零部件规格明细清单，见表 7-24。

表 7-24　分体镜片无框太阳镜眼镜架物料规格明细表

半成品物料				
序号	零部件名称	规格型号	材质	数量
1	眉毛	MM-0121	铝镁合金	1 副
2	脚丝	JS-0121	铝镁合金	1 副
3	锁烟斗螺丝	ϕ2. 0×M1. 4×3. 0	不锈钢	1 只
4	锁镜片螺丝	ϕ1. 6×M1. 2×2. 5	不锈钢	4 只
5	烟斗	YD-025B	不锈钢	1 副
6	其他	—		
成品包装物料				
序号	零部件名称	规格型号	材质	数量
1	镜片	70×45×1. 0×6. 0C	偏光片	1 副
2	脚套	JT-0118	硅胶	1 副
3	托叶	TY-023B	硅胶	1 副
4	卡纸	客供	—	1 只
5	胶袋	165mm×60mm 封口袋	PC	1 只
6	吊牌	客供	—	1 只
7	眼镜盒	客供	—	1 只
8	纸盒	250mm×180mm×48mm	硬纸	12 副/盒
9	纸箱	900mm×250mm×480mm	卡通纸	50 盒/箱
10	其他	—		

三、一体式镜片金属全框太阳镜眼镜架结构分析

一体式镜片的太阳镜是太阳镜中的另一类风景，宽大的片形、贴合人脸轮廓的镜片弯度能更好地起到遮阳和防风沙的作用，一体式镜片的太阳镜是户外运动的必备装备之一。

图 7-23 为一体式镜片金属全框太阳镜眼镜架结构。

下面就图 7-23 所示眼镜架的结构及其零部件规格和材料进行分析并列出物料清单。

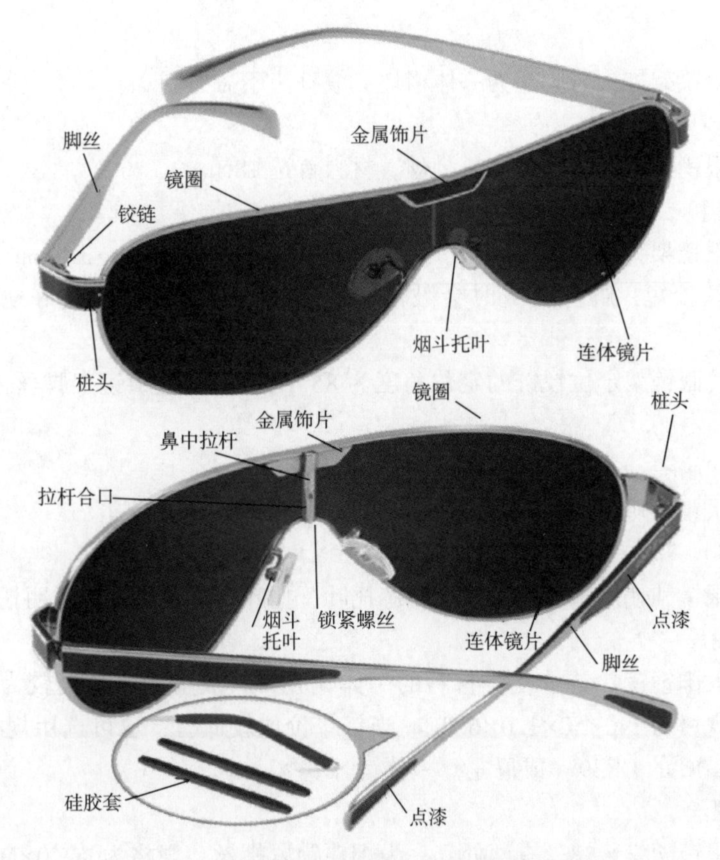

图 7-23　一体式镜片金属全框太阳镜眼镜架结构

1. 镜圈

(1) 圈丝规格　本款眼镜架为全框一体式。一体式镜片的镜圈尺寸非常大，镜圈刚性及圈形凹槽形状直接影响镜片的装配稳定性，所以本款眼镜架的镜圈首选圈丝为卡片更稳固的 U 形圈丝，圈丝尺寸选用较大规格的 2. 0×1. 0。

(2) 圈丝材料　为提高眼镜架的刚性，圈丝材料须选用刚性较好的不锈钢。

2. 鼻中拉杆

一体式镜片的镜圈尺寸很大，圈形的刚性和稳定性很差，普通夹口无法锁紧镜片。鼻中拉杆的作用类似于夹口，拉杆焊接在镜圈的鼻中最窄位置。拉杆可以像夹口一样切开，然后通过拉杆螺丝达到开合（对较薄的太阳镜片拉杆可以不切开）。

本款拉杆为特制配件，材料为白铜或高镍白铜。

3. 拉杆螺丝

拉杆螺丝规格为 ϕ2. 0×M1. 4×4. 0，材料为不锈钢。

4. 金属配饰

金属配饰为特制油压配件，材料为白铜。

5. 桩头

本款眼镜架桩头与脚丝为一体粗坯，故桩头不需另制。

6. 脚丝

本款眼镜架脚丝为特制油压脚丝。材料首选 18Ni。

7. 铰链

本款眼镜架脚丝为油压脚丝，且脚丝宽度较大，所以首选 3.5mm 的对口铰。眼镜架脚丝较短，脚丝收拢时会敲击镜片底面，定位铰链能较好地解决这个问题。

太阳镜眼镜架定位铰链的定位角度为 85°~90°。本款眼镜架脚丝使用 85°定位铰。

8. 烟斗

本款眼镜架所用烟斗为锁式 S 型烟斗，烟斗材料首选 18Ni。

9. 托叶

本款眼镜架使用中号锁式无金属芯托叶，托叶材料为仿硅胶透明托叶。

10. 镜片

本款太阳镜镜片首选复合材料的一体偏光片，故宝丽来片是较为理想的选择。原片规格为 140×50×1.0×6.0C。当订单价位较低时，也可选用规格为 140×50×1.8×6.0C 的 CR39（或尼龙）一体镜片。

11. 螺丝

本款眼镜架安装螺丝有两处：一为烟斗锁紧螺丝，规格为 ϕ2.0×M1.4×3.0；二为镜片锁紧螺丝，规格为 ϕ1.6×M1.0×2.0。两种螺丝均为不锈钢材料。

12. 脚套

金属脚丝直接与人体皮肤接触，其涂层极易磨损，且佩戴舒适感较差，可在脚丝尾部加套一个软硅胶开口套。

13. 包装物料

包装物料包括镜片膜、吊牌、卡纸、眼镜盒、纸盒、纸箱等。吊牌、卡纸、眼镜盒多为客户提供，纸盒和纸箱一般由制作厂家按要求自行定制。

归纳上述各项分析内容，整理并制作出本款眼镜架各零部件规格明细清单，见表 7-25。

表 7-25　一体镜片无框太阳镜眼镜架物料规格明细表

半成品物料				
序号	零部件名称	规格型号	材质	数量
1	圈丝	2.0×1.0 平背 U 形	不锈钢	1 副
2	夹口	—		

续表

半成品物料				
序号	零部件名称	规格型号	材质	数量
3	鼻中拉杆	ZL-0189L	18Ni	1只
4	桩头	—		
5	脚丝	JS-0128	18Ni	1副
6	铰链	K35+85°定位	22Ni	1副
7	拉杆螺丝	ϕ2. 0×M1. 4×4. 5	不锈钢	1只
8	金属配饰	SP-035	白铜	1只
9	丝通	—		
10	螺丝	—		
11	烟斗	YD-002A	18Ni	1副
12	其他	—		
成品包装物料				
序号	零部件名称	规格型号	材质	数量
1	镜片	70×45×1. 0×6. 0C	偏光片	1副
2	脚套	JT-0118	硅胶	1副
3	托叶	TY-023B	硅胶	1副
4	钻石	—		
5	卡纸	客供	—	1只
6	胶袋	165mm×60mm 封口袋	PC	1只
7	吊牌	客供	—	1只
8	眼镜盒	客供	—	1只
9	纸盒	250mm×180mm×48mm	硬纸	12副/盒
10	纸箱	900mm×250mm×480mm	卡通纸	50盒/箱
11	其他			

四、女款叉子角花全框注塑太阳镜眼镜架结构分析

金属桩头（或脚丝）的大框板材（注塑）太阳镜眼镜架是目前市场较为流行的一种款式，特别是金属大叉子角花与板材（注塑）框的混搭，深受女性消费者喜爱。图7-24为女款叉子角花全框注塑太阳镜眼镜架结构。

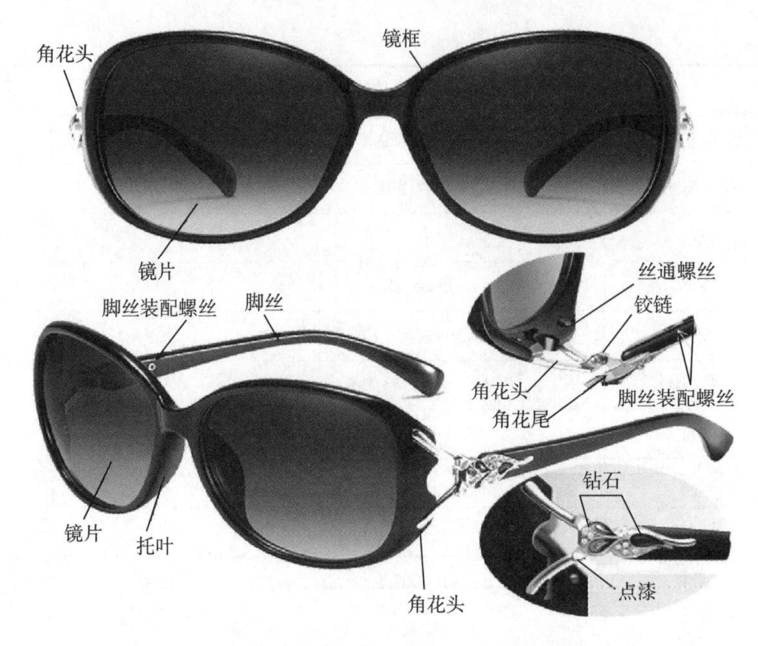

图 7-24　女款叉子角花全框注塑太阳镜眼镜架结构

下面就图 7-24 所示眼镜架的结构及其零部件规格和材料，进行分析并列出物料清单。

1. 镜框

本款眼镜架镜框为特制注塑镜框，材料首选 TR90，桩头、托叶与镜框一体制出。

2. 桩头

本款眼镜架桩头为特制叉子角花，由角花头和角花两部分组合而成。角花尺寸较大，表面花纹复杂、立体感强烈，由此判定角花为铸造工艺制作，故角花材料为铍铜。

3. 铰链

本款眼镜架铰链的前铰为双牙，与角花头一体制出；后铰为单牙，与角花为同体制出。

4. 丝通

本款眼镜架的注塑镜框与脚丝皆通过金属角花上的 4 个丝通和螺丝完成装配连接。丝通规格为 ϕ1. 8×M1. 4×2. 2，材料为不锈钢。

5. 螺丝

本款眼镜架所用的丝通螺丝为大头螺丝。螺丝规格为 ϕ2. 8×M1. 4×2. 5 圆头一字，材料为不锈钢。

6. 脚丝

本款眼镜架脚丝为特制注塑脚丝，材料为 TR90。

7. 钻石

本款眼镜架的金属角花上左右各镶有 10 颗钻石，钻石规格为 ϕ1. 2mm 锥底白钻。

8. 镜片

本款太阳镜镜片首选复合材料的偏光片，宝丽来片是较为理想的选择。原片规格为 70×50×1. 0×6. 0C。低价位订单也可选用规格为 ϕ70×1. 8×6. 0C 的 CR39 片。

9. 包装物料

包装物料包括镜片膜、吊牌、卡纸、眼镜盒、纸盒、纸箱等。吊牌、卡纸、眼镜盒多为客户提供，纸盒和纸箱一般由制造厂家按要求自行定制。

归纳上述各项分析内容，整理并制作出本款眼镜架各零部件规格明细清单，见表 7-26。

表 7-26　女款叉子角花全框注塑太阳镜眼镜架物料规格明细表

半成品物料				
序号	零部件名称	规格型号	材质	数量
1	镜框	TK-0162	TR90	1 副
2	桩头（角花）	ZT-0135	铍铜	1 副
3	脚丝	TJ-129	TR90	1 副
4	铰链	—		
5	丝通	ϕ1. 8×M1. 4×2. 2	不锈钢	8 只
6	螺丝	ϕ2. 8×M1. 4×2. 5	不锈钢	8 只
7	其他	—		
成品包装物料				
序号	零部件名称	规格型号	材质	数量
1	镜片	ϕ70×1. 8×6. 0C	CR39	1 副
2	脚套	—		
3	钻石	ϕ1. 2mm	玻璃	20 颗
4	卡纸	客供	—	1 只
5	胶袋	165mm×60mm 封口袋	PC	1 只
6	吊牌	客供	—	1 只
7	纸盒	250mm×180mm×48mm	硬纸	12 副/盒
8	纸箱	900mm×250mm×480mm	卡通纸	50 盒/箱
9	其他	—		

第七节　混合材料眼镜架结构分析案例

一、钢片眉毛外贴板材镜圈光学眼镜架结构分析

混合材料是指两种性能特征差异较大的材料，主要指金属材料与非金属材料。混合材料搭配的眼镜架因具有不同材料的性能特征及外观效果，可以充分发挥不同材料各自的优点，所以越来越受市场宠爱。钢片眉毛外贴板材镜圈结构的光学眼镜架就是一款混合材料眼镜架，其结构如图 7-25 所示。

图 7-25　钢片眉毛外贴板材镜圈光学眼镜架结构

下面就图 7-25 所示眼镜架的结构及其零部件规格和材料进行分析并列出物料清单。

1. 镜圈

本款眼镜架镜圈为特制板材（或注塑 TR90）镜圈，镜圈左右分体且无托叶。镜圈厚度一般在 3. 0~3. 5mm。

2. 眉毛

本款眼镜架结构为钢片眉毛外贴板材镜框，钢片眉毛是镜架主体。在眉毛正面外露部位（中梁、桩头部位）有立体精美花纹，且中梁部位的弯位较深，所以可以判定眉毛为特制油压粗坯配件，桩头与眉毛一体制出。

眉毛材料首选高镍白铜。本款金属眉毛也可以使用纯钛材料制作，但其价位较高。

3. 桩头

本款眼镜架桩头与眉毛一体制出，无需另制。

4. 铰链

本款眼镜架铰链分前铰和后铰两部分。前铰为双牙，焊接在桩头底面；后铰为单牙，焊接在板材脚丝中的插针上。这种铰链装配后会出现高低级位，所以一般使用高低铰以保证脚丝与桩头表面平齐。

本款钢片眉毛的桩头部位宽度较小，所以铰链尺寸不宜过大。前铰宽度以3.0mm为宜。铰链高度与桩头厚度、板材脚丝厚度、板材插针扁位厚度及插针铰链高度均有关，一般情况前铰高度为4.5~4.8mm。前后铰须配套。

5. 铰链螺丝

本款铰链宽度3.0mm，铰链螺丝选择应比其宽度大0.1~0.2mm，所以铰链螺丝规格应选规格为ϕ2.0×M1.4×3.2平头一字半牙，材料为不锈钢。

6. 烟斗

本款眼镜架的烟斗焊接在眉毛底面，为特制锁式烟斗。烟斗材料为18Ni。

7. 脚丝

本款眼镜架的脚丝为特制板材脚丝。

8. 插针

脚丝宽度较小，所以应选用扁位宽度及尾针均较小的插针，插针铰链须与前铰配合。插针形状可以从配件厂家提供的样本选择。

插针材料优选含镍量为18%~22%的高镍白铜。

9. 螺丝

本款眼镜架中金属眉毛与板材镜圈的装配采用螺纹连接结构，即大头螺丝穿过板材镜圈锁入金属眉毛的螺孔。螺丝长度以锁紧后刚好穿过金属眉毛为宜。螺丝规格为ϕ2.8×M1.4×4.5，材料为不锈钢。

10. 螺母

本款板材镜圈与钢片眉毛的装配是大头螺丝直接穿过板材圈锁入金属眉毛螺孔，无需螺母。

11. 托叶

本款眼镜架所用托叶为中号锁式锗金属叶子。

12. 镜片

本款眼镜架为光学镜架，定型片首选ϕ65×1.0×4.5C白色透明PC片。

13. 包装物料

包装物料包括镜片膜、吊牌、卡纸、眼镜盒、纸盒、纸箱等。吊牌、卡纸、眼镜盒多为客户提供，纸盒和纸箱一般由制作厂家按要求自行定制。

归纳上述各项分析内容，整理并制作出本款钢片眉毛外贴板材镜圈光学眼镜架各零部件规格明细清单，见表 7-27。

表 7-27　钢片眉毛外贴板材镜圈光学眼镜架物料规格明细表

半成品物料				
序号	零部件名称	规格型号	材质	数量
1	镜框	BK-0112	板材	1 副
2	夹口	—		
3	桩头	—		
4	眉毛	MM-0101	18Ni	1 副
5	中梁	—		
6	脚丝	JS-149B	板材	1 副
7	插针	CZ-127	18Ni	1 副
8	铰链	K3.0（4.8 高）	22Ni	1 副
9	金属配饰	—		
10	铰链螺丝	ϕ2.0×M1.4×3.2	不锈钢	2 只
11	丝通	—		
12	螺丝	ϕ2.8×M1.4×4.5	不锈钢	4 只
13	其他	—		
成品包装物料				
序号	零部件名称	规格型号	材质	数量
1	镜片	ϕ65×1.0×4.5C	PC	1 副
2	镜片膜			
3	脚套	—		
4	钻石	—		
5	眼核模			
6	卡纸	客供	—	1 只
7	胶袋	165mm×60mm 封口袋	PC	1 只
8	吊牌	客供	—	1 只

续表

成品包装物料				
序号	零部件名称	规格型号	材质	数量
9	眼镜盒	—		
10	纸盒	250mm×180mm×48mm	硬纸	12 副/盒
11	纸箱	900mm×250mm×480mm	卡通纸	50 盒/箱
12	其他	—		

二、板材眉毛全框金属光学眼镜架结构分析

板材眉毛全框金属光学眼镜架是当前的一款热门流行款式。眼镜架的镜框由金属材料焊接而成，桩头和脚丝均有金属和非金属两种。金属桩头的这类眼镜架就是普通金属镜架装饰板材眉毛。而板材桩头的这类镜架的装配结构则完全与普通金属架不同。图 7-26 所示为板材眉毛（金属脚丝）全框金属光学眼镜架。

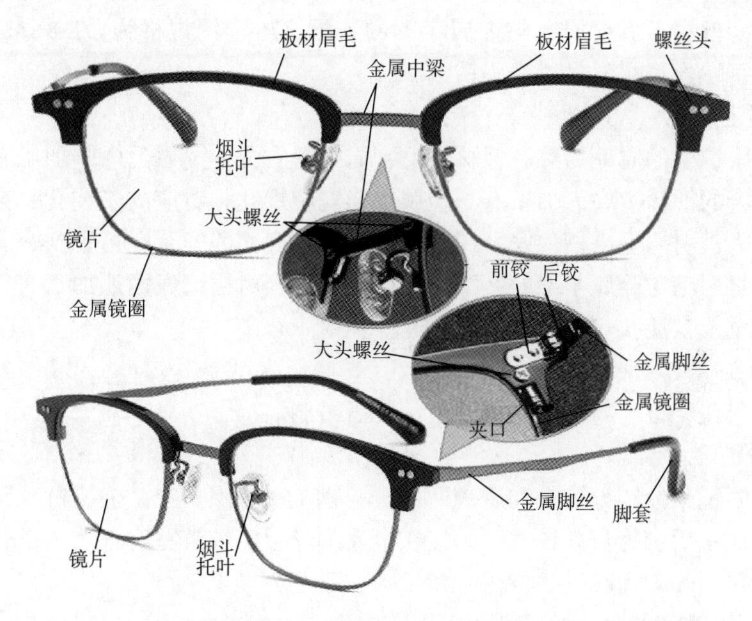

图 7-26　板材眉毛（金属脚丝）全框金属光学眼镜架结构

下面就图 7-27 所示眼镜架的结构及其零部件规格和材料进行分析并列出物料清单。

1. 镜圈

本款眼镜架属于金属全框镜架，圈丝规格首选 2. 0×1. 0 平背 V 形，其次可以

选用 1.8×0.8 平背 V 形圈丝，材料为不锈钢。

2. 夹口

本款镜架使用的是立式夹口。夹口规格与圈丝尺寸相关，如果圈丝选用 2.0×1.0 平背 V 形，则夹口规格选用立式 1.0×2.0×3.5；如果选用 1.8×0.8 平背 V 形圈丝，则应选用规格为 0.8×1.8×3.5 的立式夹口。

3. 中梁

本款眼镜架中梁为特制平板中梁，对焊在镜圈侧面。中梁两端位置有用于板材眉毛安装的螺孔。中梁厚度较小，首选材料为不锈钢。

4. 烟斗

本款眼镜架的烟斗焊接在金属镜圈底面，烟斗规格为锁式 S 型，材料为 18Ni。

5. 丝通

本款眼镜架的金属半架与板材眉毛的装配除中梁处有一螺丝锁紧外，桩头位置还有一个锁紧点。锁紧螺丝就是锁紧在金属镜框上焊接的丝通中。丝通侧焊在金属镜圈的侧面，丝通规格首选 ϕ2.0×M1.4×2.0，材料为不锈钢。

6. 丝通螺丝

丝通螺丝用于板材眉毛与金属半架的装配，可选用规格为 ϕ2.8×M1.4×2.8 的圆头十字螺丝。螺丝材料为不锈钢。

7. 眉毛

本款眼镜架的眉毛为特制板材眉毛，眉毛左右分体。眉毛内侧加工有与金属半架相吻合的凹槽，底面加工有与金属半架安装螺孔相对应的安装孔，装配时金属半架卡入板材眉毛内槽，安装螺丝由板材眉毛底面的安装孔锁紧到金属半架上而完成板材眉毛与金属半架的装配。除此之外，板材眉毛底面还加工有金属铰链的安装凹位及安装孔。

8. 桩头

本款眼镜架桩头与眉毛一体制出，无需另制。

9. 铰链

本款眼镜架铰链分前铰和后铰两部分，前铰为单牙 90°钉桩铰链，装配在板材眉毛底面；后铰为双牙铰链，焊接在金属脚丝上。铰链宽度首选 3.0mm，单牙宽度 1.0~1.2mm。铰链材料首选 18Ni。

10. 铰链螺丝

本款铰链宽度 3.0mm，所以铰链螺丝规格为 ϕ2.0×M1.4×3.2 平头一字半牙。材料为不锈钢。

11. 钉桩螺丝

本款前铰为钉桩铰链，装配螺丝与铰链配套，不需另购。订购前铰时须注明。

12. 脚丝

本款眼镜架的脚丝为特制金属脚丝。脚丝内外表面光滑平整，为平板型材割制，故首选材料不锈钢。

13. 脚套

本款脚套为特制配件。因脚丝为板料切割制成，故脚丝尾为方形，所以脚套口尾方形。脚套材料首选板材。

14. 托叶

本款眼镜架所用托叶为中号锁式仿硅胶无金属芯叶子。

15. 镜片

本款眼镜架为光学眼镜架，定型片首选 ϕ65×1. 0×4. 5C 白色透明 PC 片。

16. 包装物料

包装物料包括镜片膜、吊牌、卡纸、纸盒、纸箱等。吊牌、卡纸多为客户提供，纸盒和纸箱由制作厂家按订单要求自行定制。

归纳上述各项分析内容，整理并制作出本款板材眉毛（金属脚丝）金属全框光学眼镜架各零部件规格明细清单，见表 7-28。

表 7-28　板材眉毛（金属脚丝）全框金属光学眼镜架物料规格明细表

半成品物料				
序号	零部件名称	规格型号	材质	数量
1	圈丝	2. 0×1. 0 平背 V 形	不锈钢	1 副
2	夹口	立式 1. 0×2. 0×3. 5	22Ni	1 副
3	中梁	ZL-0278	不锈钢	1 只
4	上梁	—		
5	丝通	ϕ2. 0×M1. 4×2. 0	不锈钢	2 只
6	桩头	—		
7	板材眉毛	MM-0131	板材	1 副
8	脚丝	JS-0491	不锈钢	1 副
9	前铰	JL-024	22Ni	1 副
10	后铰	K3. 0S	22Ni	1 副
11	铰链螺丝	ϕ2. 0×M1. 4×3. 2	不锈钢	2 只
12	大头螺丝	ϕ2. 8×M1. 4×4. 5	不锈钢	4 只
13	其他	—		

续表

成品包装物料				
序号	零部件名称	规格型号	材质	数量
1	镜片	ϕ65×1.0×4.5C	PC	1 副
2	托叶	Y-002A	仿硅胶	1 副
3	脚套	JT-132	板材	1 副
4	卡纸	客供	—	1 只
5	胶袋	165mm×60mm 封口袋	PC	1 只
6	吊牌	客供	—	1 只
7	纸盒	250mm×180mm×48mm	硬纸	12 副/盒
8	纸箱	900mm×250mm×480mm	卡通纸	50 盒/箱
9	其他	—		

三、金属中梁板材全框光学眼镜架结构分析

金属中梁板材眼镜架是目前流行的所谓韩版眼镜架的经典结构之一，其结构如图 7-27 所示。

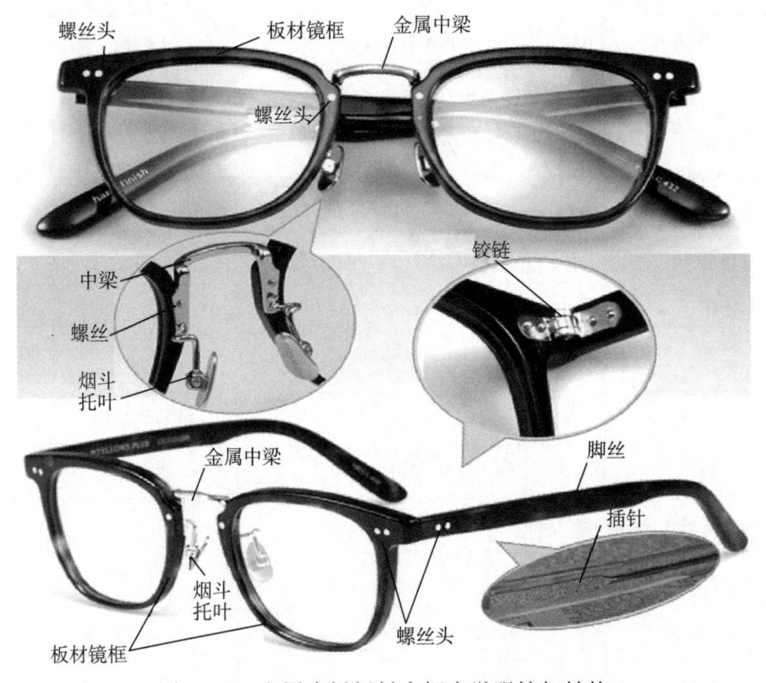

图 7-27　金属中梁板材全框光学眼镜架结构

下面就图7-27所示眼镜架的结构及其零部件规格和材料进行分析并列出物料清单。

1. 镜圈

本款眼镜架为特制板材连体桩头镜圈，左右分体且无托叶。镜圈厚度以3.5mm左右为宜。

2. 中梁

本款眼镜架中梁为特制金属中梁，中梁材料首选高镍白铜。

3. 烟斗

本款眼镜架的烟斗为特制锁式烟斗。烟斗材料为18Ni。

4. 脚丝

本款眼镜架的脚丝为特制板材脚丝。

5. 插针

本款插针为普通无铰扁圆铜芯，扁位宽度应不小于3.0mm。铰链装配螺丝需穿过插针扁位。

6. 铰链

本款眼镜架铰链为常见的钉桩铰链，前后铰配套订制。铰链宽度3.5mm，材料为高镍白铜。

7. 螺丝

本款眼镜架的金属中梁与板材镜圈的装配所用螺丝规格为ϕ2.8×M1.4×4.5，材料为不锈钢。

8. 托叶

本款眼镜架所用托叶为中号锁式锗金属托叶。

9. 镜片

本款眼镜架为光学眼镜架，定型片首选ϕ65×1.0×4.5C白色透明PC片。

10. 包装物料

包装物料包括镜片膜、吊牌、卡纸、眼镜盒、纸盒、纸箱等。吊牌、卡纸、眼镜盒多为客户提供，纸盒和纸箱一般由制作厂家按要求自行定制。

归纳上述各项分析内容，整理并制作出本款眼镜架各零部件规格明细清单，见表7-29。

表7-29　金属中梁板材全框光学眼镜架物料规格明细表

半成品物料				
序号	零部件名称	规格型号	材质	数量
1	镜框	BK-0132	板材	1副
2	中梁	ZL-0138	22Ni	1只

续表

半成品物料				
序号	零部件名称	规格型号	材质	数量
3	烟斗	YD-015A	18Ni	1副
4	脚丝	JS-169B	板材	1副
5	插针	CZ-127B	18Ni	1副
6	铰链	JL-D012-3.5	22Ni	1副
7	螺丝	ϕ2.8×M1.4×4.5	不锈钢	2只
8	其他	—		
成品包装物料				
序号	零部件名称	规格型号	材质	数量
1	镜片	ϕ65×1.0×4.5C	PC	1副
2	托叶	Y-002A	仿硅胶	1副
3	卡纸	客供	—	1只
4	胶袋	165mm×60mm 封口袋	PC	1只
5	吊牌	客供	—	1只
6	纸盒	250mm×180mm×48mm	硬纸	12副/盒
7	纸箱	900mm×250mm×480mm	卡通纸	50盒/箱
8	其他	—		

四、金属桩头板材（注塑）全框眼镜架结构分析

金属桩头（脚丝）与板材（注塑）镜框的搭配，是混合材料眼镜架永恒的经典设计，金属桩头板材（注塑）全框眼镜架结构如图7-28所示。

下面就图7-28所示眼镜架的结构及其零配部件规格和材料进行分析并列出物料清单。

1. 镜框

本款眼镜架为特制板材镜圈，托叶与镜框一体制出。镜框厚度约为3.5mm。

2. 桩头

本款眼镜架桩头为特制金属长桩头。桩头表面花纹精美，立体感较强，表面光洁度高，故为油压粗坯。桩头优选材料为18Ni。

3. 铰链

本款桩头为油压粗坯桩头，桩头底面为平面，故首选3.5mm宽的对口平铰，

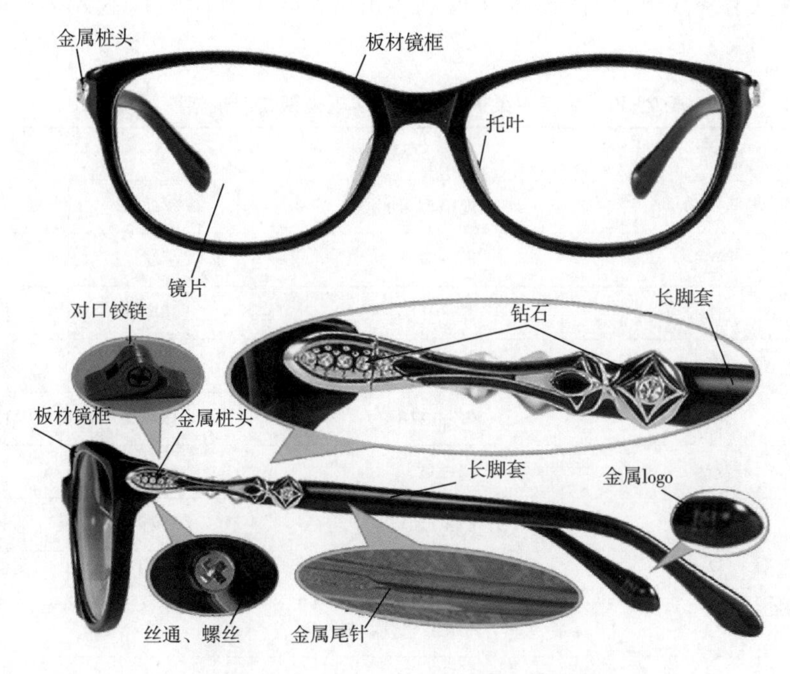

图 7-28　金属桩头板材全框眼镜架结构

材料为 18Ni。

4. 丝通、螺丝

本款眼镜架装配使用螺纹连接结构，桩头头部及尾部共焊接有三颗丝通，方便与镜框和脚丝装配，丝通规格为 ϕ1. 8×M1. 4×2. 2，螺丝为 ϕ2. 8×M1. 4×2. 5，材料均为不锈钢。

5. 脚丝、插针

本款眼镜架的脚丝为特制板材，板材脚丝装配在金属长桩头尾段。脚丝插针为普通扁头无铰圆尾插针，扁位宽度较大，可选用市场已有型号。

6. 金属配饰（LOGO）

本款眼镜架在脚套尾部实心位内侧，镶嵌有一金属饰片。饰片材料为 0. 1mm 不锈钢。

7. 镜片

本款眼镜架为光学眼镜架，定型片首选 ϕ65×1. 0×4. 5C 白色透明 PC 片。

8. 钻石

本款眼镜架在金属桩头上镶嵌有前五后一共 6 颗钻石，规格分别为 ϕ1. 2mm 和 ϕ2. 0mm。

9. 包装物料

包装物料包括镜片膜、吊牌、卡纸、眼镜盒、纸盒、纸箱等。

归纳上述各项分析内容，整理并制作出本款眼镜架各零部件规格明细清单，见表 7-30。

表 7-30　金属中梁板材全框光学眼镜架物料规格明细表

半成品物料				
序号	零部件名称	规格型号	材质	数量
1	镜框	BK-0145	板材	1 副
2	桩头	ZT-0116	18Ni	1 副
3	脚丝	JS-160B	板材	1 副
4	插针	CZ-127B	18Ni	1 副
5	铰链	K35	22Ni	1 副
6	丝通	ϕ1. 8×M1. 4×2. 2	不锈钢	6 只
7	螺丝	ϕ2. 8×M1. 4×2. 5	不锈钢	2 只
成品包装物料				
序号	零部件名称	规格型号	材质	数量
1	镜片	ϕ65×1. 0×4. 5C	PC	1 副
2	钻石（前）	ϕ1. 2mm	玻璃	10 颗
3	钻石（后）	ϕ2. 0mm	玻璃	2 颗
4	卡纸	—	—	1 只
5	胶袋	165mm×60mm 封口袋	PC	1 只
6	吊牌	—	—	1 只
7	纸盒	250mm×180mm×48mm	硬纸	12 副/盒
8	纸箱	900mm×250mm×480mm	卡通纸	50 盒/箱
9	其他	—		

第八节　其他常见眼镜架结构分析案例

一、竹木太阳眼镜架结构分析

竹木材料是可再生天然材料，具有环保、自然的属性，天然木纹及色彩是人工材料无法比拟的，近年来竹木材料制作的眼镜架也越来越受到消费者喜爱。但基于材料的性能缺陷，全框光学镜架还难以使用竹木材料，市面上流行的竹木眼镜架基本都是太阳架。图 7-29 所示即为全框木头太阳镜眼镜架。

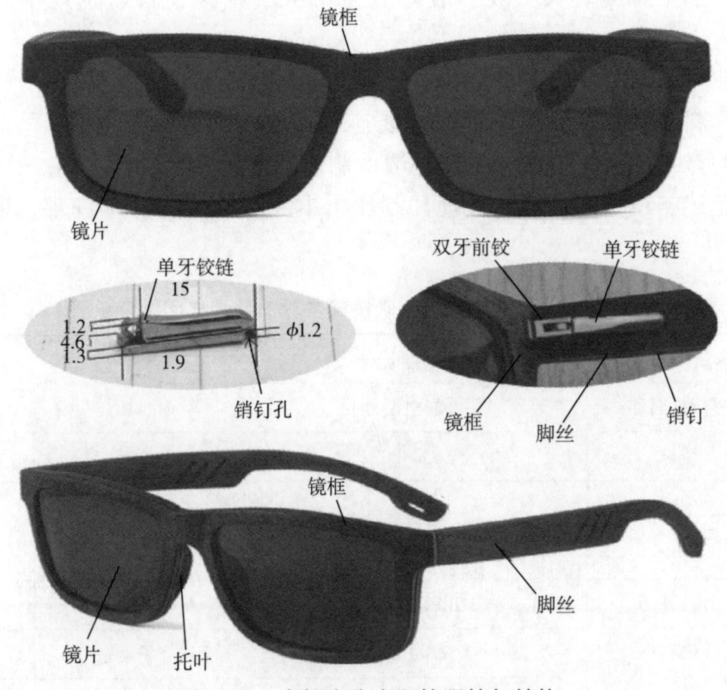

图 7-29　全框木头太阳镜眼镜架结构

下面就图 7-29 所示眼镜架的结构及其零配部件规格和材料进行分析并列出物料清单。

1. 镜框

本款眼镜架为紫檀木胶合板材料特制的全框镜框，镜框与桩头、托叶一体同出。

2. 脚丝

本款眼镜架的脚丝为紫檀木胶合板材料特制的木头脚丝。

3. 铰链

本款眼镜架为木头镜架，其铰链为专用的竹木镜架铰链，铰链的装配形式为卡销结构。前铰钉脚插入桩头凹槽，从桩头侧下插进销钉卡住铰链；后铰为弹弓铰链，铰链焊接在较宽的短底板上，然后插入木头脚丝端部的 T 形槽，再从脚丝下侧面插入销钉卡住。前后铰链再用铰链螺丝连接装配。一般情况，前后铰为配套成品，也可以分开使用。本款铰链宽度为 3. 0mm，材料为白铜。

4. 销钉

竹木眼镜架铰链装配所用销钉与铰链配套，长度不等。本款镜架销钉规格为 ϕ1. 0×6. 0mm，材料为不锈钢。

5. 镜片

本款眼镜架所用镜片首选宝丽来片，CR39 及尼龙镜片也可作为备选。竹木镜框的镜弯加工难度较大，故一般弯度为 4.5C，所以镜片首选规格为 65×50×1.0×4.5C。

6. 包装物料

包装物料包括镜片膜、吊牌、卡纸、眼镜盒、纸盒、纸箱等。吊牌、卡纸、眼镜盒多为客户提供，纸盒和纸箱一般由制作厂家按要求自行定制。

归纳上述各项分析内容，整理并制作出本款眼镜架各零部件规格明细清单，见表 7-31。

表 7-31　全框木头太阳眼镜架各零部件规格明细清单

半成品物料				
序号	零部件名称	规格型号	材质	数量
1	镜框	MK-0032	木头	1 副
2	中梁	—		
3	脚丝	JS-039M	木头	1 副
4	铰链	JL-D012-3.5	18Ni	1 副
5	销钉	ϕ1.0×5.0	不锈钢	4 只
6	其他	—		
成品包装物料				
序号	零部件名称	规格型号	材质	数量
1	镜片	65×50×1.0×4.5C	PC	1 副
2	托叶	—		
3	卡纸	—	—	1 只
4	胶袋	165mm×60mm 封口袋	PC	1 只
5	吊牌	—	—	1 只
6	纸盒	250mm×180mm×48mm	硬纸	12 副/盒
7	纸箱	900mm×250mm×480mm	卡通纸	50 盒/箱
8	其他	—		

二、桩头位吸附磁石套架结构分析

所谓套架就是主架+面架的组合，主架为光学眼镜架，与普通光学眼镜架完全一样，可以独立使用；面架为只有镜框和镜片的半架，需要依附主架才能佩戴，面架可快速装拆。

套架的主架与面架的装配形式目前最流行的就是采用磁石吸附。图 7-30 所示即为桩头位吸附磁石套架结构。

图 7-30　桩头位吸附磁石套架结构

下面就图 7-30 所示套架的结构及其零部件规格和材料进行分析并列出物料清单。

1. 镜圈

（1）主架镜圈　本款眼镜架主架属于半框光学眼镜架，圈丝为普通 T 形槽渔丝圈丝，首选规格尺寸为 2.0×1.0，材料为不锈钢。

（2）面架镜框　本款眼镜架面架为特制注塑镜框，镜框外形与主架镜框吻合。面架镜框材料首选 TR90。

2. 眉毛

本款眼镜架眉毛为特钢片眉毛，材料为不锈钢。

3. 磁套

磁套是焊接在钢片眉毛桩头位置底面的一个金属环套，磁套的作用是安装磁石，所以磁套的规格应与磁石尺寸相吻合。本款套架的磁套规格首选 ϕ5.5mm×

ϕ5mm×2mm。磁套材料为普通白铜。

4. 烟斗

本款眼镜架烟斗规格为锁式 S 型。烟斗材料首选 18Ni。

5. 桩头

本款眼镜架桩头与脚丝为配套部件，故无需另制。

6. 脚丝

本款眼镜架脚丝为特制工艺脚丝。脚丝较细，所以材料应优选含镍量较高的高镍白铜，如 22Ni。

7. 铰链

本款眼镜架脚丝所用铰链与桩头及脚丝一体制作，铰链无需另制。

8. 脚套

本款脚套为特制长脚套。脚套材料首选板材。

9. 镜片

（1）主架镜片　本款套架主架为半框光学眼镜架，定型片首选 2.0mm 厚度，镜片大小为 ϕ65mm，镜片弯度 4.5C。镜片材料为白色聚碳酸酯。

（2）面架镜片　面架镜片应选用强度较好、厚度较薄的偏光镜片，如宝丽片，镜片规格为 60mm×50mm×1.0mm。

10. 托叶

本款磁石套架所用的是中号锁式无金属芯仿硅胶白色透明托叶。

11. 包装物料

包装物料包括吊牌、卡纸、纸盒、纸箱等，一般情况下吊牌、卡纸等由客户提供。纸盒、纸箱等多由制作厂家按要求自行定制。

归纳上述各项分析内容，整理并制作出本款磁石套架各零部件规格明细清单，见表 7-32。

表 7-32　桩头位吸附磁石套架的物料规格明细表

半成品物料				
序号	零部件名称	规格型号	材质	数量
1	主架镜圈	2.0×1.0 渔丝	不锈钢	1 副
2	面架镜框	TK-0193	TR90	1 副
3	中梁	—		
4	眉毛	MM-147	不锈钢	1 副
5	烟斗	YD-002A	18Ni	1 副
6	磁套	ϕ5.5×ϕ5×2mm	白铜	2 只

续表

半成品物料				
序号	零部件名称	规格型号	材质	数量
7	金属配饰	—		
8	桩头	—		
9	脚丝	JS-0465	22Ni	1副
10	铰链	—		
11	其他	—		
成品包装物料				
序号	零部件名称	规格型号	材质	数量
1	主架镜片	ϕ65×2.0×4.5C	PC	1副
2	面架镜片	65mm×50mm×1.0mm	偏光片	1片
3	磁石	ϕ5.0×2.0×2.5T		4
4	托叶	Y-002A	仿硅胶	1副
5	脚套	JT-114	板材	1副
6	磁石	ϕ5.0mm×2mm	钕铁硼	4只
7	眼核模	J-1579C	尼龙	1片
8	内渔丝	0.6mm×1.2mm	尼龙	2条
9	外渔丝	ϕ0.6mm	尼龙	2条
10	眼镜盒	客供		1只
11	卡纸	客供		1只
12	胶袋	165mm×60mm 封口袋	PC	1只
13	吊牌	客供		1只
14	纸盒	250mm×180mm×48mm	硬纸	4副/盒
15	纸箱	900mm×250mm×480mm	卡通纸	50盒/箱
16	其他	—		

三、中梁吸附无框磁石套架结构分析

当前市场流行的磁石套架款式除桩头吸附外，中梁吸附装配形式也较为常见。桩头吸附结构多为有框镜架，而无框眼镜套架采用的则是中梁吸附装配。中梁吸附无框磁石套架结构如图 7-31 所示。

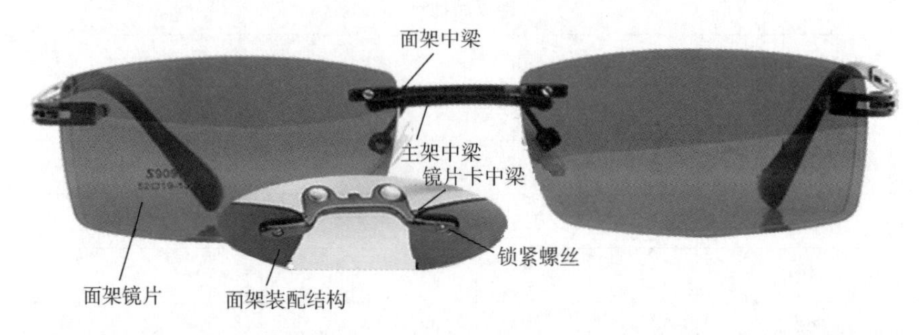

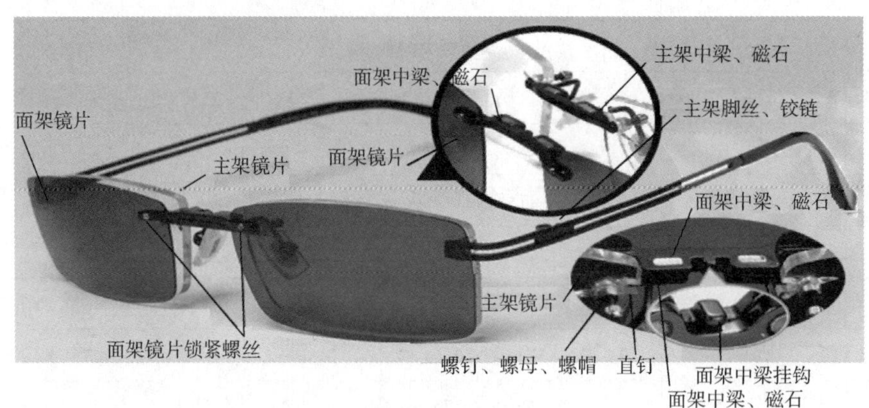

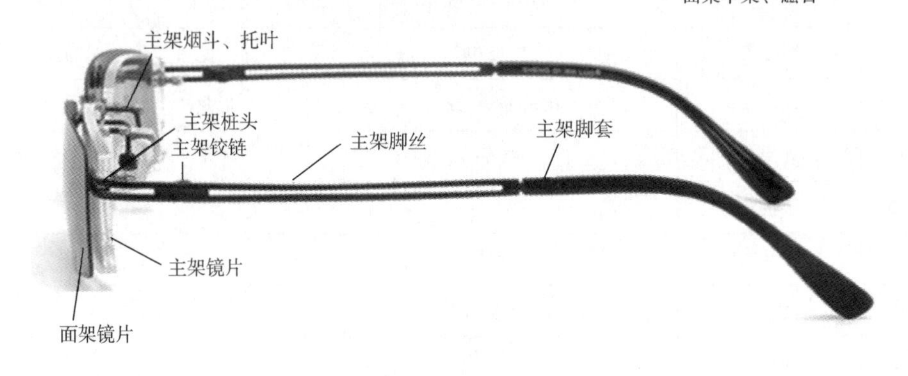

图 7-31 中梁吸附无框磁石套架结构

下面就图 7-31 所示套架的结构及其零部件规格和材料进行分析并列出物料清单。

1. 镜圈

本款套架主架、面架均为无框眼镜架，没有镜圈。

2. 中梁

(1) 主架中梁 本款套架主架为普通结构无框光学眼镜架，中梁为特制油压中梁，在中梁上侧面有两个凹槽用于装配磁石。中梁材料首选高镍白铜。

（2）面架中梁　本款套架面架也为无框半架，半架中梁与主架中梁外形相似，在中梁下侧面有与主架中梁凹槽对应的两个凹槽用于装配磁石。另外，在面架中梁底面中间部位设计了一个挂钩，面架与主架装配后挂钩钩住主架中梁，进一步提高面架装配的稳定性。面架中梁材料为高镍白铜。

3. 烟斗

本款套架使用的烟斗为特制锁式“7”字型烟斗，材料首选 18Ni。

4. 桩头

本款套架主架桩头与脚丝粗坯为一体制出，桩头不需另制。

5. 脚丝

本款套架主架脚丝为钢片切割而成的特制脚丝，脚丝材料为不锈钢。

6. 铰链

本款眼镜架前铰为普通对口平铰，铰链规格宽度 2.5mm，铰链材料为高镍白铜。

7. 螺杆

本款套架主架的结构与普通无框光学眼镜架相同，螺杆规格为 M1.4，长度为 4~6mm。螺杆材料为不锈钢。

8. 螺母

螺母是与螺杆配套使用的连接件，其规格为 M1.4×1×1.2 六角螺母。螺母材料为高镍白铜。

9. 螺帽

本款套架主架所使用的螺帽为金属螺帽，规格为 M1.4×1.5 六角球帽，材料为白铜。

10. 直钉

本款套架主架使用无卡位直钉，主、面架镜片分别卡住其中梁装配。

11. 垫片

主架镜片装配与普通无框光学眼镜架一样，每个螺杆上有三个垫片，垫片规格均为 $\phi3.0\times\phi1.5$mm，两个塑胶垫片为厚度 0.3mm 的聚碳酸酯片，一个金属垫片为厚度 0.1mm 的不锈钢片。

12. 螺丝（面架锁紧）

面架锁紧螺丝规格为 M1.2×4.0 圆头一字，材料为不锈钢。

13. 镜片

主架为普通无框眼镜架常用镜片，规格为 $\phi65\times2.3\times4.5$C PC 片。

面架为太阳镜镜片，规格为 60×45×1.0×4.5C 宝丽来片。镜片颜色按订单要求。

14. 托叶

本款眼镜架选用的是中号锁式无金属芯仿硅胶白色透明硬托叶。

15. 脚套

本款眼镜架为钢片脚丝，故脚套为方口普通脚套。脚套材料为板材。

16. 磁石

本款套架使用的磁石规格为 2. 0mm×1. 0mm×1. 0mm。

17. 包装物料

包装物料包括吊牌、卡纸、纸盒、纸箱等，一般情况下吊牌、卡纸等由客户提供。纸盒纸箱等多由制作厂家按要求自行定制。对易损低值装配零件，客户可能要求按订单比例赠送。

归纳上述各项分析内容，整理并制作出本款眼镜架各零部件规格明细清单，见表 7-33。

表 7-33　中梁吸附无框磁石套架物料规格明细表

半成品物料				
序号	零部件名称	规格型号	材质	数量
1	镜圈	—		
2	中梁（主架）	ZL-0128A	22Ni	1 只
3	中梁（面架）	ZL-0128B	22Ni	1 只
4	烟斗	YD-018A	18Ni	1 副
5	桩头	—		
6	脚丝	JS-0441	不锈钢	1 副
7	螺丝	ϕ2. 0×M1. 2×3. 5	不锈钢	2 只
8	螺杆	M1. 4×5. 0	不锈钢	4 只
9	螺母	M1. 4×1. 2	白铜	4 只
10	螺帽	ϕ3. 0×M1. 4×2. 5	白铜	4 只
11	金属垫片	ϕ3. 0×ϕ1. 5×0. 1	不锈钢	4 只
12	螺丝（面架）	M1. 2×4. 0	不锈钢	
成品包装物料				
序号	零部件名称	规格型号	材质	数量
1	镜片（主架）	ϕ65×2. 3×4. 5C	PC	1 副
2	镜片（面架）	60×45×1. 0×4. 5C	偏光片	1 片
3	脚套	JT-138	板材	1 副
4	托叶	Y-002A	仿硅胶	1 副
5	胶垫	ϕ3. 0×ϕ1. 5×0. 3	PC	8 只

续表

成品包装物料				
序号	零部件名称	规格型号	材质	数量
6	磁石	2.0mm×1.0mm×1.0mm	钕铁硼	4
7	卡纸	—	—	1只
8	胶袋	165mm×60mm 封口袋	PC	1只
9	吊牌	—	—	1只
10	纸盒	250mm×180mm×48mm	硬纸	6副/盒
11	纸箱	900mm×250mm×480mm	卡通纸	50盒/箱
12	其他	—		

四、折叠老花眼镜架结构分析

老花眼镜架不需要时刻佩戴，只有在看书、看手机等才会使用。折叠眼镜架可以将镜架折叠成较小尺寸，更便于存放和携带，最适合老花眼镜架。折叠老花眼镜架的结构如图7-32所示。

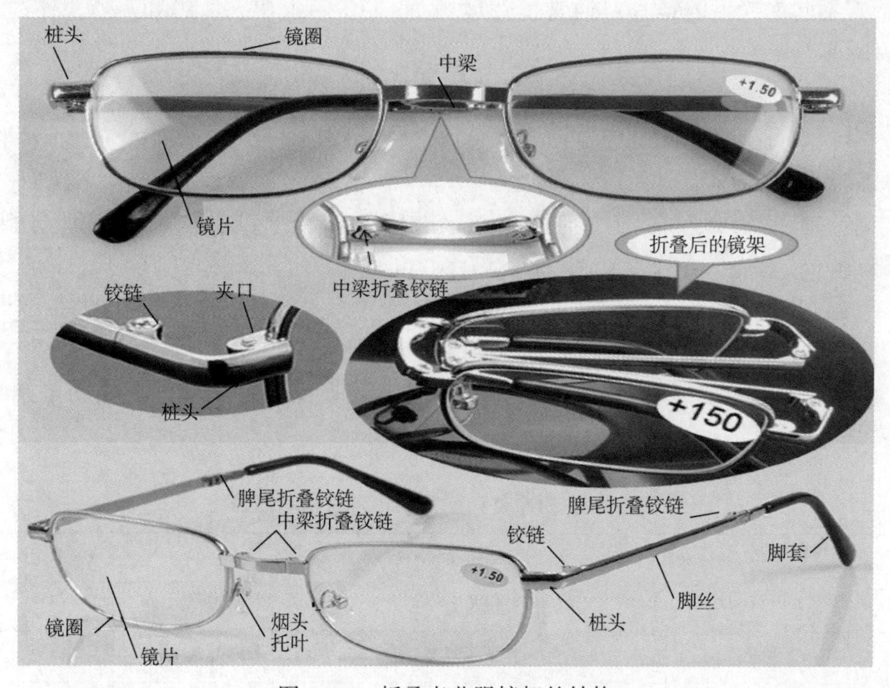

图7-32　折叠老花眼镜架的结构

下面就图7-32所示眼镜架的结构及其零部件规格和材料进行分析并列出物

料清单。

1. 镜圈

本款老花镜为全框结构，镜圈首选 2.0×1.0 平背 V 形圈丝，材料为不锈钢。

2. 夹口

本款折叠老花镜选用的夹口规格为 2.0×1.0×3.2×10°的普通平夹口，夹口材料为高镍白铜。

3. 中梁

本款眼镜架的中梁为特制双折叠中梁，折叠方式采用铰链开合，也就是说，在中梁上有两个可开合 180°的对口铰链，铰链与中梁同体制出。所以中梁材料须选加工性能良好的高镍白铜。

4. 烟斗

本款眼镜架烟斗为锁式普通型烟斗，材料首选 18Ni。

5. 脚丝

本款眼镜架脚丝为特制折叠工艺脚丝，脚丝除与桩头连接处有可折叠的铰链外，在脚丝中间位还有一个可折叠的铰链。脚丝材料为高镍白铜。

6. 镜片

老花镜大多是成品出厂，镜片为远视镜片。眼镜架出厂时会根据客户要求，装配好不同屈光度的镜片。通常镜片度数为+1.0~+4.0，每 50 度一个规格。镜片材料多为 PC。

7. 托叶

本款眼镜架选用的是中号锁式无金属芯仿硅胶白色透明硬托叶。

8. 脚套

本款眼镜架脚丝为油压加工制成，故脚套为普通圆孔脚套。脚套材料为板材。

9. 包装物料

包装物料同中梁吸附无框磁套架。

归纳上述各项分析内容，整理并制作出本款眼镜架各零部件规格明细清单，见表 7-34。

表 7-34　折叠老花眼镜架物料规格明细表

半成品物料				
序号	零部件名称	规格型号	材质	数量
1	镜圈	2.0×1.0 平背 V 形	不锈钢	1 副
2	夹口	2.0×1.0×3.2×10°	22Ni	1 副
3	中梁	ZL-0178	22Ni	1 只

续表

半成品物料				
序号	零部件名称	规格型号	材质	数量
4	烟斗	YD-001A	18Ni	1副
5	桩头	—		
6	脚丝	JS-0461	22Ni	1副
7	铰链	—		
8	螺丝	—		
9	其他	—		
成品包装物料				
序号	零部件名称	规格型号	材质	数量
1	镜片	+1.0~+4.0	PC	1副
2	脚套	JT-138	板材	1副
3	托叶	Y-002A	仿硅胶	1副
4	眼镜盒	—	—	1只
5	卡纸	—		
6	吊牌	—	—	1只
7	胶袋	165mm×60mm 封口袋	PC	1只
8	吊牌	—	—	1只
9	纸盒	250mm×180mm×48mm	硬纸	6副/盒
10	纸箱	900mm×250mm×480mm	卡通纸	50盒/箱
11	其他	—		

第九节　根据眼镜工程图进行结构分析案例

在实际眼镜制造中，很多时候我们对眼镜架结构的分析和 BOM 资料的编制都是在没有样板的情况下（特别是新款）进行的，参考资料就是设计图纸（工程图）。下面就以工程图为依据来进行几款眼镜架的结构分析。

一、普通全框金属光学眼镜架结构分析

普通全框金属光学眼镜架结构工程图如图 7-33 所示。

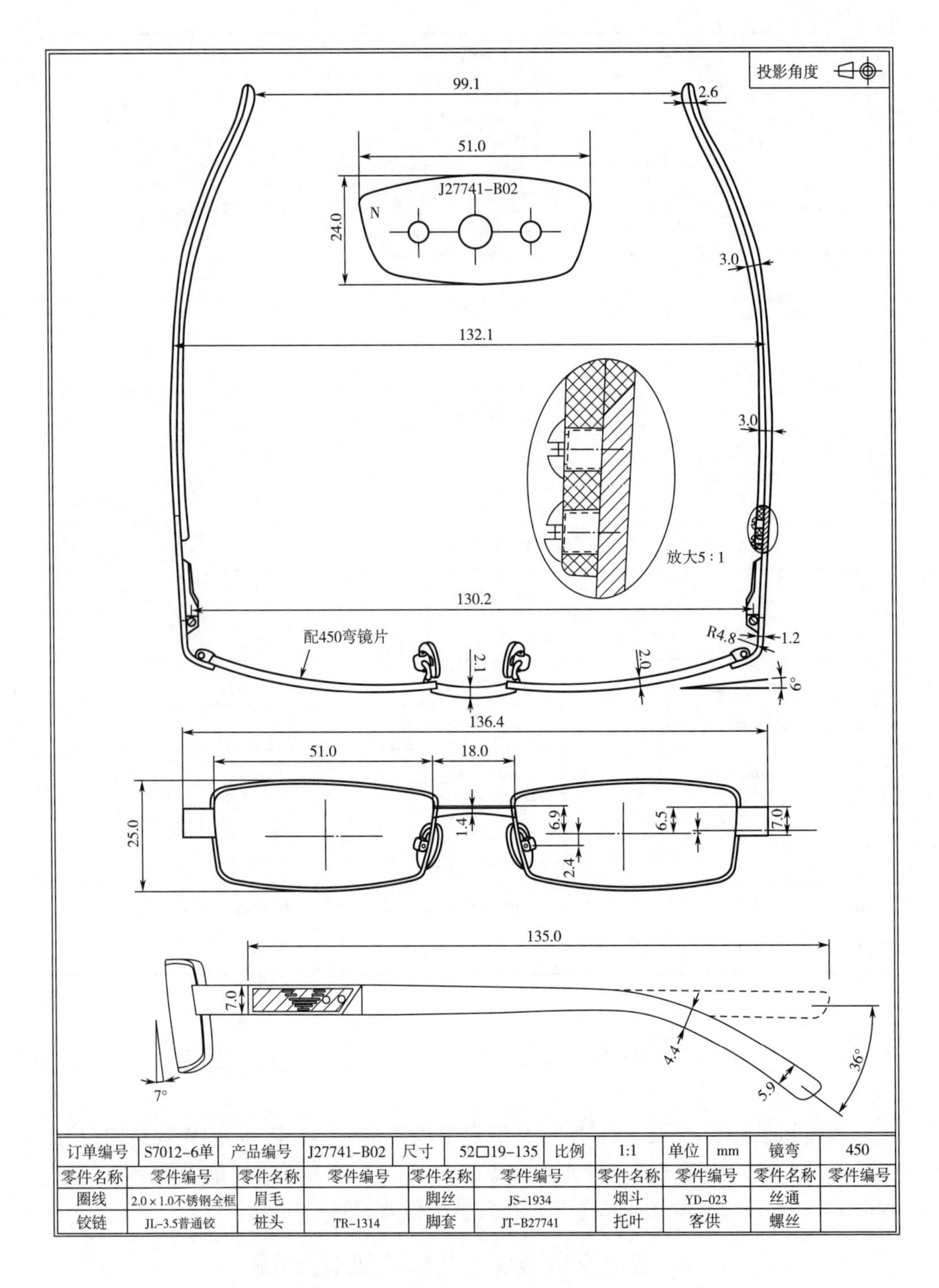

订单编号	S7012-6单	产品编号	J27741-B02	尺寸	52□19-135	比例	1:1	单位	mm	镜弯	450

零件名称	零件编号	零件名称	零件编号	零件名称	零件编号	零件名称	零件编号	零件名称	零件编号
圈线	2.0×1.0不锈钢全框	眉毛		脚丝	JS-1934	烟斗	YD-023	丝通	
铰链	JL-3.5普通铰	桩头	TR-1314	脚套	JT-B27741	托叶	客供	螺丝	

图 7-33　普通全框金属光学眼镜架结构工程图

下面根据图 7-33 所示眼镜架结构工程图，对该款眼镜架的结构及其零部件规格和材料进行分析并列出物料清单。

1. 镜圈

该款眼镜架镜圈所选用的圈丝为 2.0×1.0 平背 V 形，圈丝材料为不锈钢。

2. 夹口

本款眼镜架夹口为普通平夹口，夹口被桩头完全遮盖，而桩头宽度达 7mm，所以可选用能够保证夹口装配强度的夹口宽度为 3.2mm 及以上。根据圈丝规格、形状及夹口焊接位置，夹口规格应选用 2.0×1.0×3.2×0°的普通平夹口，夹口材料为高镍白铜。

3. 中梁

本款眼镜架的中梁为特制油压中梁，型号为 ZL-0178。中梁正视宽度较小，所以对材料的强度和刚性有较高的要求。中梁材料首选加综合性能良好的镍合金，其次可选用高镍白铜。

4. 烟斗

本款眼镜架烟斗为锁式普通型烟斗，材料首选 18Ni。

5. 桩头

本款眼镜架桩头为特制长桩头。桩头尾段有油压花纹且桩头宽度较大，所以桩头材料首选含镍量为18%的高镍白铜，其次可选用普通白铜。

6. 铰链

本款眼镜架脚丝使用 3.5mm 的普通对口铰链。

7. 脚丝

本款眼镜架脚丝为特制 TR 注塑配件。脚丝与脾头（桩头尾）的装配使用丝通+大头螺丝结构的螺纹连接形式。

8. 丝通

脚丝与桩头尾装配使用的丝通规格为 ϕ1.8×M1.4×1.8，材料为不锈钢。

丝通高度的计算分析方法：脚丝厚度 3.0mm，桩头厚度 1.2mm，装配后，桩头表面高出脚丝 0.3～0.5mm，丝通低于脚丝底面 0.3～0.5mm，计算丝通高度=3.0-1.2+0.3-0.3=1.8（mm）。

9. 镜片

本款眼镜架为普通光学眼镜架，定型片为白色 PC 片，规格为 ϕ60×1.0×4.5C。

10. 螺丝

脚丝装配用的丝通锁紧螺丝为大头螺丝，规格为 ϕ2.8×M1.4×2.5，材料为不锈钢。

11. 托叶

本款眼镜架托叶为中号锁式仿硅胶白色透明硬托叶，首选有金属芯的托叶。

12. 包装物料

包装物料同中梁吸附无框磁套架。

归纳上述各项分析内容，整理并制作出本款眼镜架各零部件规格明细清单，见表 7-35。

表 7-35　普通全框金属光学眼镜架物料规格明细表

半成品物料				
序号	零部件名称	规格型号	材质	数量
1	镜圈	2.0×1.0 平背 V 形	不锈钢	1 副
2	夹口	2.0×1.0×3.2×10°	22Ni	1 副
3	中梁	ZL-0178	镍合金	1 只
4	烟斗	YD-001A	18Ni	1 副
5	桩头	TR-1314	18Ni	1 副
6	脚丝	JS-1934	TR90	1 副
7	铰链	JL-3.5	22Ni	1 副
8	丝通	ϕ1.8×M1.4×1.8	不锈钢	4 只
9	螺丝	ϕ2.8×M1.4×2.5	不锈钢	4 只
10	其他	—		
成品包装物料				
序号	零部件名称	规格型号	材质	数量
1	镜片	ϕ65×1.0×4.5C	PC	1 副
2	托叶	Y-002A	仿硅胶	1 副
3	眼镜盒	—	—	1 只
4	卡纸	—		
5	吊牌	—	—	1 只
6	胶袋	165mm×60mm 封口袋	PC	1 只
7	吊牌	—	—	1 只
8	纸盒	250mm×180mm×48mm	硬纸	6 副/盒
9	纸箱	900mm×250mm×480mm	卡通纸	50 盒/箱
10	其他	—		

二、叉子角花半框金属光学眼镜架结构分析

图 7-34 所示为一款叉子角花半框金属光学眼镜架结构工程图。

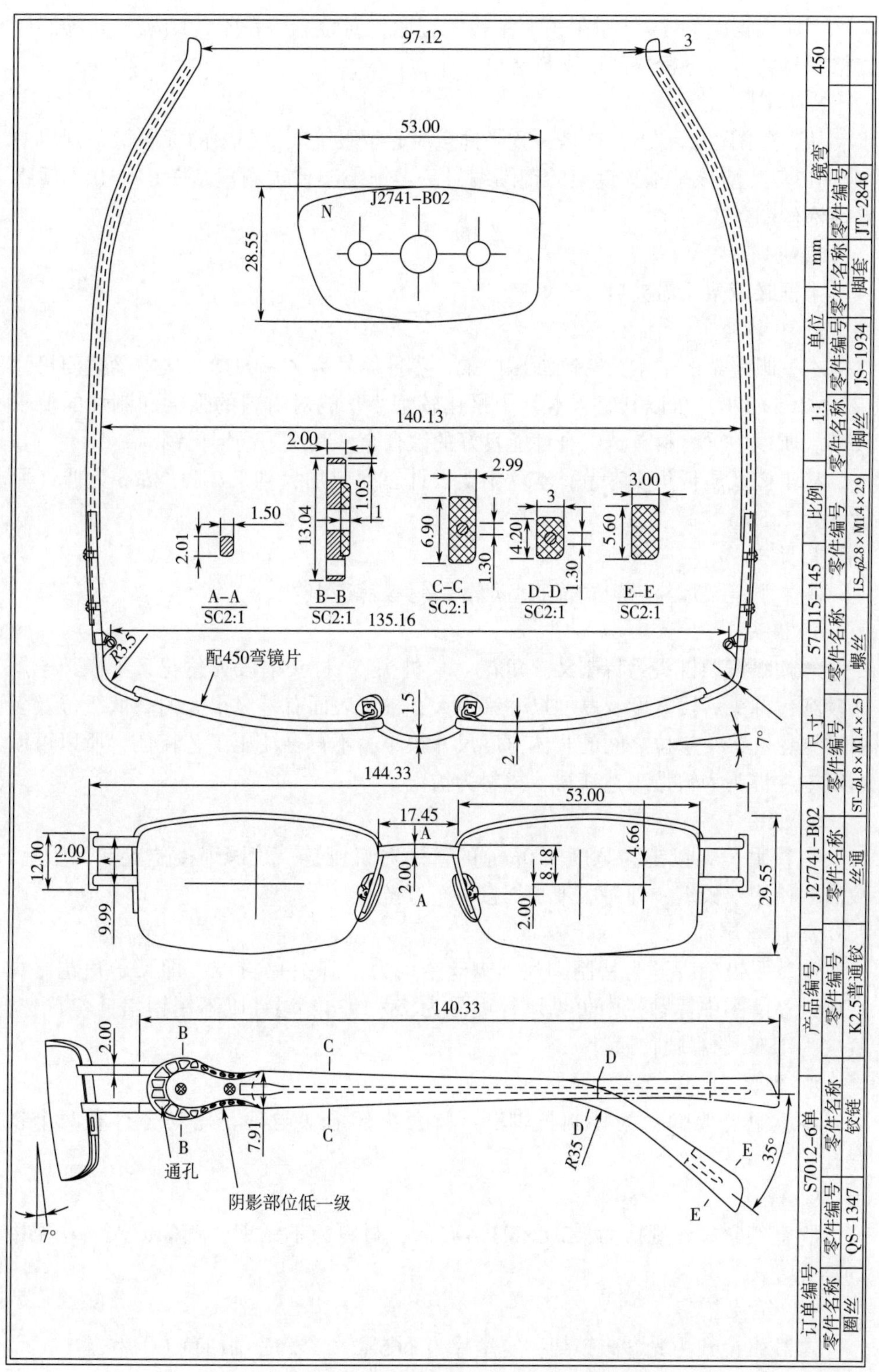

图 7-34　叉子角花半框金属光学眼镜架结构工程图

下面根据图 7-34 所示眼镜架结构工程图，对该款眼镜架的结构及其零部件规格和材料进行分析并列出物料清单。

1. 镜圈

从工程图可以看出，这是一款半框金属光学眼镜架，图中的标题栏中列出的“QS-1347”应该是本款镜架的镜圈编号。半框镜架首选圈丝是 2.0×1.0 不锈钢普通渔丝圈丝。

2. 夹口

半框眼镜架无需夹口。

3. 中梁

本款眼镜架的中梁为特制油压中梁，零件编号为 ZL-0218。从中梁截面尺寸（2.0×1.5+3.0）可以判定，本款中梁比较细小，故对材料的强度和刚性的要求较高。所以中梁材料首选综合性能良好的镍合金，其次为高镍白铜。

从工艺及质量角度考量，本款中梁设计厚度应加大到 1.7~1.8mm 为佳（原设计为 1.5mm）。

4. 烟斗

本款眼镜架烟斗为锁式普通型烟斗，材料首选 18Ni。

5. 桩头

本款眼镜架桩头为特制叉子角花（长桩头）。桩头前段为角花叉子，叉子尺寸较细；桩头后段宽度及厚度尺寸都很大，桩头表面有差级很大的高低级位及多个镂空花纹，镂空位之间的实体宽度尺寸很小，不符合油压工艺特征，所以可以断定本款桩头为铸造工艺获得，材料为铍铜。

6. 铰链

本款眼镜架铰链为宽度 2.0mm 的普通对口铰链。铰链焊接位置在叉子上，故需要使用双铰链，即每股叉子焊接一个铰链。

7. 脚丝尾针

本款眼镜架脚丝为特制脚丝，脚丝结构为“脾头+尾针”，即叉子角花尾焊接尾针。从图中标题栏中可见尾针编号为 JS-1934。尾针以不锈钢扁针位首选，其次为 18Ni 的扁圆普通针。

8. 脚套

本款眼镜架脚套为特制长脚套，脚套头部形状与角花尾吻合且有两个锁紧孔。

9. 螺丝

脚套锁紧螺丝规格为 ϕ2.8×M1.4×2.9，材料为不锈钢，直接锁入角花尾中的螺孔。

10. 镜片

本款眼镜架为光学眼镜架，定型片为 ϕ65×2.0×4.5C 的白色 PC 片。

11. 托叶

本款眼镜架托叶为中号锁式仿硅胶白色透明普通托叶，首选金属芯托叶。

12. 包装物料

包装物料包括吊牌、眼镜盒、纸盒、纸箱等，一般情况下吊牌、眼镜盒等由客户提供，对于半框光学眼镜架，多数客户要求配备眼核模。纸盒纸箱等多由制作厂家按要求自行定制。

归纳上述各项分析内容，整理并制作出本款眼镜架各零部件规格明细清单，见表 7-36。

表 7-36　叉子角花半框金属光学眼镜架物料规格明细表

半成品物料				
序号	零部件名称	规格型号	材质	数量
1	镜圈	2.0×1.0 普通渔丝	不锈钢	1 副
2	中梁	ZL-0218	镍合金	1 只
3	烟斗	YD-001A	18Ni	1 副
4	桩头	TR-1314	铍铜	1 副
5	脚丝	JS-1934	不锈钢	1 副
6	铰链	K2.0	22Ni	2 对
7	丝通	—		
8	螺丝	ϕ2.8×M1.4×2.5	不锈钢	4 只
9	其他	—		
成品包装物料				
序号	零部件名称	规格型号	材质	数量
1	镜片	ϕ65×2.0×4.5C	PC	1 副
2	托叶	Y-002A	仿硅胶	1 副
3	眼核模	QS-1347	尼龙	1 副
4	卡纸	—		1 只
5	吊牌	—	—	1 只
6	胶袋	165mm×60mm 封口袋	PC	1 只
7	吊牌	—	—	1 只
8	纸盒	250mm×180mm×48mm	硬纸	6 副/盒
9	纸箱	900mm×250mm×480mm	卡通纸	50 盒/箱
10	其他	—		

三、无框金属光学眼镜架结构分析

无框金属光学眼镜架结构工程图如图 7-35 所示。

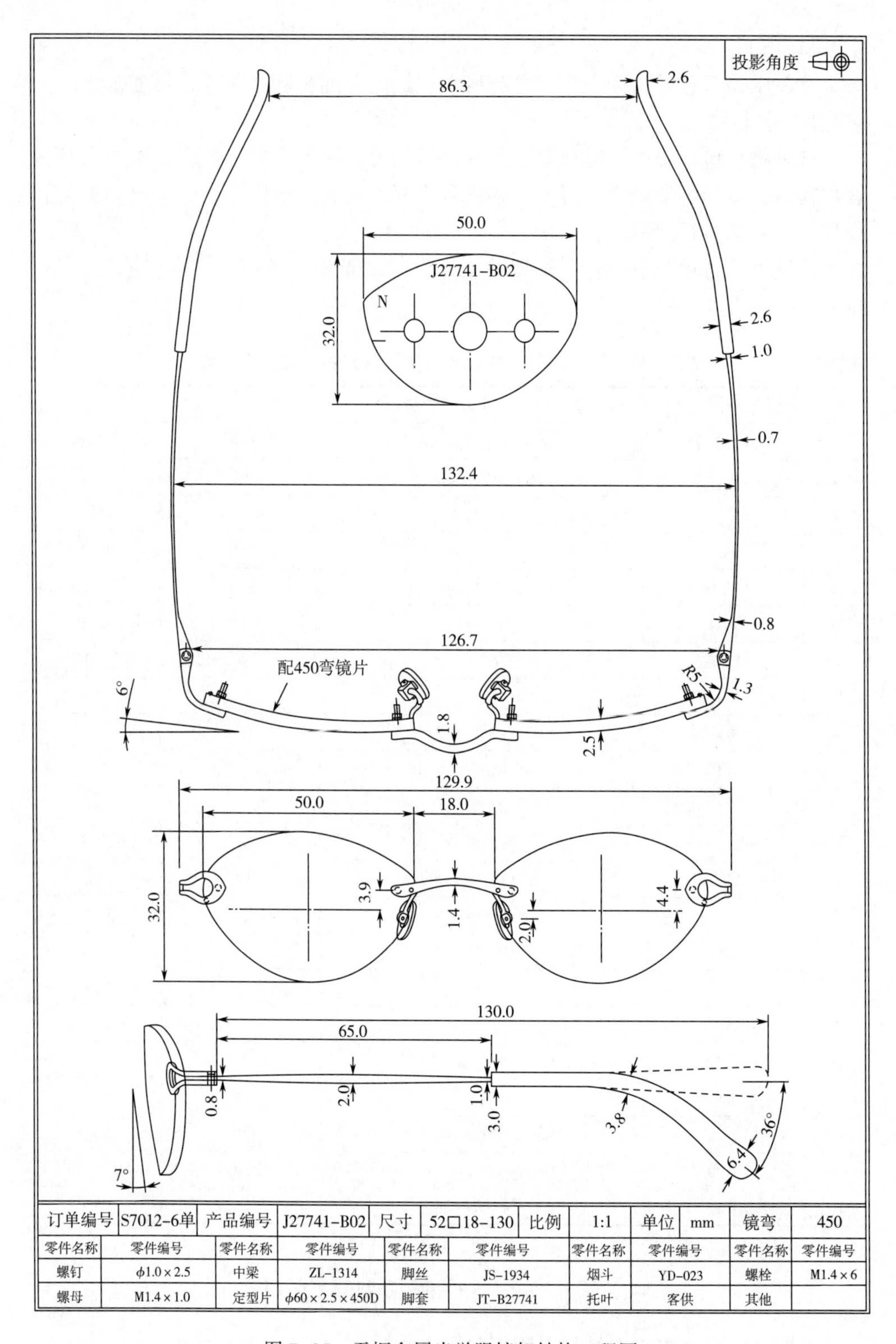

订单编号	S7012-6单	产品编号	J27741-B02	尺寸	52□18-130	比例	1:1	单位	mm	镜弯	450

零件名称	零件编号	零件名称	零件编号	零件名称	零件编号	零件名称	零件编号	零件名称	零件编号
螺钉	$\phi1.0\times2.5$	中梁	ZL-1314	脚丝	JS-1934	烟斗	YD-023	螺栓	M1.4×6
螺母	M1.4×1.0	定型片	$\phi60\times2.5\times450$D	脚套	JT-B27741	托叶	客供	其他	

图 7-35　无框金属光学眼镜架结构工程图

下面根据图 7-35 所示眼镜架的结构及其零部件规格和材料进行分析并制出物料清单表。

1. 中梁

本款眼镜架中梁为特制油压中梁，编号为 ZL-1314。中梁材料首选镍合金，其次为高镍白铜。

2. 烟斗

本款眼镜架烟斗为特制锁式烟斗，编号 YD-023，材料首选 18Ni。

3. 桩头

本款眼镜架桩头为特制油压角花，角花编号为 ZT-0378。材料为高镍白铜。桩头与铰链一体制作。

4. 脚丝

本款眼镜架脚丝尺寸非常细小，故为特制钛合金材料脚丝，编号为 JS-1934。

5. 铰链

本款眼镜架铰链与桩头（或脚丝）为一体制造。

6. 螺杆、螺母、螺帽、直钉

工程图标题栏中列有信息：螺杆规格 M1.4×6mm；螺母规格为 M1.4×1.0mm；无螺帽；直钉规格：ϕ1.0×3.0mm。除螺母材料首选 22Ni 的高镍白铜以外，其他零件材料均为不锈钢。

7. 垫片

图 7-34 中未有有关垫片信息，故应按常规要求处理。即每个螺杆上有 3 个垫片，两个塑胶垫片套装在螺杆上紧贴镜片内外表面，规格为 ϕ3.0mm×ϕ1.5mm×0.3mm，材料为 PC；一个金属垫片贴在镜片内的塑胶垫片上，规格为 ϕ3.0mm×ϕ1.5mm×0.1mm，材料为不锈钢。

8. 镜片

图中标题栏列有定型片，规格为 ϕ65×2.5×450D（4.5C），材料为 PC。

9. 托叶

本款眼镜架托叶为客供锁式托叶。

10. 脚套

本款眼镜架脚套为特制圆口普通型板材脚套，编号为 JT-B27741。

11. 包装物料

包装物料包括吊牌、卡纸、纸盒、纸箱、眼核模等，一般情况下吊牌、卡纸等由客户提供。纸盒、纸箱等多由制作厂家按要求自行定制。对易损低值装配零件，客户一般会要求按订单比例赠送备品。

归纳上述各项分析内容，整理并制作出本款眼镜架各零部件规格明细清单，见表 7-37。

表 7-37　无框光学眼镜架物料规格明细表

序号	零部件名称	规格型号	材质	数量
半成品物料				
1	镜圈	—		
2	夹口	—		
3	烟斗	YD-023	18Ni	1 副
4	中梁	ZL-1314	镍合金	1 只
5	桩头（角花）	ZT-0378	18Ni	1 副
6	铰链	—		
7	脚丝	JS-1934	22Ni	1 副
8	螺丝	—		
9	螺杆	M1.4×6.0	不锈钢	6 只
10	螺母	M1.4×1.0	白铜	6 只
11	螺帽	—		
12	金属垫片	ϕ3.0×ϕ1.5×0.1	不锈钢	4 只
13	直钉	ϕ1.0× 3.0	不锈钢	2 只
14	其他	—		
成品包装物料				
序号	零部件名称	规格型号	材质	数量
1	镜片	ϕ65×3.0×4.5C	PC	1 副
2	脚套	JT-132	板材	1 副
3	托叶	Y-002A	仿硅胶	1 副
4	胶垫	ϕ3.0mm×ϕ1.5mm×0.3mm	PC	12 只
5	钻石	—		
6	镜片膜	—		
7	眼核模	J27741-B02	尼龙	1 只
8	卡纸	—	—	1 只
9	吊牌	—	—	1 只
10	胶袋	165mm×60mm 封口袋	PC	1 只
11	纸盒	250mm×180mm×48mm	硬纸	6 副/盒
12	纸箱	900mm×250mm×480mm	卡通纸	50 盒/箱
13	其他	—		

四、混合眼镜架结构分析

下面以一款金属桩头板材镜框混合光学眼镜架的工程图（图 7-36）为案例，对其进行结构分析并列出物料清单。

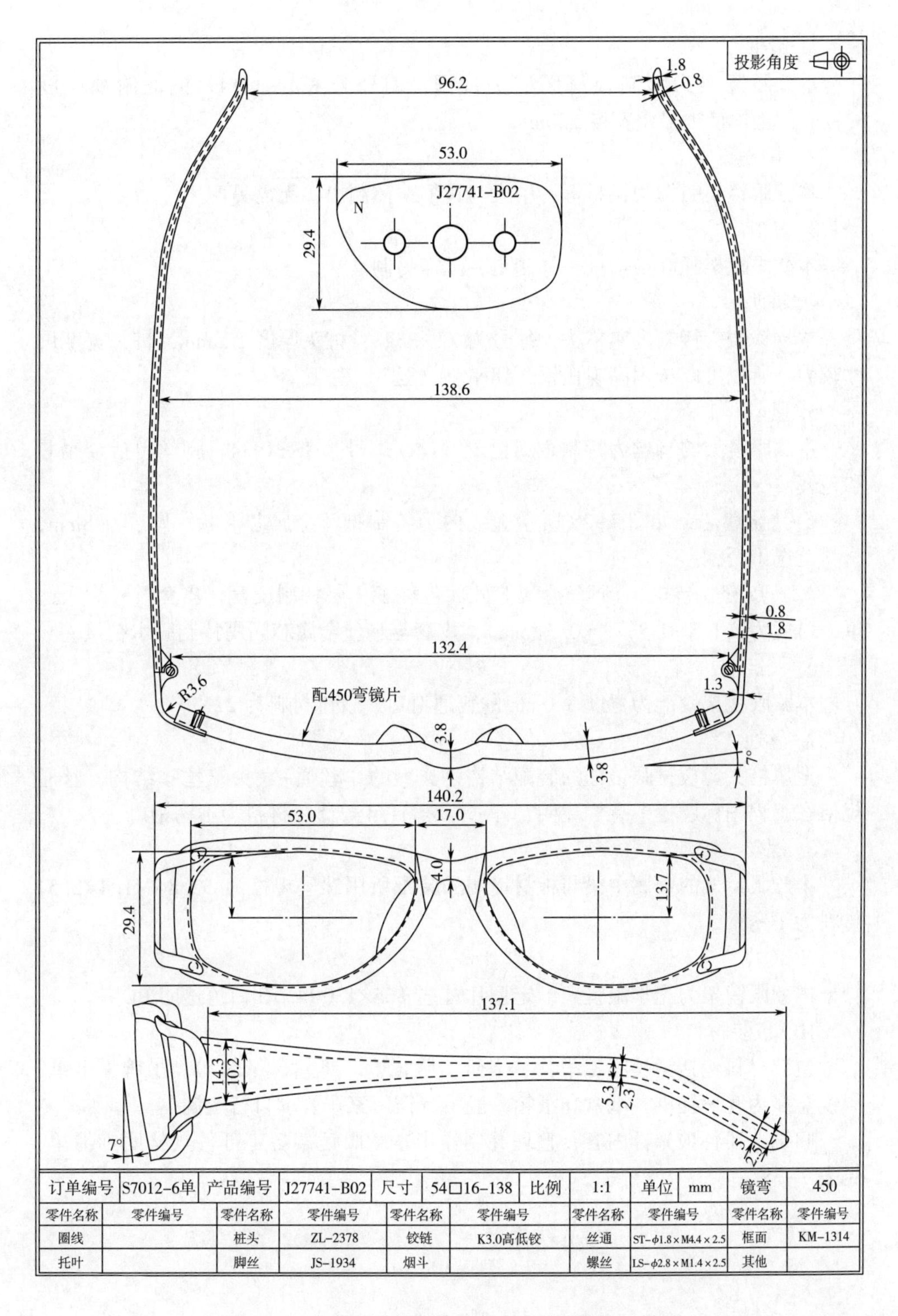

订单编号	S7012-6单	产品编号	J27741-B02	尺寸	54□16-138	比例	1:1	单位	mm	镜弯	450

零件名称	零件编号	零件名称	零件编号	零件名称	零件编号	零件名称	零件编号	零件名称	零件编号
圈线		桩头	ZL-2378	铰链	K3.0高低铰	丝通	ST-ϕ1.8×M4.4×2.5	框面	KM-1314
托叶		脚丝	JS-1934	烟斗		螺丝	LS-ϕ2.8×M1.4×2.5	其他	

图 7-36　金属桩头板材镜框混合光学眼镜架工程图

1. 镜框

本款眼镜架为特制板材无桩头镜框，编号为 KM－1314。镜框俯视厚度 3.8mm，正视镜框最小宽度 2.0mm。

2. 中梁

本款眼镜架镜框为板材框，中梁与镜框一体制出，无需另制。

3. 托叶

本款眼镜架托叶与镜框一体制出，无需另制。

4. 桩头

本款镜架为特制金属桩头，编号为 ZT−2378，桩头厚度 1.3mm，桩头宽度尺寸较大，所以可以选用高镍白铜，18Ni 为优选。

5. 脚丝

本款眼镜架的脚丝为特制金属包皮脚丝，编号为 JS−1934。脚丝包括金属芯和包套。

（1）金属芯　如图 7−25 所示虚线内为特制脚丝金属芯形状，厚度 0.8mm，材料首选不锈钢。

（2）皮套（包皮）　脚丝金属芯外面包裹了一层特制皮套，皮套材料为人造革，厚度为 (1.8−0.8)/2=0.5(mm)，皮套与脚丝金属芯间用特制胶水粘接。

6. 铰链

本款眼镜架铰链为宽度 3.0mm 的普通对口，铰链材料为 22Ni。

7. 丝通

金属桩头与板材眼镜框的装配结构是典型的“丝通+大头螺丝”结构，丝通规格在工程图标题栏中有标注明，即 ϕ1.8×M1.4×2.5，材料为不锈钢。

8. 螺丝

本款眼镜架的金属中梁与板材镜圈的装配所用螺丝规格为 ϕ2.8×M1.4×2.5，材料为不锈钢。

9. 镜片

本款眼镜架为光学眼镜架，定型片首选 ϕ65×1.0×4.5C 白色透明 PC 片。

10. 包装材料

包装材料包括镜片膜、吊牌、卡纸、眼镜盒、纸盒、纸箱等。吊牌、卡纸、眼镜盒多为客户提供，纸盒和纸箱一般由制作厂家按要求自行定制。

归纳上述各项分析内容，整理并制作出本款眼镜架各零部件规格明细清单，见表 7−38。

表 7-38　金属桩头板材镜框混合光学眼镜架物料规格明细表

半成品物料

序号	零部件名称	规格型号	材质	数量
1	镜框	KM-1314	板材	1 副
2	中梁	—		
3	烟斗	—		
4	脚丝	JS-1934	不锈钢	1 副
5	铰链	K3.0	22Ni	1 副
6	丝通	ϕ1.8×M1.4×2.5	不锈钢	4 只
7	螺丝	ϕ2.8×M1.4×4.5	不锈钢	2 只
8	其他	—		

成品包装物料

序号	零部件名称	规格型号	材质	数量
1	镜片	ϕ65×1.0×4.5C	PC	1 副
2	托叶	—		
3	卡纸	—	—	1 只
4	吊牌	—	—	1 只
5	纸盒	250mm×180mm×48mm	硬纸	12 副/盒
6	纸箱	900mm×250mm×480mm	卡通纸	50 盒/箱
7	胶袋	165mm×60mm 封口袋	PC	1 只
8	其他	—		

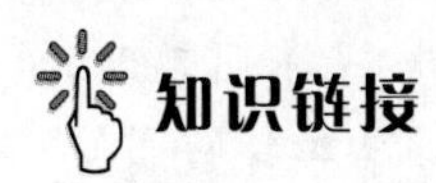

ERP 系统简介

ERP 是 Enterprise Resource Planning（企业资源计划）的简称，是 20 世纪 90 年代美国一家 IT 公司根据当时计算机信息、IT 技术发展及企业对供应链管理的需求，预测在今后信息时代企业管理信息系统的发展趋势和即将发生变革，而提出的概念。ERP 是针对物资资源管理（物流）、人力资源管理（人流）、财务资源管理（财流）、信息资源管理（信息流）集成一体化的企业管理软件。

ERP系统有以下特点：

1. 实用性

ERP系统实际应用中更重要的是应该体现其“管理工具”的本质。ERP系统的主要宗旨是对企业所拥有的人、财、物、信息、时间和空间等综合资源进行综合平衡和优化管理，ERP软件协调企业各管理部门，ERP系统围绕市场导向开展业务活动，提高企业的核心竞争力，从而取得最好的经济效益。所以，ERP系统首先是一个软件，同时是一个管理工具。ERP软件是IT技术与管理思想的融合体，ERP系统也就是先进的管理思想借助电脑，来达成企业的管理目标。

2. 整合性

ERP最大的特色便是整个企业信息系统的整合，比传统单一的系统更具功能性。

3. 弹性

采用模块化的设计方式，可使系统本身因企业需要新增模块来支持并整合，提升企业的应变能力。

4. 数据储存

ERP系统能将原先分散在企业各角落的数据整合起来，使数据得以一致性，并提升其精确性。

5. 便利性

在整合的环境下，企业内部所产生的信息通过系统将可在企业任一地方取得与应用。

6. 管理绩效

ERP系统将使部分横向的联系有效且紧密，使得管理绩效提升。

7. 互动关系

通过ERP系统配合使企业与原材料供货商之间紧密结合，增加其市场变动的能力。而CRM（客户关系管理系统）则使企业充分掌握市场需要取向的动脉，两者皆有助于促进企业与上下游的互动发展关系。

8. 实时性

ERP是整个企业信息的整合管理，重在整体性，而整体性的关键就体现于“实时和动态管理”上，所谓“兵马未动，粮草先行”，强调的就是不同部门的“实时动态配合”，现实工作中的管理问题，也是部门协调与岗位配合的问题，因此缺乏“实时动态的管理手段和管理能力”的ERP管理，就是空谈。

9. 及时性

ERP管理的关键是“现实工作信息化”，即把现实中的工作内容与工作方式，用信息化的手段来表现，因为人的精力和能力是有限的，现实事务达到一定的繁杂程度后，人就会在所难免的出错，将工作内容与工作方式信息化，就能形成ERP管理的信息化体系，才能拥有可靠的信息化管理工具。

本章作业

1. 以身边的某副光学眼镜架为案例，参考本章案例分析方法，对其结构进行综合分析并制作出该款眼镜架的物料清单。(须附示意图)

2. 以身边的某副流行太阳镜眼镜架为案例，参考本章案例分析方法，对其结构进行综合分析并制作出该款眼镜架的物料清单。(须附示意图)

3. 以网店较流行的某副混合材料的眼镜架为案例，参考本章案例分析方法，对其结构进行综合分析并制作出该款眼镜架的物料清单。(须附示意图)